空间数据库概论

沈敬伟　陈　旻　刘德儿　编著

科学出版社

北　京

内 容 简 介

本书系统介绍了空间数据库的理论和方法，内容包括：绪论，空间对象及其关系的表达，数据库模型，全关系型数据库管理技术，面向对象数据库管理技术，对象关系数据库管理技术，空间数据库引擎，空间数据库系统体系结构，空间数据索引，空间数据库设计，空间数据库发展趋势。本书以空间数据管理模式为主线，重点介绍了各种空间数据管理方式。本书坚持图文并茂、理论与实际相结合，尽量用通俗易懂的语言阐述空间数据库的相关原理。

本书既可以作为高等学校地理信息科学、遥感科学与技术、测绘工程等专业本科生教材，也可以作为相关领域科技、生产人员的业务参考书。

图书在版编目（CIP）数据

空间数据库概论 / 沈敬伟，陈旻，刘德儿编著. -- 北京 : 科学出版社，2025. 6. -- ISBN 978-7-03-082223-9

Ⅰ. P208

中国国家版本馆 CIP 数据核字第 2025LK2152 号

责任编辑：杨　红　程雷星/责任校对：杜子昂

责任印制：张　伟/封面设计：迷底书装

科学出版社 出版

北京东黄城根北街 16 号

邮政编码：100717

http://www.sciencep.com

北京天宇星印刷厂印刷

科学出版社发行　各地新华书店经销

*

2025 年 6 月第　一　版　开本：787×1092　1/16

2025 年 6 月第一次印刷　印张：13 1/2

字数：320 000

定价：59.00 元

（如有印装质量问题，我社负责调换）

前　言

数据库技术是计算机信息系统的重要技术基础和支柱，它着重研究如何存储、处理和管理数据。根据数据模型的发展，数据库技术可以划分为三个阶段：第一代的层次、网状数据库系统；第二代的关系数据库系统；第三代的以面向对象模型为主要特征的数据库系统。20 世纪 80 年代以来，数据库技术在很多方面的发展激发了其他领域对数据库技术需求的迅速增长。空间数据库是数据库应用领域的扩展。在空间数据管理过程中又提出了一些新的需求，推动了数据库技术的研究与发展。当前，空间数据库已经取代传统的文件管理方式，成为空间数据管理的主流技术。

近年来，随着互联网、物联网等信息技术的发展，全球数据信息量呈指数式爆炸增长，大数据已经成为继云计算、物联网后新的技术革命，全球已全面进入大数据时代。大数据具有 5V 特征：体量大(volume)、速度快(velocity)、模态多样(variety)、真伪难辨(veracity)、价值(value)。目前，人类活动所涉及的信息 80%以上与空间位置有关。无论是日常出行、居住分布、经济活动、资源分配，还是环境监测、灾害预警、城市规划等各个领域，都深深植根于地理空间这一维度之上。空间大数据作为大数据家族中的重要一员，是理解和分析复杂社会现象不可或缺的关键数据，其重要性日益凸显。如何对空间大数据进行高效地存储、处理和管理，是地理信息科学和数据库领域面临的共同问题。空间数据库技术的快速发展为空间大数据的存储、管理和处理提供了必要的支撑。

目前，很多高校开设了空间数据库这门课程。因为各个高校的特色有所不同，培养方案和课程大纲也有很大的差异，空间数据库教材和课程呈现出“百花齐放，百家争鸣”的局面。本书紧密跟踪空间数据库发展的最新趋势，力求融入空间数据库的新内容和新知识。本书以空间数据管理模式为主线，系统介绍全关系型数据库管理技术、面向对象数据库管理技术、对象关系数据库管理技术、空间数据库引擎等数据管理技术。

作者长期从事空间数据组织、空间关系理论、空间数据索引、空间数据挖掘等方面的研究工作，撰写了 70 余篇学术论文，本书中的内容是相关研究成果的凝练和总结。此外，作者连续多年为本科生和研究生开设空间数据库课程，主持了空间数据库方面的教学改革项目，多年的教学效果表明，课程的教学内容比较合理、教学效果总体良好。多年来，作者一直打算将相关讲义和研究成果进行归纳和总结，撰写一本空间数据库方面的书籍，从而为读者提供较为系统的空间数据库知识，但是由于教学和科研工作任务繁重，一直未能付诸实践。值此成书之际，感谢西南大学地理科学学院的杨庆媛教授、周廷刚教授、宗会明教授等的支持和鼓励。另外，本书的撰写参考了大量的国内外文献，书中列出了主要的参考文献，在此对所有引用文献的作者表示感谢。本书由西南大学沈敬伟老师负责策划、组织编写和统稿，南京师范大学陈旻教授、江西理工大学刘德儿教授参与了本书部分章节的编写工作，硕士研究生黄扬、赵东喆、黄仲渝、徐先康等参与了本书的文字校对工作。本书的出版得到了中央高校基本科研业务费专项资金（批准号：

XDJK2019B008）和重庆市 2020 年双一流建设项目：智能生态环保（项目号：5330100129）的资助，在此表示衷心的感谢。

囿于作者水平和时间限制，书中难免存在不足之处，敬请读者批评指正。

作　者

2024 年 12 月

目　录

第1章　绪　　论

随着计算机应用范围的扩大，需要处理的数据量迅速增加。在计算机技术发展的初期，数据与程序一样，主要依赖于简单的文件形式进行存储。这种存储方式在逻辑结构上相对直观且易于理解，但在面对大规模数据扩展或复杂数据访问需求时，其局限性便显露无遗。由于程序开发需要直接了解并操作数据的具体组织格式，这大大增加了系统开发与维护的复杂性。此外，当系统数据量大或者用户访问量大时，应用程序还需要解决数据的完整性、一致性以及安全性等一系列问题。因此，必须开发出一种系统软件，它应该能够像操作系统屏蔽了硬件访问复杂性那样，屏蔽数据访问的复杂性。为此，数据管理系统应运而生。

近年来，随着遥感（remote sensing，RS）、全球导航卫星系统（global navigation satellite system，GNSS）、测绘技术、地理信息系统（geographic information system，GIS）等领域的快速发展，空间信息的获取手段日益丰富和高效，空间数据的产生速度呈现出几何级数的增长态势。然而，面对如此海量的空间数据，如何高效、有序地存储、管理和分析这些数据，成为一个亟待解决的问题。空间数据库技术正是在这样的背景下应运而生的，它结合了地理学、测绘学、信息科学以及数据库技术等多个学科的知识，提供了一种高效、灵活的空间数据组织和管理方案。当前，空间数据库已经成为空间数据管理的主流技术，为各领域的空间信息应用提供了强有力的支撑。通过空间数据库技术，我们可以实现空间数据的快速检索、高效分析以及可视化展示，为科学决策和资源管理提供有力的技术保障。

1.1　基本概念

1.1.1　数据与信息

当前，数据已经渗透到每一个行业领域。空间数据库的建立，首先必须收集数据。数据是指人们对客观世界中的实体和现象的直接或者间接原始记录，可以是定性的，也可以是定量的。它是一种未经加工的原始资料，是对客观世界的表示。随着测绘技术、计算机技术等技术的快速进步，人们获取数据的手段日趋多样，地图、遥感影像、野外测量、调查资料、统计资料等都可以作为数据源。直接记录通常是通过观察、实验、做实地调查所得的第一手材料，而间接记录通常是在各种资料的基础上，经过归纳、推理等方式获取的第二手材料。例如，前、后、左、右等方向性名词属于定性描述，而公路长度为100km、河流流速为2m/s等属于定量描述。

信息是数据的内容和解释。信息来源于数据，是在人们通过各种技术方法，如统计、解译等对数据进行加工处理的基础上，对客观世界的知识表达，经常用文字、数字、符号、语言、图像等形式来表示。因此，信息并非数据的简单堆砌或原始呈现，而是源于数据，却又超越数据，是对客观世界的知识化、理解化和解释化表达。在大数据浪潮的席卷之下，尽管数据的产生速度日益加快，数据量以惊人的指数级速度快速增长，但信息并没有实现同步的高速增长。数据与信息之间并非简单的线性关系，数据的海量增长并不意味着信息的同步丰富。相反，很多时候，数据的冗余、噪声和不确定性反而增加了信息提取的难度。因此，通过各种数据的分析与挖掘手段，从海量的数据中提取有价值的信息，进而为用户的决策提供帮助，是一项重要的工作。

数据和信息都具有客观性、适用性、可传输性和共享性等特征。

（1）客观性：客观性是指数据和信息都与客观事实相关，这是数据和信息正确性和精确度的保证。客观的数据和信息能够被人类所使用，并产生价值。

（2）适用性：建立信息系统的目的与任务不同，需要在系统中反映的空间数据的广度和深度也不同，因此必须从大量数据中选取合适的信息进行存储和管理。

（3）可传输性：可传输性是指数据和信息可以在系统之间、用户之间或系统与用户之间以一定形式或格式传送和交换。

（4）共享性：共享性是指数据和信息可以为多个用户共享。数据和信息的共享性，保证了数据和信息经过传输之后，多用户都可以享用数据和信息，从而巩固和增加新的信息。

1.1.2　空间数据

目前，人类活动所涉及的信息 80%以上与空间位置有关。因此，空间数据是信息世界的重要组成部分。空间数据是以地球表面空间位置为参考，用来表示空间实体的位置、范围、形状、大小及其分布特征诸多方面信息的数据。空间数据主要包括三个特征：空间特征、属性特征和时间特征。空间特征指地理事物在空间上都占据一定的位置和范围，如西南大学位于重庆市北碚区。属性特征指地理事物或者现象都有一定的描述信息，如道路的名称、河流的级别。空间数据具有时间特征，即任何地理事物都有它的产生、存在和消亡的过程，一切都在运动中。世界上没有任何事物是一成不变的，例如，干旱地区的季节性河流，在丰水期水域的面积较大，而在枯水期水域的面积较小。相对于一般的属性数据，空间数据是非常复杂的，主要体现在六个方面：

（1）数据类型多样：空间数据包括矢量数据、栅格数据、影像数据等多种类型。矢量数据是利用欧几里得几何学中的点、线、面及其组合来表示实体空间分布的一种数据。栅格数据是将研究区域划分为均匀的网格，每个网格称为一个栅格单元，在各个网格上给出相应的属性值来表示地理实体的一种数据组织形式。遥感影像是记录各种地物电磁波大小的胶片，是获取地球资源与环境信息的重要手段。日趋多样化的空间数据类型，迫切需要数据库管理多样的空间数据。

（2）数据操作复杂：空间数据操作不仅包含一般的数据处理，如查询、插入、删除、更新等，还有空间距离计算、拓扑关系检索、方向关系判断等复杂的空间操作。

（3）数据输出多样：空间数据的输出形式不仅可以是常规的文字形式，还可以是数字、表格、图形、图像、图表等形式。

（4）数据量大：由于空间区域的广阔性、数据源的多样性以及空间数据分辨率的不断提升，空间数据的数据量往往远超一般事务性信息系统。

（5）非结构化特征：与结构化数据相比，空间数据往往具有非结构化特征。结构化数据遵循统一的结构和格式，而空间数据则可能包含变长字段、嵌套记录等复杂结构，无法用简单的数字或统一结构表示。例如，一条记录可能表示一个线状对象，其数据项长度可变，包含不同数量的坐标对。此外，一个对象可能包含其他对象，如多边形可能由多个弧段组成，各个弧段又由多个顶点构成。这种非结构化特征增加了空间数据管理的复杂性。

（6）空间关系特征：空间数据组织通常涉及邻接、关联、包含等拓扑关系的存储。拓扑关系一方面方便了空间查询和空间分析，另一方面也使空间数据的一致性和完整性维护更加复杂，特别是有些几何对象，没有直接记录空间坐标的信息。例如，面状对象仅记录组成它的弧段的标识，弧段文件记录组成它的顶点序号，顶点文件记录顶点的序号和坐标，因而对面状对象进行查询、显示和分析操作时，需要操作和检索多个数据文件方能实现。

1.1.3　数据库

数据管理技术是对数据进行分类、组织、编码、输入、存储、检索、维护和输出的技术。数据管理技术的发展大致经过了以下三个阶段：人工管理阶段、文件系统阶段、数据库系统阶段。在人工管理阶段（20 世纪 40～50 年代），数据无结构，且由用户直接管理，数据间缺乏逻辑组织，数据依赖于特定的应用程序，缺乏独立性。在文件系统阶段（20 世纪 50 年代后期到 60 年代中期），数据组织成相互独立的数据文件，系统可以按照文件的名称对其进行访问，对文件中的记录进行存取，并可以实现对文件的修改、插入和删除。但是，文件从整体来看却是无结构的，其数据面向特定的应用程序，因此数据共享性、独立性差，且冗余度大，管理和维护的代价也很大。

数据库的研究始于 20 世纪 60 年代中期，历经约 60 年的发展，已经形成了坚实的理论基础和成熟的商业产品，是数据管理的最新技术，是计算机科学的重要分支。数据库技术是信息系统的核心和基础，它的出现极大地促进了计算机应用向各行各业的渗透。

数据库是长期储存在计算机内、有组织的、可共享的大量数据集合。在数据库中，数据是按照某种数据模型组织起来的。数据库中的数据组织一般可以分为四级：数据项、记录、文件和数据库。数据项是可以定义数据的最小单位，也称为元素、基本项和字段等；记录是由若干相关联的数据项组成；文件是一给定类型的记录的全部具体值的集合；数据库是比文件更大的数据组织，内部构造是文件的集合，这些文件之间存在某种联系，不能孤立存在。数据库中的数据可以独立于应用程序而被集中管理。数据库不仅能够描述数据本身，还能描述数据之间的联系。数据之间的联系反映了现实世界信息的联系。数据库具有以下特征。

（1）数据按一定的数据模型组织、描述和储存：数据按照层次、网状、关系等模型进行组织，不仅描述数据本身的性质，还需要描述数据之间的联系。

（2）可为各种用户共享：数据共享包含所有用户可同时存取数据库中的数据，也包括用户可以用各种方式通过接口使用数据库，并提供数据共享。

（3）冗余度较小：同文件系统相比，由于数据库实现了数据共享，避免了用户各自建立应用文件，从而减少了大量重复数据，减少了数据冗余，维护了数据的一致性。

（4）数据独立性较高：数据的独立性包括数据库中逻辑结构和应用程序相互独立，也包括数据物理结构的变化不影响数据的逻辑结构。

（5）易扩展：通过增加单机处理能力或者增加服务器数量，数据库系统能够提供更强的服务能力和处理能力。

1.1.4　空间数据库

20 世纪 80 年代以来，数据库技术在很多方面的发展激发了其他领域对数据库技术需求的迅速增长。空间数据库是数据库应用领域的扩展。在空间数据管理过程中又提出了一些新的需求，推动了数据库技术的研究与发展。空间数据库是长期存储在计算机内、有组织的、可共享的大量空间数据集合。空间数据库的作用主要可以分为四个方面。

（1）空间数据存储与管理：空间数据涉及地球表面及近地表空间，包括大气圈、水圈、生物圈和岩石圈等多种极其复杂的信息，数据量巨大，容量通常达到 PB 级。因此，空间数据库的数据量远远大于一般数据库的数据量。空间数据库为空间数据的管理提供了便利，解决了空间数据冗余问题，大大加快了空间数据的访问速度，避免了由于空间数据量过大而引起的系统故障等。

（2）空间数据更新：通常情况下，空间数据的时效性非常强，因此，需要不断更新空间数据库。空间数据更新是以现势性强的现状数据代替非现势性数据的过程，达到保持现状数据库中空间信息的现势性和准确性或提高数据精度的目的。

（3）空间分析与决策：空间数据库不仅能够存储空间数据，而且能够支持空间数据的结构化查询和分析。在用户决策的过程中，通过访问空间数据库获得空间数据，综合运用模型库和知识库，为正确决策提供有效的支撑。

（4）空间数据共享：数据共享能够让在不同地点，使用不同计算机、不同软件的用户读取他人数据并进行各种操作运算和分析。随着网络技术的发展，空间数据库系统能够支持网络功能，使得空间数据共享变得更加便捷，较好地解决了空间数据冗余的问题。

传统数据库只针对整型、浮点型、字符串等结构化数据类型，数据类型较少，且无法有效地支持复杂的图形、图像等非结构化数据，而且难以支持复杂的空间信息。因为单个空间对象的表达可能需要多个文件、多条记录、多个字段，包括空间位置、空间关系、属性数据等方面信息，所以，空间数据库管理空间数据具有以下优势。

（1）空间数据库将空间数据以一定的数据模型组织起来，以满足不同用户对空间信息的需求。

（2）空间数据库中的空间数据独立性高，应用程序和空间数据相互独立。

（3）空间数据库能够维护空间数据的完整性、有效性和相容性，保证其最小的冗余度，有利于空间数据的快速查询和维护。

1.2　空间数据库系统的组成

空间数据库系统通常是指带有数据库的计算机系统，采用现代数据库技术管理空间数据。广义的空间数据库系统不仅包括空间数据库本身，还包括相应的计算机硬件系统、空间数据库管理系统和人员（图 1-1）。

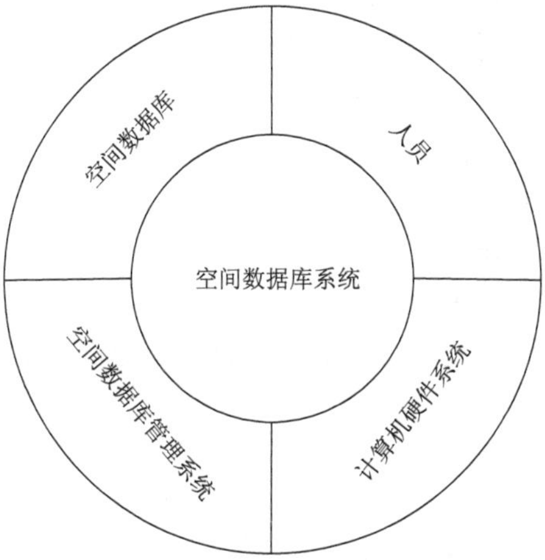

图 1-1　空间数据库系统组成

1.2.1　计算机硬件系统

计算机硬件系统是空间数据库系统中所有物理设备硬件的总称，主要包括采集、存储、处理和输出空间数据的各种仪器和设备。数据采集设备负责从现实世界中提取空间信息，主要包括键盘、鼠标、数字化仪、扫描仪、全球导航卫星系统接收机、全站仪、解析测图仪、数字摄影测量工作站等。数据存储设备将采集到的空间数据以高效、安全的方式保存，以支持后续处理和应用，主要包括光盘、硬盘、磁盘阵列等。数据处理设备对存储的空间数据进行清理、分析、建模和格式转换，使其能够满足特定应用需求，主要包括计算机、工作站、服务器等。数据输出设备将分析结果和可视化数据呈现给用户，以便用于决策和应用，主要包括绘图仪、打印机、计算机终端、胶片记录仪、刻图机、投影仪等。

计算机硬件性能的高低对空间数据库系统有着重要的影响。随着计算机技术的飞速发展，硬件设备的性能也在不断提升，这为空间数据库技术的不断进步提供了有力的支持。例如，更高性能的处理器、更大的内存和更快的存储设备使得空间数据的处理速度得到了显著提升；更先进的输入输出设备则提高了空间数据的采集和输出效率。因此，可以预见，在未来的发展中，计算机硬件性能的提升将继续推动空间数据库技术的创新和进步。

1.2.2　空间数据库管理系统

空间数据库管理系统作为空间数据库系统的关键组成部分，位于用户与操作系统之间，提供高效的数据存储与访问支持。

空间数据库管理系统提供数据定义语言（data definition language，DDL），供用户定义空间数据库的三级模式结构、两级映像以及完整性约束和保密限制等约束。DDL 主要用于建立、修改数据库的库结构。DDL 所描述的库结构给出了数据库的框架。数据库的框架信息一般存放在数据字典中。

空间数据库管理系统提供数据操作语言（data manipulation language，DML），供用户实现对空间数据的插入、删除、更新、查询等操作。

空间数据库的运行管理功能包括多用户环境下的并发控制、安全性检查和存取限制控制、完整性检查和执行、运行日志的组织管理、事务的管理和自动恢复，即保证事务的原子性。这些功能保证了空间数据库系统的正常运行。

空间数据库管理系统要分类组织、存储和管理各种数据，包括数据字典、用户数据、存取路径等，需要确定以何种文件结构和存取方式在存储级上组织这些数据，如何实现数据之间的联系。空间数据组织和存储的基本目标是提高存储空间利用率，选择合适的存取方法提高存取效率。

数据是信息社会的战略资源，对数据的保护至关重要。空间数据库管理系统对数据库的保护通过四个方面来实现：数据库的恢复、数据库的并发控制、数据库的完整性控制、数据库安全性控制。空间数据库管理系统的其他保护功能还包括系统缓冲区的管理以及数据存储的某些自适应调节机制等。

空间数据库的维护是数据库系统管理员的重要职责。空间数据库的维护包括备份系统数据、恢复数据库系统、产生用户信息表并为信息表授权，监视系统运行状况，及时处理系统错误、保证系统数据安全，周期更改用户口令等。

空间数据库管理系统具有与操作系统的联机处理、分时系统及远程作业输入的相关接口，负责处理数据的传送。对网络环境下的数据库系统，还应该包括空间数据库管理系统与网络中其他软件系统的通信功能以及数据库之间的互操作功能。

1.2.3 空间数据库中的主要数据类型

空间数据是空间数据库系统操作和管理的内容。空间数据的来源和数据类型多样，概括起来主要包含以下几种类型。

数字线划地图（digital line graphic，DLG）：数字线划地图数据以矢量数据结构描述水系、地形、土质、植被、居民点、交通网、境界线等要素，其中包含地形要素间的空间关系及相关的属性信息。

数字高程模型（digital elevation model，DEM）：数字高程模型是对地表高程的数字化表示，通常以规则栅格或不规则点的形式，记录地球表面某一地区每个位置的高程数值。

数字正射影像图（digital orthophoto map，DOM）：数字正射影像图是利用航空或遥感影像，通过几何校正、正射校正等处理，使影像具有统一的比例尺和地理坐标系，能够精确反映地物真实位置的一种空间数据产品。

数字栅格图（digital raster graphic，DRG）：数字栅格图是根据现有纸质、胶片等地形图经扫描和几何纠正及色彩校正后，形成在内容、几何精度和色彩上与地形图保持一致的栅格数据集。可作为背景参照图像供其他空间信息参考，用于数字线划地图的数据采集、评价和更新，还可与数字正射影像图、数字高程模型等数据集成，派生出新的信息，制作新的地图数据。

专题数据：专题数据着重表示一种或几种主体要素及它们之间的关系，如水文、地形、土质、植被、交通网、居民点和境界线等数据。专题数据以其独特的视角和详细的信息，为各个领域提供了宝贵的数据资源。

电子地图：电子地图是数字化了的地图，数据存放在数字存储介质（如磁盘、光盘）上，在计算机屏幕等电子媒介上显示。

元数据：元数据是描述数据的数据，说明空间数据内容、质量、状况和其他有关特征的背景信息。元数据对于有效地管理和维护空间数据、查询空间数据、进行空间数据处理和转换、交换和传输等具有重要的意义。

1.2.4　人员

空间数据库系统的人员包括空间数据库管理员、系统分析员、空间数据库设计人员、应用程序员和用户。他们为空间数据库系统的稳定运行和持续发展提供了有力保障。

空间数据库管理员的主要职责包括：决定数据库中的信息内容和数据库的存储结构与存取策略，定义数据的安全性要求和完整性约束条件，监控数据库的使用和运行、数据库的改进和重组等。

系统分析员的主要职责包括：负责应用系统的需求分析和规范说明，协助用户及空间数据库管理员确定系统的硬软件配置，参与数据库系统的概要设计等。

空间数据库设计人员的主要职责包括：参加用户需求调查和系统分析，确定空间数据库中的数据，设计空间数据库的模式、内模式和外模式等。

应用程序员的主要职责包括：设计和编写应用系统的程序模块，进行调试和安装，拟定相关的技术文档等。

用户：用户通过用户接口使用数据库。用户又可以分为偶然用户、简单用户、复杂用户。偶然用户不经常访问数据库，但每次访问数据库时往往需要不同的数据库信息。简单用户主要工作是查询和更新数据库。复杂用户直接使用数据库语言访问数据库，甚至能够基于数据库管理系统的应用程序接口（application programming interface，API）编制自己的应用程序。

1.3　空间数据管理方式

相对于普通的属性数据而言，空间数据通常是非结构化的数据，其管理难度较大。经过多年的发展，空间数据的管理方式可以分为六类：文件管理、文件与关系数据库混合管理、全关系型数据库管理、基于空间数据库引擎的管理、面向对象数据库管理和对象关系数据库管理。

1.3.1　文件管理方式

由于几何数据的非结构化特征，早期的关系数据库难以满足空间数据管理的需要。文件管理方式中，空间数据的几何数据和属性数据均采用文件进行管理。在文件管理方式中，各个应用程序对应各自的空间和属性数据文件，当两个应用程序需要的数据有相同的部分时，可以提取出来作为公共数据文件。

文件管理方式具有以下几个特点。

（1）空间数据采用文件管理方式，数据库管理人员无需安装空间数据库管理软件，空间数据组织灵活、方便。

（2）由于采用文件进行管理，软件厂商可以根据自己的要求定义文件格式和管理数据，有利于存储非结构化的不定长数据。

（3）由于空间数据采用文件进行管理，在数据的安全性、一致性、完整性、并发控制方面，比数据库管理系统要逊色得多。

（4）应用程序依赖于数据文件的存储结构。当数据文件被修改时，应用程序也要随之进行改变。

（5）数据文件不能达到真正的共享。当多个应用程序共享一个数据文件时，文件的修改需要得到所有应用程序的许可。

（6）不利于数据操作。系统开发者需要编写程序实现数据的插入、删除、更新和查询等操作。

（7）由于文件之间互相独立，因而它们不能反映现实世界中事物之间的联系，操作系统不负责维护文件之间的联系信息。

（8）数据管理人员直接对空间数据进行组织和管理，这对其能力提出了较高的要求。

1.3.2　文件与关系数据库混合管理方式

因为属性数据通常是结构化的数据，所以，可以考虑使用关系数据库管理属性数据。文件与关系数据库混合管理方式中，几何数据采用图形文件管理，属性数据采用关系数据库进行管理（图 1-2）。

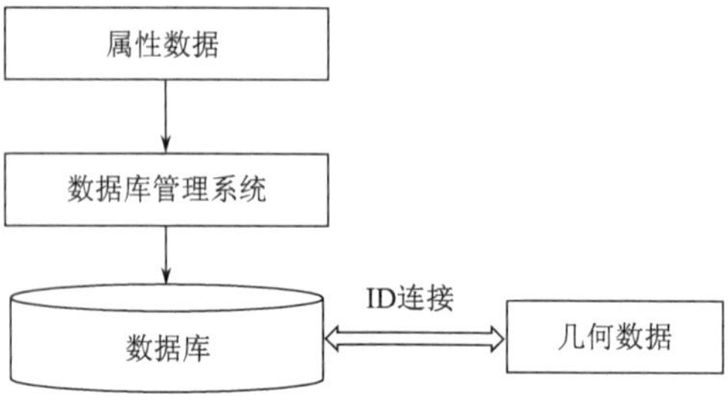

图 1-2　文件与关系数据库混合管理方式

ID 表示标识符（identifier）

美国环境系统研究所（Environmental Systems Research Institute，ESRI）的 Shapefile 和 MapInfo 的表，都采用文件与关系数据库混合管理模式管理空间数据。

Shapefile 是 ESRI 开发的一种空间数据开放格式，是现在 GIS 领域使用最为广泛的矢量数据格式之一，它能够保存几何图形的位置及相关属性，采用文件与关系数据库混合管理方式管理空间数据。一个 Shapefile 至少包含“.shp”“.shx”“.dbf”三个文件。①“.shp”主文件使用变长记录存储空间几何数据，支持点、线、面等多种几何类型。

②“.shx” 索引文件用于存储几何数据的索引信息，包含对主文件中每个记录长度的描述，用于记录每一个几何数据在“.shp”文件之中的位置。③“.dbf”表文件以 dBase 的数据表格式存储每个几何形状的属性数据，每个属性记录与相关的几何记录一一对应。因为 Shapefile 数据不包含拓扑关系，所以，Shapefile 具有快速绘图和易于编辑等优点，其所需的磁盘空间更少，更易于读写。

MapInfo 以表（tab）的形式存储信息，每个表由一组 MapInfo 文件组成，包括属性数据的表结构文件、属性数据文件、空间数据文件、交叉索引文件、索引文件。①属性数据的表结构文件，后缀为“.TAB”，定义了属性数据的表结构，包括字段数、字段名称、字段类型、字段宽度、索引字段及相应图层的一些关键空间信息描述。②属性数据文件，后缀为“.DAT”，存放了属性数据。③空间数据文件，后缀为“.MAP”，是一个二进制文件，存放了图形对象的数据，包括空间对象的几何类型、坐标信息和颜色信息等。④交叉索引文件，后缀为“.ID”，是二进制文件，用于连接属性数据和图形数据，记录了每一个空间对象在空间数据文件（.MAP）中的位置指针。该文件中每四个字节构成一个指针，指针排列的顺序与属性数据文件（.DAT）中属性数据记录存放的顺序一致。交叉索引文件实际上是一个空间对象的定位表。⑤索引文件，后缀为“.IND”，用于对某些字段建立索引。“.TAB”文件和“.DAT”文件是 MapInfo 表中必要的两个文件，也就是说，一个 MapInfo 表至少应该包括一个“.TAB”文件和一个“.DAT”文件。“.MAP”和“.ID”文件不是必要的，但是如果有了“.MAP”文件，那么“.ID”文件也必须存在。

文件与关系数据库混合管理方式的特点包括以下几点。

（1）属性数据建立在关系数据库管理系统之上，数据存储和检索比较可靠和有效。

（2）除通过 ID 连接之外，几何数据和属性数据几乎是完全独立组织、管理与检索的。

（3）因为图形系统通常采用高级语言编程管理，可以直接操纵几何数据，所以图形用户界面与几何数据处理是一体的，两者中间没有逻辑裂缝。

（4）由于几何数据和属性数据分开存储，数据的安全性、一致性、完整性、并发控制，以及数据损坏后的恢复方面缺少基本的功能。例如，拷贝数据的时候，仅拷贝了几何数据，没有拷贝属性数据，从而造成空间数据的不完整。

（5）几何数据和属性数据通过 ID 连接，由于空间连接运算是空间数据库中非常复杂、耗时的操作，空间数据库的整体性能容易受到空间连接操作的影响，从而造成查询、操作运算速度慢。

1.3.3　全关系型数据库管理方式

全关系型数据库管理是一种属性数据、几何数据同时采用关系数据库管理系统进行管理的方式（图 1-3）。关系数据库管理系统的软件厂商不作任何的扩展，由开发人员在此基础上进行开发，使之不仅能管理结构化的属性数据，而且能管理非结构化的空间数据。全关系型数据库管理空间数据有两种模式：一种是基于关系模型的方式；另一种是二进制模式。

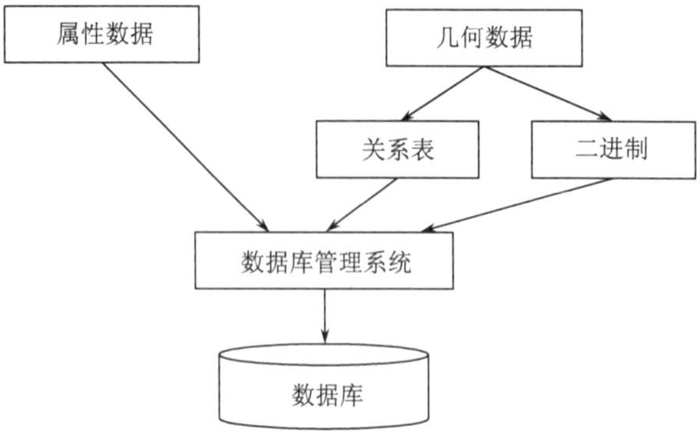

图 1-3　全关系型数据库管理方式

基于关系模型的方式是将空间数据按照关系数据模式组织，对变长的几何数据进行关系范式分解，分解成定长记录的数据表进行存储。然而，由于几何数据可能分解到几个表中进行存储，在处理一个空间对象时，需要复杂的关系连接运算，非常费时。

二进制模式是将空间数据的变长部分处理成二进制块字段。当前，主流的关系数据库都提供了二进制块字段，如 Oracle 数据库的 long raw、blob 和 bfile 类型，SQL Server 数据库的 binary、varbinary 和 image 数据类型。虽然将几何数据序列化成二进制字段，在一定程度上避免了数据之间的连接操作，但是二进制块读写效率要比定长的属性字段慢得多，特别是牵涉到对象的嵌套时速度更慢。

1.3.4　基于空间数据库引擎的管理方式

空间数据库引擎是一种空间数据库管理系统的实现方法，即在常规数据库管理系统之上添加一层空间数据库引擎，以获得常规数据库管理系统功能之外的空间数据存储和管理的能力。空间数据库引擎的工作原理是，客户端发出请求，由空间数据库引擎处理这个请求，转换成数据库管理系统能处理的请求事务，由数据库管理系统处理完相应的请求，空间数据库引擎再将处理的结果实时反馈给客户端（图 1-4）。空间数据库引擎负责组织空间数据在关系数据库中的存储，也是空间数据的访问通道；关系数据库仅仅是存放空间数据的容器。

基于空间数据库引擎的管理方式的特点包括以下几点。

（1）空间数据库引擎屏蔽掉了空间数据各种复杂的结构，向数据用户提供了统一的操作接口，使得软件的开发人员面对的是一个简单统一的开发环境，不必考虑数据源结构的变动和新数据源的出现，减少了软件开发的代价。

（2）通过空间数据库引擎，可以把几何数据、属性数据、影像数据等同时存储到数据库中，保证了更高的存储效率和数据完整性。

（3）由于空间操作和处理无法在数据库内核中实现，扩展结构化查询语言（structured query language，SQL）比较困难，不易实现数据共享与互操作。

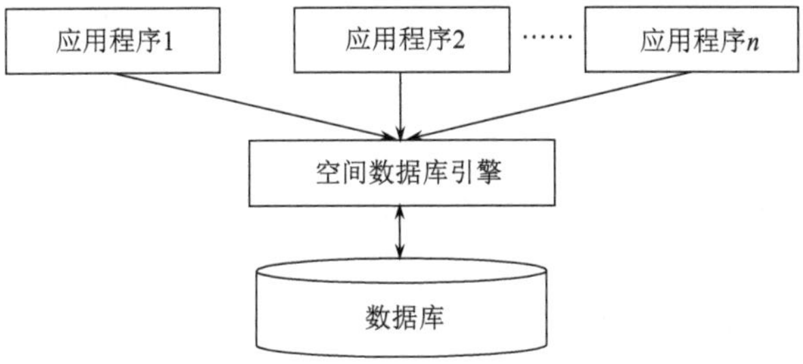

图 1-4 基于空间数据库引擎的管理方式

1.3.5 面向对象数据库管理方式

面向对象数据库管理是面向对象技术与数据库管理的结合体，除具有面向对象的概念和方法之外，还具有传统的数据库管理系统的所有功能。

因此，一个系统要成为面向对象的数据库系统，最基本的标准包括以下两点。

（1）是一个面向对象系统，其出发点是针对面向对象程序设计语言的持久性对象存储管理，核心是充分支持面向对象的概念和机制，如用户自定义数据类型、自定义函数、对象封装等必不可少的面向对象方法特征，与当前流行的面向对象程序设计语言一致。

（2）是一个数据库系统，借助扩充传统数据库语义，使之与核心面向对象数据模型协调，以支持传统数据库系统中的所有数据库特征和功能，如持久性、数据共享、事务管理、一致性控制及恢复等。

因为面向对象数据库管理系统允许用户定义对象和对象的数据结构及操作，所以，可以根据需要，定义合适的数据结构和一组操作。面向对象模型不仅支持变长记录，而且支持对象的嵌套、信息的继承与聚集，因而面向对象数据库适合空间数据的管理。但是，由于面向对象数据库管理系统一般不支持 SQL 语言，在通用性上受到了限制。

1.3.6 对象关系数据库管理方式

因为直接采用通用的关系数据库管理系统的效率不高，而非结构化的空间数据又十分重要，所以许多空间数据库系统的软件商纷纷在关系数据库管理系统中进行了扩展，使之能直接存储和管理非结构化的空间数据（图 1-5）。例如，Oracle、SQL Server、PostgreSQL 等推出了空间数据专用模块，定义了点、线、面、多点、多线、多面等数据类型。数据库管理系统将各种空间对象的数据结构进行了预先的定义，用户使用时必须满足它的数据结构的要求。

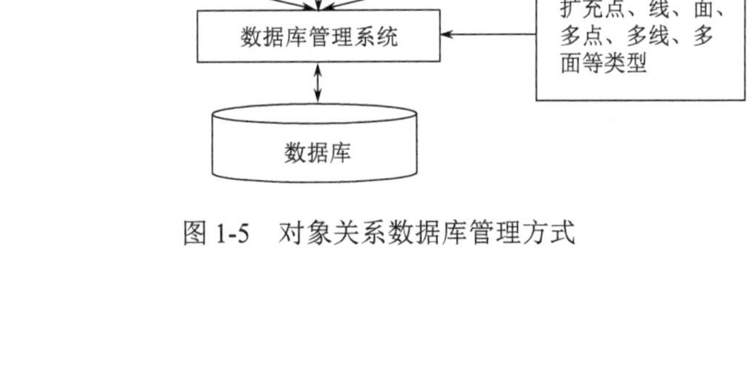

图 1-5 对象关系数据库管理方式

对象关系数据库管理方式的特点包括以下几点。

（1）对几何数据和属性数据进行统一管理，避免了几何数据和属性数据之间的连接操作。

（2）在一定程度上解决了空间数据变长记录的管理，效率要比全关系型数据库管理方式的二进制块的管理方式高很多。

（3）由于对象关系数据库是基于关系数据库管理系统的扩展，关系数据库管理系统上大量的工作成果得以保留。

（4）基于扩展的数据类型，数据库管理系统通常定义大量的操作，简化了用户对空间数据的操作。

（5）对象关系数据库的空间数据结构通常不能由用户自行定义。

1.4 空间数据库与相关学科

作为一门交叉性学科，空间数据库与计算机科学、测绘学、遥感技术、地理学、人工智能等密切相关。

1.4.1 空间数据库与计算机科学

空间数据库与计算机科学相关的操作系统、数据库技术、计算机图形学、软件工程等均具有密切的关系。

操作系统是管理计算机软件与硬件的计算机程序，是计算机系统的基础，同时提供一个用户与计算机系统交互的操作界面。操作系统处理的对象是数据文件的物理块，执行物理文件的读写操作。数据库管理系统建立在操作系统之上，是操作系统的用户。数据库管理系统遇到读写磁盘操作时会请求操作系统服务，操作系统保证数据库管理系统对数据逻辑上的读写真实地映射到物理文件上。空间数据库的安装、运行和维护，必须要考虑操作系统的差异。

数据库技术是信息系统的核心技术之一，它研究如何组织和存储数据，如何高效地获取和处理数据。目前，数据库技术已经取代文件管理方式，成为空间数据管理的主流方式。空间数据库技术源于传统数据库技术，数据库理论与方法对空间数据库系统的发展有着重要影响。空间数据库系统除了需要功能强大的结构化数据的管理功能之外，还需要具有空间数据的组织和管理等功能。空间数据库相关技术和理论的发展，拓展了数据库的技术和理论。

计算机图形学是主要研究通过计算机将数据转换为图形，并在专用的设备上显示的原理、方法和技术的学科。计算机图形学包含了大量的图形处理算法，相关算法为空间数据库中图形处理算法提供了有利的工具。空间数据库需要以表格、图形、图像方式将数据库中的内容和计算、分析结果输出到显示器、屏幕等介质上，计算机图形学为空间数据库的输出奠定了理论和方法基础。

软件工程研究如何以系统性的、规范化的、可定量的过程化方法开发和维护软件，以及如何把经过时间考验而证明正确的管理技术和当前能够得到的最好的技术方法结合起来。软件工程的工程化方法为空间数据库系统的设计和开发奠定了理论基础。

1.4.2　空间数据库与测绘学

空间数据库与测绘学有着密切的关系，没有精密的测量就没有精确的空间数据。大地测量、工程测量、矿山测量、地籍测量和航空摄影测量等技术，为空间数据库提供了丰富和实时的信息源。全球导航卫星系统是能在地球表面或近地空间的任何地点为用户提供全天候的三维坐标和速度以及时间信息的空基无线电导航定位系统。它可为全球范围的飞机、舰船、地面部队、车辆、低轨道航天器等，提供全天候、连续、实时、高精度的三维位置、三维速度以及时间数据。全球导航卫星系统应用于测量工程与经典大地测量相比的优势表现在：①观测站之间无需通视；②定位精度高；③提供三维坐标；④操作简便；⑤全天候作业。借助于全球导航卫星系统，空间数据的获取将更加方便和快捷。

空间数据库可以实现测绘成果的组织和管理。例如，测绘领域的 DLG、DOM、DEM 和 DRG 等数据可以使用空间数据库进行组织和管理。因此，空间数据库与测绘学是一种相互促进的关系。

1.4.3　空间数据库与遥感技术

遥感，其含义就是遥远的感知，即通过非直接接触目标的方式，获取被探测目标的信息，并通过识别与分类，了解该目标的质量、数量、空间分布及其动态变化的有关特征。遥感技术被应用于获取和处理地球表面相关的信息，具有获取信息手段多、信息量大、速度快、周期短、受条件限制少等优点。空间数据库与遥感技术之间存在着相互促进的关系。

在空间数据库领域，遥感数据扮演着举足轻重的角色。作为空间数据库的重要信息源，遥感数据以其高精度、高分辨率的特点，为空间数据库的构建和更新提供了有力的支撑。通过遥感数据的采集与处理，能够不断丰富和完善空间数据库的内容，使其更加全面、准确地反映地球表面的真实情况。

同时，空间数据库也为遥感数据的管理提供了重要的保障。在遥感数据的采集、处理、存储和分发等环节中，空间数据库都发挥着至关重要的作用。空间数据库的高效管理，能够确保遥感数据的准确性、完整性和安全性，为遥感技术的应用提供可靠的数据支持。

1.4.4　空间数据库与地理学

地理学是一门研究地球表层自然要素与人文要素相互作用与关系及其时空规律的学科，它所面对的是复杂的地球表层巨系统，是由大气圈、水圈、岩石圈、生物圈与人类圈所构成的统一整体，是由各种自然现象、人文现象组合在一起的复杂体系。空间数据库与地理学相辅相成，共同推动了对空间信息的认知和利用，促进了科学研究和实际应用的发展。

首先，地理学为空间数据库的发展提供了丰富的实践需求和应用场景，直接促进了其功能扩展和优化。地理学的研究涉及大量的空间数据，包括地形地貌、气候环境、自然资源、人口分布、经济活动等多个方面。这些数据在空间上具有高度的复杂性和多样性，需要空间数据库具备高效的数据存储、管理和分析能力。为了满足地理学的这些需求，空间数据库不断扩展和优化其功能，如支持多种数据格式的存储、提供高效的空间索引和查询算法、实现复杂的空间分析等。

其次，地理学在长期的发展过程中，积累了丰富的理论和方法，如空间计量经济学、空间统计学等，这些理论和方法为空间数据库的设计、构建和应用提供了重要的指导，是空间数据库的重要理论依托。通过借鉴地理学的理论和方法，空间数据库能够更准确地捕捉和描述地理现象的空间分布和变化规律，为地理学的研究提供更加精确和可靠的数据支持。

最后，空间数据库也为地理学领域数据的存储和管理提供了重要支撑。地理学的研究需要大量的数据支持，包括遥感数据、气象数据、地质数据、社会经济数据等。空间数据库通过采用先进的数据存储技术和高效的数据管理策略，能够实现对地理学领域数据的全面、准确和高效管理。空间数据库不仅提高了地理学相关数据的可用性和可访问性，同时也为地理学的研究提供了更加便捷和高效的数据支持。

1.4.5　空间数据库与人工智能

人工智能（artificial intelligence，AI）是一门研究、开发用于模拟、延伸和扩展人的智能的理论、方法、技术及应用系统的新技术科学，旨在通过人工手段和技术，使机器具备类似人类智能的反应和行为能力，从而能够执行一些原本需要人类智慧才能完成的复杂任务。空间数据库和人工智能的结合推动了时空数据管理与分析的智能化进程。

空间数据库能够为 AI 提供数据支持。AI 的训练和应用高度依赖大规模、高质量的数据，空间数据库为 AI 算法的训练提供数据基础。结合物联网和传感器技术，空间数据库能够提供实时的动态数据，支撑 AI 在相关领域的实时分析与决策。

AI 能够促进空间数据库的功能优化。例如，结合自然语言处理，AI 可以让用户通过语义查询的方式检索空间数据。另外，AI 技术可以从复杂的时空数据中学习出隐含的关系和动态演变规律，为时空数据建模和预测提供支持。

1.5　空间数据库的主要研究领域

空间数据库的研究内容比较广泛，既包含地理空间认知，又包含空间数据的组织；既包含关系数据库管理空间数据，又包含非关系型数据库管理空间数据；既包含空间数据库的设计，又包含空间数据库的运行和维护；既包含空间数据共享，又包含空间数据安全等内容。

1.5.1　地理空间认知

地理空间认知是指人们对地理空间中地理对象的大小、形状、方位和距离等信息的加工过程，是现实世界到数字世界抽象的过程。地理空间认知是空间数据库的重要研究内容，不仅需要研究地理空间中空间对象的空间定位、几何形态、语义特征、属性特征，还要研究空间对象之间的关系和空间对象的发展过程。

1.5.2　空间数据组织

空间数据组织是按照一定的方式和规则对空间数据进行归并、存储、处理的过程。为提高空间数据的检索和存取速度，必须对海量空间数据进行有效的组织。空间数据组织的优劣直接影响空间数据库系统的性能。空间数据组织的主要研究方向包括空间数据组织方式、空间数据索引等。

1. 空间数据组织方式

根据不同的应用目的及数据类型，将数据以合适的组织方式进行存储，并以某种连接方式构建一个适合于存取和管理的结构体，是空间数据组织研究的目标。由于空间数据的海量特征，为了不影响空间数据的读写效率，通常按照一定方式对空间数据进行组织。常用的空间数据组织方式包括横向分块、纵向分层、面向对象组织方式等。横向分块参考传统的地图分幅方式，将大规模的区域数据划分成若干规则或者不规则的小块来存储。纵向分层将同区域的数据分成不同类型或者层级存储。纵向分层方式也有多种，如按照专题分层、时间分层、高度分层等。面向对象的组织方式是以人们认知的空间对象为组织单元，实现对空间数据的组织。该方式的数据组织比较严密，更符合人们对实际空间对象的认知。高效的空间数据组织方式是空间数据库的研究方向。

2. 空间数据索引

建立空间数据索引可以极大地提高在空间数据库中获取所需信息的速度，同时还能提高服务器处理相关搜索请求的效率。

随着空间数据向多维、动态方向发展，建立高效的全时态信息索引，实现对多维、动态空间数据的检索是重要的研究方向。另外，为了满足大数据处理的需求，云计算环境下的空间数据索引构建、分布式空间数据索引的构建也是重要的研究方向。

1.5.3　空间数据管理方式

1. 基于关系数据库的管理方式

当前，主导的数据模型仍然是关系模型，关系数据库是依据关系模型来创建的数据库。借助于关系数据库管理系统，实现多源、异构、海量、多时空、多尺度空间数据的高效管理是空间数据库研究的重要内容。

2. 基于非关系数据库的管理方式

非关系数据库是指非关系型的，且一般不保证遵循 ACID[atomicity（原子性）、consistency（一致性）、isolation（隔离性）、durability（持久性）]原则的数据存储系统。相对于关系数据库，非关系数据库具有以下优点：读写性能很高；数据没有耦合性，容易扩展；存储数据的格式可以是多种的。非关系数据库对于海量空间数据的处理具有很大优势，是空间数据库研究的重要方向。

1.5.4　空间数据库设计和维护

空间数据库设计的主要任务是在数据库管理系统的支持下，将现实世界描述为计算机世界中的空间数据模型，从而将地理现象表示为空间数据模型和数据结构。空间数据库设计的主要研究内容包括：空间数据库设计方法、空间数据库模型、空间数据存储结构和存取方法等。

为了保证系统的正常运行，空间数据库系统运行和维护工作也必不可少。空间数据库系统运行和维护也是空间数据库研究的重要内容，包括程序的维护、数据文件的维护、机器和设备的维护等方面。

1.5.5 空间数据共享与安全

数据共享程度是一个地区、一个国家的信息发展水平的重要指标之一。计算机网络技术的发展为空间数据共享提供了保障。但是，要实现真正的空间数据共享，需要着重研究规范的数据格式、空间数据标准化、空间数据共享政策等内容。

空间数据的安全性是空间数据库一个不可忽视的问题。空间数据库系统管理员必须设定不同用户群的访问权限，避免用户直接访问服务器上的共享文件，使用户只能按照规定方式访问空间数据库。此外，还需要采用适合的网关、防火墙等系统安全技术，最大限度地防止外部攻击。

第 2 章　空间对象及其关系的表达

要用计算机解决地理空间世界中的问题，首先必须将复杂的地理事物和现象进行认知和抽象。由于地理空间的复杂性，人们认知地理空间的手段、方法有所差异，不同的学科、部门对现实世界的兴趣点不同，建立的模型也不同。在地理空间中，空间对象一般也不是独立存在的，而是相互之间存在着密切的联系。空间数据结构和编码是联结从现实世界到数据世界的纽带，只有充分理解空间数据结构和编码方法，才能正确有效地使用空间数据库系统。

2.1　地理空间认知

2.1.1　地理空间认知过程

认知是人们认识和感知周围世界时所经历的各个过程的总称，包括感受、发现、识别、想象、判断、记忆、学习等。地理空间包罗万象，因此，要认识和掌握地理空间中复杂而广泛的信息，就需要对地理信息进行删繁就简，以及对地理空间进行科学的认知。对于同一客观世界，由于地理空间信息的复杂性、人们认知地理空间的手段和方法有所差异、不同的学科和部门对现实世界的兴趣点不同，认知过程和结果会产生差别，往往会产生不同的映像。地理空间认知研究人类如何认识自己赖以生存的地理环境（主要指地球的四大圈层：岩石圈、水圈、大气圈、生物圈），包括其中的地理事物和现象的相互位置、空间分布、空间关系、变化和规律等。对地理空间进行认知、简化和抽象表达，并将抽象结果组织成能反映现实世界真实情况的数据集，是空间数据库的重要任务之一，也是空间数据库的理论基础。

开放地理空间信息联盟（Open Geospatial Consortium，OGC）定义了九层抽象模型（图 2-1），从而实现从现实世界实体到能够通过计算机程序语言加以描述的地理要素集合世界进行转换的目的。

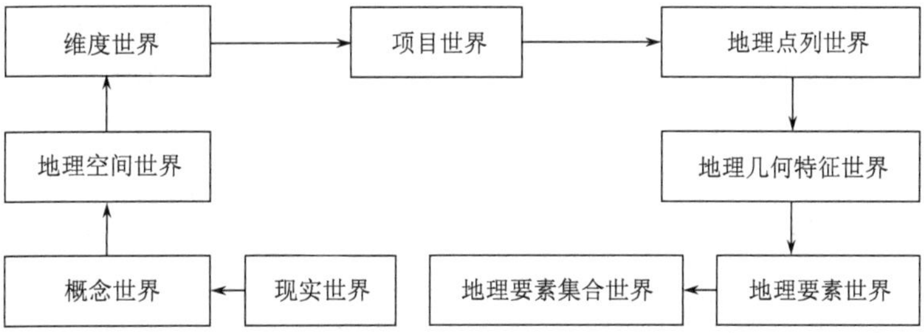

图 2-1　OGC 九层抽象模型

现实世界是实际存在的、复杂混沌的大千世界，地理事物和现象存在于现实世界之中，它是地理空间信息抽象的起点。

概念世界是由人们认识并命名的事物组成的世界，也可以称为人类自然语言的世界。根据事物和现象的本质，人们可以认识理解现实世界中的事物和现象，了解且认识其所命名的事物，因此这些事物构成了“语言的世界”。

地理空间世界是用抽象和符号的方式表达概念世界中的事物。在概念层次的世界充满了复杂的形状、样式和细节，而这些复杂性在地理空间世界中被消除，并用简单的、浅显的符号来代替。例如，通过地理空间世界的抽象，水井被看作点，河流被看作线，湖泊被看作多边形。

维度世界是经过量测确定几何特征和定位精度的地理空间世界。例如，在维度世界中，两个电线杆之间的距离是50m，城市建成区面积为20km^2。

项目世界是关于地理空间要素建模的世界。根据不同的抽象方法，地理空间要素建模方法也有所不同。

地理点列世界是在一个特殊的地理层中定义的点列，它们与软件系统相关联。在地理点列世界中，通过有限的点来表达地理对象。

地理几何特征世界是基于空间点列，按照一定的顺序和规则构造的地理要素几何特征，它们与软件系统相关联。

在地理要素世界中，地理要素由几何特征、属性特征及空间参考系统组成，它为地理信息处理提供一个开放界面。

地理要素集合世界是由地理要素组成的世界，实现由现实世界到计算机世界的转变，用数字信息全面完整地描述现实世界。

2.1.2　地理空间认知模型

根据数据组织和处理方式，目前地理空间认知模型大体上分为三类，即基于对象（object-based）、基于网络（network-based）和基于场（field-based）的认识模型。

1. 基于对象的模型

在一定尺度下，客观存在的地理实体都有其精确的位置、形状，可以同其他相邻的地理实体区别开来。这些地理实体既可以是一座城市，也可以是一个小区，或者是一幢楼。

基于对象的模型将研究的整个地理空间看成一个空域，地理实体和现象作为独立的对象分布在该空域中。基于对象的模型强调个体现象，以独立的方式或者以与其他现象之间的关系的方式来研究该现象，特别适用于描述地理空间中各种独立存在的地理特征，适于那些具有完整边界的地理目标，如河流、湖泊、植被等自然现象，或者行政区划、建筑物、街区、道路等人文现象。在基于对象的模型中，一个对象必须满足三个条件：可以被识别、与问题相关、可以被描述。在基于对象的模型中，对象也可能由其他对象构成复杂对象，并且与其他分离的对象保持特定的关系，如点、线、面之间的拓扑关系，每个对象对应着一组相关的属性以区分各个不同的对象。因此，基于对象的实质就是使用一系列的基本数据来描述这些地理实体，包括对象的特定属性（空间属性、时间属性、非空间属性）、对象之间的特定关系（空间关系、时间关系、语义关系）。

基于对象的模型需要将空间对象嵌入一个坐标空间中，一般是欧氏空间，在该空间中可以利用公式进行距离、方位和面积的测量。除此之外，还可以嵌入到度量空间、拓扑空间和面向集合的空间等。

2. 基于网络的模型

基于网络的模型与基于对象的模型在某些方面相同，都是描述不连续的地理现象，不同之处在于它需要考虑通过路径相互连接多个地理现象之间的相交情况。实际上，网络是由欧几里得空间中的若干点及它们之间相互连接的线（段）构成的，即在地理空间中，通过无数“通道”互相连接的一组地理空间位置。现实世界许多地理事物和现象可以构成网络，如公路、铁路、通信线路、管道，自然界中的物质流、能量流和信息流等，都可以表示成相应的点之间的连线，由此构成现实世界中多种多样的地理网络。按照基于对象的观点，网络模型也可以看成基于对象的模型，它是由点对象、线对象，以及对象之间的拓扑关系构成的。

3. 基于场的模型

基于场的模型把地理空间中的事物作为连续的变量或体来看待，如大气污染程度、地表温度、土壤温度以及大面积空气和水域的流速和方向。场模型可以表示为数学公式：$z:s \rightarrow z(s)$，其中，z 为映射函数；s 为空间位置。因此，该式表示了从空间域到某个值域的映射。根据不同的应用，场可以表示二维，也可以表示三维。对于二维场，在二维空间中任何点上都有一个表达现象的值。对于三维场，在三维空间中任何点上都有一个表达现象的值。

因为网络是由一系列结点和环链组成的，从本质上看与基于对象或目标的模型没有区别。所以，有的学者认为空间数据模型可归结为基于对象和基于场两类。同时，应该指出，对象和场可以在多种水平上共存，即在许多情况下需要采用对象模型和场模型的集成。基于场的模型和基于对象的模型各有长处，应该恰当地综合运用这两种方法来建模。不论是在应用模型的高层建模中，或是在空间数据结构设计中，还是在空间数据结构的应用中，都会遇到这两种模型的集成问题。例如，如果采集 $PM_{2.5}$ 数据的各个点在空间上很分散且分布无规律，并且这些采集点还有各自的特征，那么，一个包含两个属性——采集数据点位置（对象）和平均 $PM_{2.5}$（场）的空间认知模型，也许更适于对区域空气质量特性变化的描述。基于场模型的主要类型有：采样模型、等值线模型、图斑模型。

采样模型通过采集有限个样本点的属性值来表达区域属性的连续变化，如表示高程可以用离散点、规则格网、不规则三角网。根据样本点的分布密度和分布形态，可以采用网格或者不规则三角网模型进行数据内插，进而模拟区域属性的连续变化。

等值线模型采用一组等间距的等值线将地理区域划分成一些环状区域，每个区域中的属性值介于相邻的两条等值线的属性值之间，可以沿着等值线的梯度方向进行连续插值求得属性值，如表示地形的等高线、表示海底地形的等深线、表示气温的等温线。等值线的特点是：同一条等值线上的数值相等；等值线为闭合曲线；两条等值线一般不能相交，但是等高线图上悬崖可以显示为重合状态；相邻的两条等值线数值相差为一个等值距。

图斑模型将一个平面划分成若干个区域，每个区域用一个简单的数学函数表示一种主要属性的变化。一个区域可以包含若干个子区域或其他区域，但不能被其他区域分隔，即区域内的任意两点至少存在一条完全包含在本区域内的连接路径。模拟的数学函数可以是一个常量，也可以是一个线性函数，甚至可以是一个高阶函数。①常量，即每个区域中的属性函数值保持一个常数。图斑模型常用于描述土壤类型、土地利用现状、植被以及生物的空间分布。②线性函数，即对平面上划分的每个区域，对应的属性函数值的变化不是常量，而是一个线性函数。③高阶函数，即在一个区域内，要求属性函数为一个高阶函数，用以提高表示的精确性。

场模型具有以下四个方面的特征。

（1）空间结构特征和属性域。在实际应用中，“空间”经常是指可以进行长度和角度测量的欧几里得空间。空间结构可以是规则的或不规则的，但空间结构的分辨率和位置误差则十分重要，它们应当与空间结构设计所支持的数据类型和分析相适应。属性域的数值可以包含以下几种类型：名称、序数、间隔和比率。属性域的另一个特征是支持空值，如果值未知或不确定则赋予空值。

（2）连续、可微、离散的特征。如果空间域函数连续的话，空间域也是连续的，即随着空间位置的微小变化，其属性值也将发生微小变化，不会出现突变值。只有在空间结构和属性域中恰当地定义了“微小变化”，“连续”的意义才确切。“连续”与“可微”两个概念之间有逻辑关系，每个可微函数一定是连续的，但连续函数不一定可微。但是，场很多时候不能用一个函数来表达，而是离散的。例如，地形的起伏变化，需要用离散的数值来表示。

（3）各向同性和各向异性。空间场内部的各种性质是否随方向的变化而发生变化，是空间场的一个重要特征。如果一个场中的所有性质都与方向无关，则称为各向同性场。如果一个场中的性质与方向有关，则称为各向异性场。

（4）空间自相关。地理学第一定律指出：任何事物都相关，只是相近的事物关联更紧密（everything is related to everything else, but near things are more related to each other）。空间自相关是空间场中的数值聚集程度的一种量度，距离近的事物之间的联系性强于距离远的事物之间的联系性。如果一个空间场中的类似的数值有聚集的倾向，则该空间场就表现出很强的正空间自相关；如果类似的属性值在空间上有相互排斥的倾向，则表现为负空间自相关。空间自相关描述了某一位置上的属性值与相邻位置上的属性值之间的关系。

2.2 空间关系

2.2.1 空间关系的定义及分类

空间关系是指地理空间对象之间存在的具有空间特性的关系，是客观世界里一种基本的存在关系。人们对空间对象之间空间关系的认识是复杂多样的。例如，地理空间对象之间存在着各种关系，如前后、左右、东南西北、包含、相邻、相距 10km 等关系。大量证据表明人类对空间的认知正是通过空间对象间的空间关系进行的，利用空间关系能够更好地进行空间位置描述。空间关系在空间数据建模、空间查询、空间分析、空间数据挖掘、空间数据多重表达等方面发挥着至关重要的作用。空间分析在某种程度上是处理空间对象之间的相互关系。例如，点模式识别处理点状对象之间的邻近关系与分布；叠置分析处理多个空间对象之间的相交、重叠等拓扑关系；网络分析处理空间对象之间的拓扑邻接与关联；邻域分析是在相互邻近的空间对象之间进行的。

空间关系与空间对象的维数、形态、大小及空间本身的维数相关，各类空间关系之间也存在着一定的相互联系。空间关系的感知与度量不仅与空间数据本身关系密切，而且与人的认知、语言及心理也有一定的关系。空间对象之间通常有三大类空间关系，即度量关系、顺序关系和拓扑关系。度量关系是指用某种度量空间中的度量表达的空间关系，如距离、角度、面积、密度、长度等。顺序关系用于描述对象在地理空间上的排列顺序，如对象之间前后、上下、左右和东、南、西、北等方位关系。拓扑关系是指在拓扑变换（旋转、平移和缩放）下保持不变的空间关系，如空间对象间的相邻、相离等空间关系。对于空间关系的描述有多种形式，如定量的或者定性的、精确的或者模糊的。

2.2.2　拓扑关系表达

拓扑关系表达是以数学或逻辑的方法区分不同的拓扑关系，给出形式化的表示，其意义在于澄清不同用户关于拓扑关系的语义。拓扑关系表达方法主要有基于时间段的逻辑模型、区域连接演算方法、点集拓扑法等。

1. 基于时间段的逻辑模型

对于任意两个时间点 T_1 和 T_2，存在着 $T_1<T_2$、$T_1=T_2$、$T_1>T_2$ 三种关系。一个时间段可以描述为包含起点和终点的有向线段。因此，时间段之间的关系描述可以转换为时间点之间的关系描述。Allen 基于时间段逻辑模型，区分了 13 种互不相交且联合完备(jointly exhaustive and pairwise disjoint，JEPD)的时态拓扑关系，分别是{equal，before，meets，overlaps，during，starts，finishes，after，met，overlapped，contain，started，finished}。表 2-1 给出了 Allen 描述的 13 种时态拓扑关系的表现形式。由于时间段逻辑模型比较简单，其广泛应用于时空推理。

表 2-1　13 种时态拓扑关系

名称(符号表示)	图解	端点的顺序
equal(=)		$X_s=Y_s<X_e=Y_e$
before(<)		$X_s<X_e<Y_s<Y_e$
meets(m)		$X_s<X_e=Y_s<Y_e$
overlaps(o)		$X_s<Y_s<X_e<Y_e$
during(d)		$Y_s<X_s<X_e<Y_e$
starts(d)		$X_s=Y_s<X_e<Y_e$
finishes(f)		$Y_s<X_s<X_e=Y_e$

续表

名称(符号表示)	图解	端点的顺序
after(>)		$Y_s<Y_e<X_s<X_e$
met(mi)		$Y_s<Y_e=X_s<X_e$
overlapped(oi)		$Y_s<X_s<Y_e<X_e$
contain(di)		$X_s<Y_s<Y_e<X_e$
started(si)		$Y_s=X_s<Y_e<X_e$
finished(fi)		$X_s<Y_s<Y_e=X_e$

注：表中线段箭头为圆形的表示时间段 X，线段箭头为三角形的表示时间段 Y；X_s 和 X_e 分别为时间段 X 的起始时间和终止时间；Y_s 和 Y_e 分别为时间段 Y 的起始时间和终止时间。

2. 区域连接演算方法

区域连接演算(region connection calculus，RCC)是由 Randell 等（1992）为实现定性空间表示与推理提出的理论。RCC 的基础语言仅仅包括一个原语 C(A, B)，读做“区域 A 与区域 B 相连”。C(A, B)的含义是：两个区域存在重合或者接触时，这两个区域是连接的，记为 C(A, B)；反之，这两个区域是不连接的，记为 $\neg \mathrm{C}(A,B)$。通过下面的两个公理[式（2-1）和式（2-2）]，保证 C(A, B)具有自反性和对称性。式（2-1）的含义为：任意区域 A 和它自身是相连接的。式（2-2）的含义为：如果区域 A 与区域 B 相连，那么，区域 B 与区域 A 一定相连。

$$\forall A\left[\mathrm{C}(A,A)\right] \tag{2-1}$$

$$\forall A\forall B\left[\mathrm{C}(A,B)\rightarrow \mathrm{C}(B,A)\right] \tag{2-2}$$

RCC-8 用 8 个基本关系来描述两个区域之间的拓扑关系，这 8 个关系之间不相交且联合完备，即组成 JEPD 集，也就是说，两个区域之间有且只能有 8 个关系中的一个存在。这 8 个基本关系是：DC(disconnected，相离)、EC(externally connected，外接)、PO(partially overlapping，相交)、TPP(tangential proper part，正切真部分)、NTPP (non-tangential proper part，非正切真部分)、EQ(equal，相等)、TPPI(tangential proper part inverse，逆正切真部分)、NTPPI(non-tangential proper part inverse，逆非正切真部分)。图 2-2 为 RCC-8 描述的拓扑关系。表 2-2 为根据 C(A, B)定义的关系。

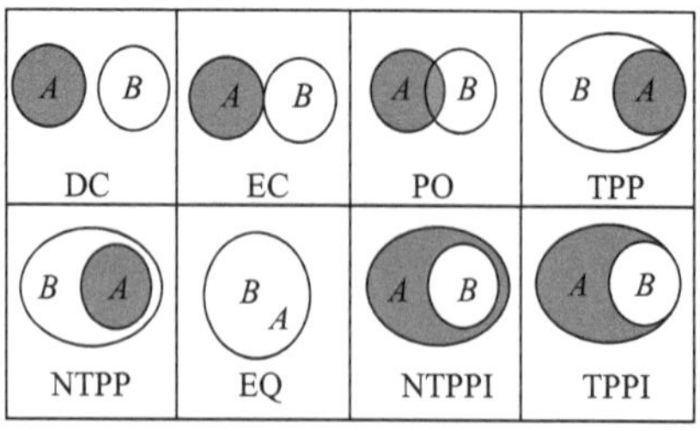

图 2-2　RCC-8 描述的拓扑关系

表 2-2　根据 C(*A*, *B*)定义的关系

关系	解释	关系的定义
DC(*A*, *B*)	*A* 与 *B* 不相连	$\neg C(A,B)$
P(*A*, *B*)	*A* 是 *B* 的一部分	$\forall z[C(z,A)\rightarrow C(z,B)]$
PP(*A*, *B*)	*A* 是 *B* 的真部分	$P(A,B)\wedge\neg P(B,A)$
EQ(*A*, *B*)	*A* 与 *B* 相等	$P(A,B)\wedge P(B,A)$
O(*A*, *B*)	*A* 与 *B* 重叠	$\exists z[P(z,A)\wedge P(z,B)]$
DR(*A*, *B*)	*A* 与 *B* 相离	$\neg O(A,B)$
PO(*A*, *B*)	*A* 与 *B* 部分重叠	$O(A,B)\wedge\neg P(A,B)\wedge\neg P(B,A)$
EC(*A*, *B*)	*A* 与 *B* 外部相连	$C(A,B)\wedge\neg O(A,B)$
TPP(*A*, *B*)	*A* 与 *B* 的相切的真部分	$PP(A,B)\wedge\exists z[EC(z,A)\wedge EC(z,B)]$
NTPP(*A*, *B*)	*A* 与 *B* 的不相切的真部分	$PP(A,B)\wedge\neg\exists z[EC(z,A)\wedge EC(z,B)]$
TPPI(*A*, *B*)	*B* 与 *A* 的相切的真部分	$PP(B,A)\wedge\exists z[EC(z,A)\wedge EC(z,B)]$
NTPPI(*A*, *B*)	*B* 与 *B* 的不相切的真部分	$PP(B,A)\wedge\neg\exists z[EC(z,A)\wedge EC(z,B)]$

注：∃ 表示“存在”，¬ 表示“非”，∀ 表示“任意”，z 表示集合。

RCC-5 用 5 个基本关系来描述两个区域间的拓扑关系，这 5 个关系组成 JEPD 集。这 5 个基本关系是 DR(相离)、PO(相交)、PP(proper part，真部分)、EQ(相等)、PPI(proper part inverse，逆真部分)。RCC-5 中, DR 包含了 RCC-8 中的 DC 和 EC，PP 包含了 RCC-8 中的 TPP 和 NTPP，PPI 包含 RCC-8 中的 TPPI 和 NTPPI。

3. 点集拓扑法

基于点集拓扑理论，四交集模型（4-intersection model, 4IM）、九交集模型（9-intersection model, 9IM）、维度扩展的九交集模型 (dimensionally extended 9-intersection model, DE-9IM)、分离数扩展的九交集模型（separations number extended 9-intersection model, SNE-9IM）、基于 Voronoi 的九交集模型（voronoi-based 9-intersection model，V9IM）等先后被提出用于描述空间对象之间的拓扑关系。

为了形式化表达空间拓扑关系，Egenhofer 等以点集拓扑理论为基础，建立了一个四元表达的拓扑关系描述框架，提出了描述拓扑关系的 4IM。4IM 将空间对象分为内部和边界两个集合，空间对象之间的拓扑关系通过其内部、边界之间的交集矩阵来表示。如果空间对象 *A* 和 *B* 的内部、边界分别用 A^{o}、∂A 和 B^{o}、∂B 表示，$\cap$ 表示交集，则 4IM 的表现形式如式（2-3）所示。式（2-3）中元素的取值可以为{0, 1}，分别表示{空集, 非空集}。由于 4IM 中 4 个元素都可能有两种取值，理论上，4IM 共可以表示 $2^4=16$ 种不同的拓扑关系，但并不是原有的 16 种关系都能够被实现。图 2-3 表达了 4IM 所能区分的 8 种简单面/面拓扑关系。在二维空间中，对于简单线/面，4IM 能够区分 11 种拓扑关系（图 2-4，*A* 为线，*B* 为面）；对于简单线/线，4IM 能够区分 16 种拓扑关系（图 2-5，*A* 为实线，*B* 为虚线）。

$$R_{4IM}(A,B)=\begin{bmatrix} A^{o}\cap B^{o} & A^{o}\cap\partial B \\ \partial A\cap B^{o} & \partial A\cap\partial B \end{bmatrix} \tag{2-3}$$

关系名称	disjoint	meet	overlaps	covers	contains	equal	covered by	inside
图示	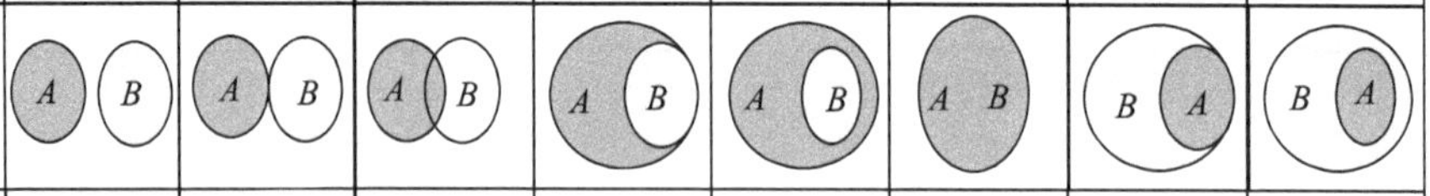							
4IM	$\begin{pmatrix}0&0\\0&0\end{pmatrix}$	$\begin{pmatrix}0&0\\0&1\end{pmatrix}$	$\begin{pmatrix}1&1\\1&1\end{pmatrix}$	$\begin{pmatrix}1&1\\0&1\end{pmatrix}$	$\begin{pmatrix}1&1\\0&0\end{pmatrix}$	$\begin{pmatrix}1&0\\0&1\end{pmatrix}$	$\begin{pmatrix}1&0\\1&1\end{pmatrix}$	$\begin{pmatrix}1&0\\1&0\end{pmatrix}$
9IM	$\begin{pmatrix}0&0&1\\0&0&1\\1&1&1\end{pmatrix}$	$\begin{pmatrix}0&0&1\\0&1&1\\1&1&1\end{pmatrix}$	$\begin{pmatrix}1&1&1\\1&1&1\\1&1&1\end{pmatrix}$	$\begin{pmatrix}1&1&1\\0&1&1\\0&0&1\end{pmatrix}$	$\begin{pmatrix}1&1&1\\0&0&1\\0&0&1\end{pmatrix}$	$\begin{pmatrix}1&0&0\\0&1&0\\0&0&1\end{pmatrix}$	$\begin{pmatrix}1&0&0\\1&1&0\\1&1&1\end{pmatrix}$	$\begin{pmatrix}1&0&0\\1&0&0\\1&1&1\end{pmatrix}$

图 2-3　基于 4IM 和 9IM 的简单面/面拓扑关系表达

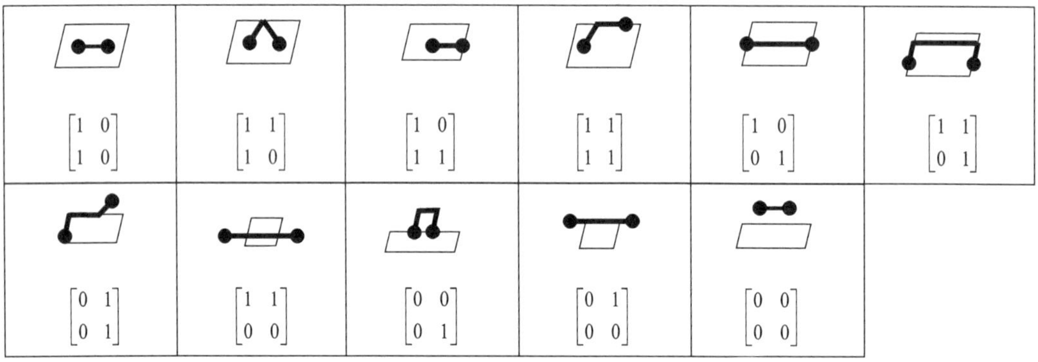

图 2-4　基于 4IM 的简单线/面的拓扑关系表达

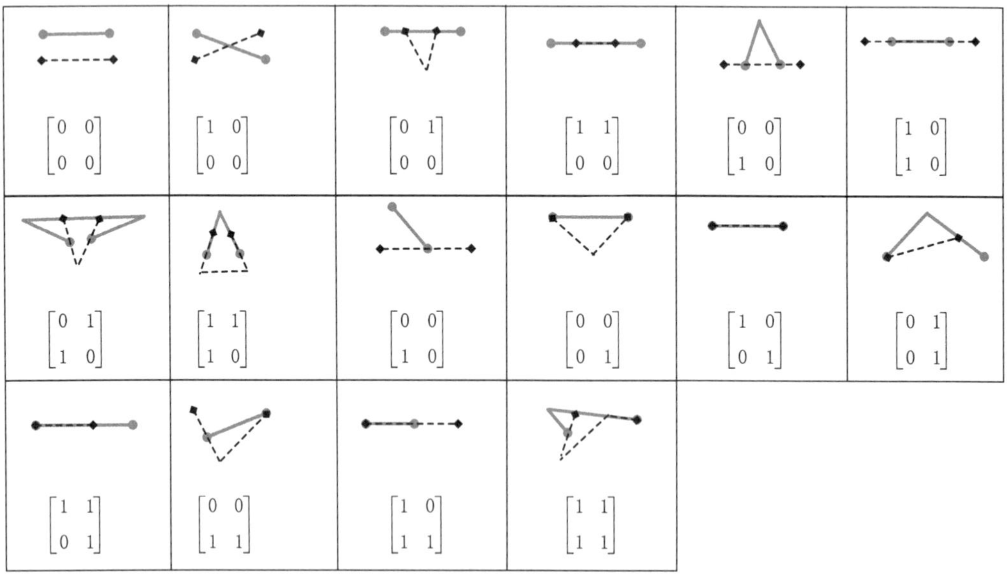

图 2-5　基于 4IM 的简单线/线的拓扑关系表达

为了提高拓扑关系的表达能力，Egenhofer 等在 4IM 的基础上引进了点集的余，用于定义空间对象的外部，构造一个由内部、边界和外部之间的交集组成的 9IM。9IM 是利用空间对象的内部、边界和外部所形成的九个交集组成的九元矩阵来描述。如果空间对象 A 和 B 的内部、边界、外部分别用 A^{o}、∂A、A^{-} 和 B^{o}、∂B、B^{-} 表示，则 9IM 的表现形式如式（2-4）所示。式（2-4）中元素的取值可以为{0, 1}，分别表示{空集, 非空集}。理论上，9IM 能够区分 2^9=512 种拓扑关系，但并不是原有的 512 种关系都能够被实现。图 2-3 表达了 9IM 所能区分的 8 种简单面/面拓扑关系。

$$R_{9\mathrm{IM}}(A,B)=\begin{bmatrix} A^{o}\cap B^{o} & A^{o}\cap \partial B & A^{o}\cap B^{-} \\ \partial A\cap B^{o} & \partial A\cap \partial B & \partial A\cap B^{-} \\ A^{-}\cap B^{o} & A^{-}\cap \partial B & A^{-}\cap B^{-} \end{bmatrix} \tag{2-4}$$

在拓扑关系表达、计算和推理等领域，9IM 得到了广泛的应用。在二维空间中，对于简单线/面，9IM 能够区分 19 种拓扑关系（图 2-6，A 为线，B 为面）；对于简单线/线，9IM 能够区分 33 种拓扑关系（图 2-7，A 为实线，B 为虚线）。

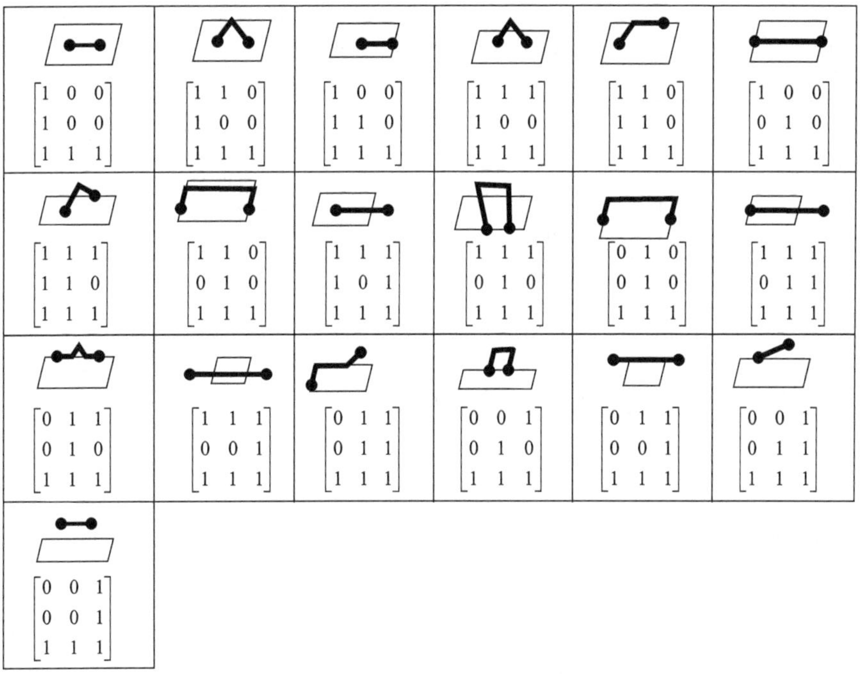

图 2-6　基于 9IM 的简单线/面的拓扑关系表达

综上所述，因为 4IM 能够分别区分 11 种简单线/面拓扑关系、16 种简单线/线拓扑关系，9IM 能够分别区分 19 种简单线/面拓扑关系、33 种简单线/线拓扑关系，所以，通常 9IM 比 4IM 具有更强的拓扑关系区分能力。但是，相对于 4IM，并非每种 9IM 的情况都有可能，因此，9IM 模型的冗余度更大。另外，9IM 需要讨论空间对象的内部、边界、外部以及它们之间各自的相交情况，而空间对象的外部不封闭，具有无界性，因而难以直接计算与操作，不利于算法实现。

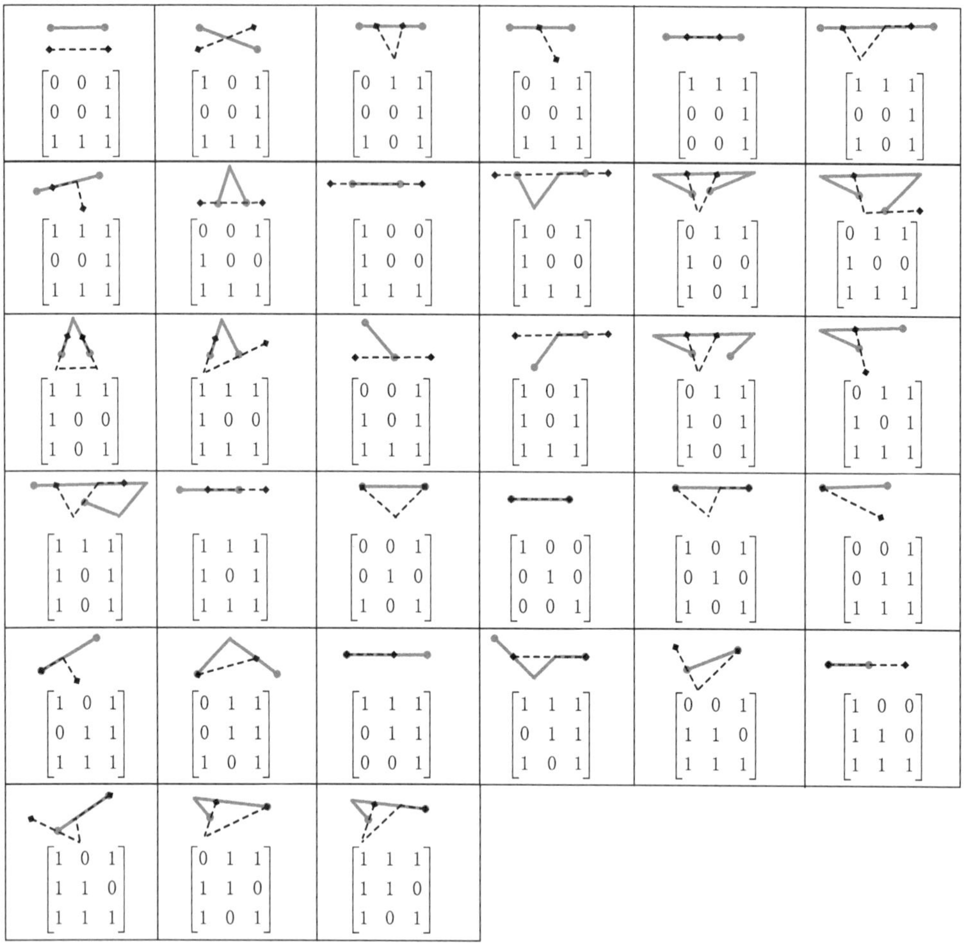

图 2-7　基于 9IM 的简单线/线的拓扑关系表达

虽然 4IM 和 9IM 能够较好地形式化表达拓扑关系，但仍有些不足。例如，两个面相交于一个公共点和一条公共边的情况，都属于相接关系，但无论是用 4IM 还是 9IM 都无法区分。Clementini 等提出了 DE-9IM，利用交集的维度对 9IM 进行扩展，从而更加详细地描述空间对象之间的拓扑关系。如果空间对象 A 和 B 的内部、边界、外部分别用 A°、∂A、A^{-} 和 B°、∂B、B^{-} 表示，则 DE-9IM 的表现形式如式（2-5）所示。在二维空间中，空间对象交集之间可能的取值为$\{-1, 0, 1, 2\}$，表示两个空间对象各部分之间相交结果的维数分别是{空集, 零维, 一维, 二维}。交集维度的取值为相交结果的最大值。例如，空间对象之间既相交于二维的面，又相交于一维的线，则相交的维度记为 2。空间对象的外部总是相交，并且空间对象外部相交的维度总是 2。

$$R_{\text{DE-9IM}}(A,B)=\begin{bmatrix}\dim(A^{\circ}\cap B^{\circ}) & \dim(A^{\circ}\cap\partial B) & \dim(A^{\circ}\cap B^{-})\\ \dim(\partial A\cap B^{\circ}) & \dim(\partial A\cap\partial B) & \dim(\partial A\cap B^{-})\\ \dim(A^{-}\cap B^{\circ}) & \dim(A^{-}\cap\partial B) & \dim(A^{-}\cap B^{-})\end{bmatrix} \tag{2-5}$$

同 DE-9IM 类似，相对于 9IM，SNE-9IM 能够区分更多的拓扑关系。分离数表示两个空间对象各部分相交后形成的不相连通的子集个数。分离数作为一个拓扑不变量，是图形集合的一个重要的拓扑特性。使用分离数的一个前提条件是集合必须是闭集，不适合非闭集的情况。如果空间对象 A 和 B 的内部、边界、外部分别用 A°、∂A、A^{-} 和 B°、∂B、B^{-} 表示，则 SNE-9IM 的表现形式如式（2-6）所示。式（2-6）中元素的取值可以为 $[0,+\infty)$。因为每个元素的取值都可以是无穷的，理论上，SNE-9IM 可以表达无穷多种拓扑关系。

$$R_{\text{SNE-9IM}}=\begin{bmatrix}\chi(A^{\circ}\cap B^{\circ}) & \chi(A^{\circ}\cap\partial B) & \chi(A^{\circ}\cap B^{-})\\ \chi(\partial A\cap B^{\circ}) & \chi(\partial A\cap\partial B) & \chi(\partial A\cap B^{-})\\ \chi(A^{-}\cap B^{\circ}) & \chi(A^{-}\cap\partial B) & \chi(A^{-}\cap B^{-})\end{bmatrix} \tag{2-6}$$

Voronoi 图具有良好的图形结构与数学特性，用 Voronoi 区域代替对象的补作为外部，形成一种顾及边界、内部和 Voronoi 区域的九元组模型，简称为 V9IM。每一个空间对象都被分成 3 部分，即内部、边界和 Voronoi 区域。由此可以定义一个基于 Voronoi 图的九元矩阵。如果空间对象 A 和 B 的内部、边界、外部分别用 A°、∂A、A^{v} 和 B°、∂B、B^{v} 表示，则 V9IM 的表现形式如式（2-7）所示。式（2-7）中元素的取值可以为 $\{0, 1\}$，分别表示{空集, 非空集}。V9IM 不仅能够计算拓扑关系，还可以用于计算空间对象之间的邻近关系。因此，当两个空间对象本身相离时，利用 V9IM 可以进一步对拓扑关系进行划分。

$$R_{\text{V9IM}}(A,B)=\begin{bmatrix}A^{\circ}\cap B^{\circ} & A^{\circ}\cap\partial B & A^{\circ}\cap B^{\mathrm{v}}\\ \partial A\cap B^{\circ} & \partial A\cap\partial B & \partial A\cap B^{\mathrm{v}}\\ A^{\mathrm{v}}\cap B^{\circ} & A^{\mathrm{v}}\cap\partial B & A^{\mathrm{v}}\cap B^{\mathrm{v}}\end{bmatrix} \tag{2-7}$$

2.2.3　顺序空间关系表达

顺序空间关系是基于空间对象在地理空间的分布，采用定量或者定性的方式对空间关系进行描述。同拓扑空间关系的形式化描述类似，也可以按点-点、点-线、点-面、线-线、线-面和面-面等多种组合来考察不同类型空间对象间的顺序关系。实体间的顺序空间关系随着空间数据的投影、几何变换而发生变化。

方向关系是最基本的顺序关系，是地理信息科学、计算机制图学、认知科学、人工智能等学科共同关注的课题。在地理信息科学中，空间方向关系描述了两个对象间位置分布的基本空间约束，在 GIS 空间查询、空间分析、空间推理、制图综合等过程中起着重要作用。方向关系的描述方式包括定量描述和定性描述两种。

方向关系的定量描述使用方位角或象限角对空间对象间的方向关系值进行精确的定义。方位角是指以正北方向为零方向，沿顺时针方向旋转到对象点所在位置时经过的角度，其取值范围为 0°～360°。图 2-8 为两点之间的方位角，其中，α 为点 A 到点 B 的方位角。

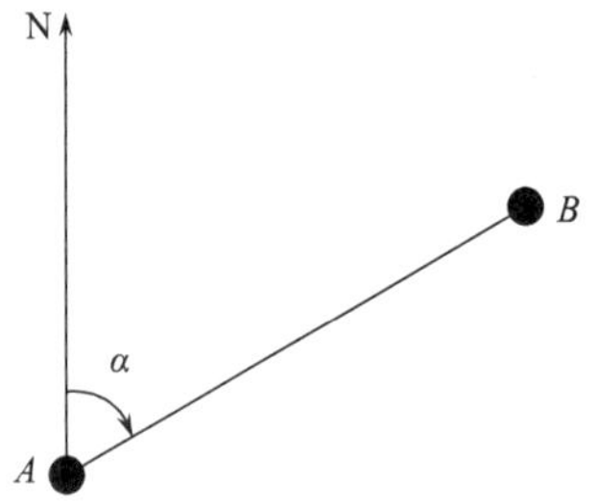

图 2-8　点 A 到点 B 的方位角

方向关系的定性描述使用上下、左右、前后、东南西北等方向性名词来描述。点之间方向关系是最简单的方向关系类型，也是其他类型对象方向关系定义的基础和参照。为了给出两点之间的方向定义，首先给出二维空间中的方向关系定位参考，即相互垂直的 X、Y 坐标轴。设 p 和 q 是二维平面中的两个对象，其中，p 为待定方向的源对象；q 为参考对象。图 2-9 是九类常用方向关系。在图 2-9 中，p 和 q 的坐标关系详见式（2-8）～式（2-16）。

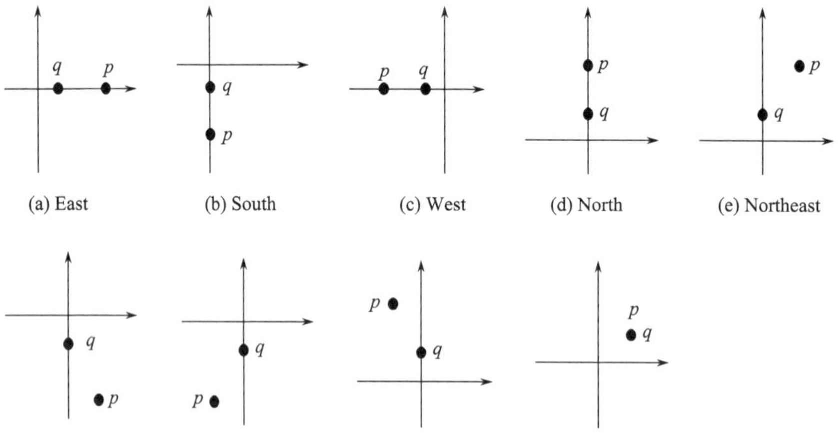

图 2-9　两点之间方向关系的定量描述

$$\text{East}(p,q) \equiv X(p) > X(q) \wedge Y(p) = Y(q) \tag{2-8}$$

$$\text{South}(p,q) \equiv X(p) = X(q) \wedge Y(p) < Y(q) \tag{2-9}$$

$$\text{West}(p,q) \equiv X(p) < X(q) \wedge Y(p) = Y(q) \tag{2-10}$$

$$\text{North}(p,q) \equiv X(p) = X(q) \wedge Y(p) > Y(q) \tag{2-11}$$

$$\text{Northeast}(p,q) \equiv X(p) > X(q) \wedge Y(p) > Y(q) \tag{2-12}$$

$$\text{Southeast}(p,q) \equiv X(p) > X(q) \wedge Y(p) < Y(q) \tag{2-13}$$

$$\text{Southwest}(p,q) \equiv X(p) < X(q) \wedge Y(p) < Y(q) \tag{2-14}$$

$$\text{Northwest}(p,q) \equiv X(p) < X(q) \wedge Y(p) > Y(q) \tag{2-15}$$

$$\text{SamePosition}(p,q) \equiv X(p) = X(q) \wedge Y(p) = Y(q) \tag{2-16}$$

在应用空间方向关系时，一个最基本的问题是如何有效地建立描述空间方向关系的表达模型。方向关系模型主要分为三类：锥形模型、基于投影的模型、基于 Voronoi 图的模型。这些模型描述的并不是两个原始对象本身之间的空间方向关系，而是对原空间对象进行形状简化后所得的替代空间对象间方向关系的描述。

1. 锥形模型

锥形模型主要思想是将空间对象及其周围的区域分成带有方向性的几个区域，通过各对象本身及方向区域之间的交的结果来描述空间关系，具有代表性的是四方向锥形模型、八方向锥形模型和三角化模型。

四方向锥形模型是以参考点 O 为中心，将空间区域分为 E（东）、S（南）、W（西）、N（北）四个方向区域，用其他空间对象与这些方向区域间的位置关系来描述空间对象间的方向关系[图 2-10（a）]。在图 2-10（b）中，源对象 B 相对于参考对象 A 的方向关系为：direction(A,B) = E，即 B 在 A 的东边。由于四方向锥形模型将参考对象抽象为一个点，忽略了空间对象形状和大小对空间方向关系的影响，当空间对象之间的距离相对于自身大小比较近时，四方向锥形模型有时会出现对空间方向关系的错误描述。如图 2-10（c）中，A 为参考对象，B 为源对象，用该模型描述方向关系结果为 B 在 A 的北边，与实际我们的感知 B 在 A 的东北边不一致。可见，四方向锥形模型适合于相对于空间对象形状和大小距离较远的空间对象间方向关系的判定。

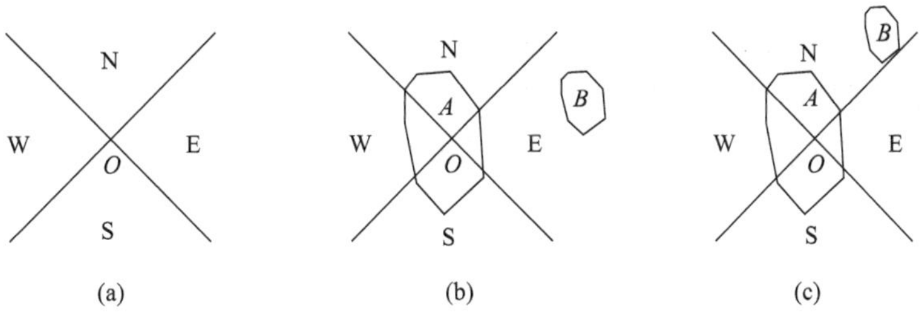

图 2-10　四方向锥形模型

八方向锥形模型是以参考点 O 为中心，将空间区域分为 E（东）、SE（东南）、S（南）、SW（西南）、W（西）、NW（西北）、N（北）、NE（东北）八个方向区域，用其他空间对象与这些方向区域间的位置关系来描述空间对象间的方向关系[图 2-10（a）]。与四方向锥形模型相比，八方向锥形模型能更精确地描述空间对象间的方向关系。图 2-10（c）中空间对象间的方向关系用四方向锥形模型描述时出现错误，如果用八方向锥形模型描述即可得到正确的结果，如图 2-11（b）所示，源对象 B 相对于参考对象 A 的方向关系为：direction(A,B) = NE，即 B 在 A 的东北边，这与我们的空间认知是一致的。但是，因为八方向锥形模型与四方向锥形模型对空间方向关系描述的基本思想是一样的，所以当空间对象之间的距离相对于自身大小很近的时候，同样会出现错误描述的情况。如图 2-11（c）所示，A 为参考对象，B 为源对象，用该模型描述空间关系的结果为 B 在 A 的北边，与实际情况不符。可见，八方向锥形模型同样适合于描述相对于空间对象形状和大小距离较远的空间对象间的方向关系，但对距离较近的情况比四方向锥形模型描述能力强。

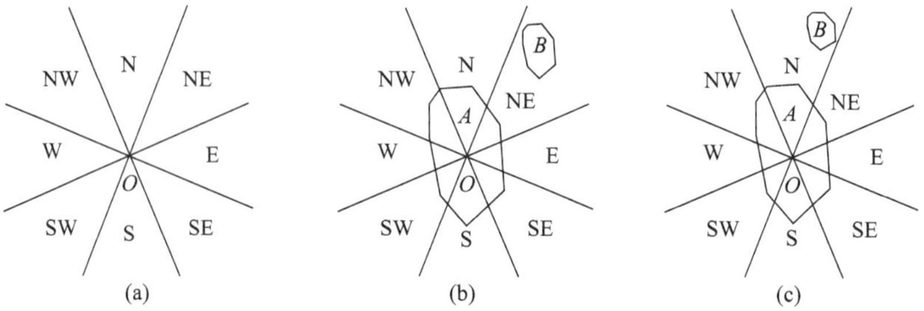

图 2-11　八方向锥形模型

三角化模型是四方向锥形模型和八方向锥形模型的扩展，基本思想是从空间对象的某点出发，沿所需要的方向作两条射线形成一个三角形方向区域，从而描述与计算对象间的方向关系。在图 2-12（a）中，以参考对象 *A* 的质心为中心，以东方向线为轴，作两条相互垂直的射线，则源对象 *B* 相对于参考对象 *A* 的方向关系为：direction(*A*,*B*) = E，即 *B* 在 *A* 的东边。当空间对象间距离较近时，如图 2-12（b）所示，作参考对象 *A* 的最小外接矩形(minimum boundary rectangle, MBR)，通过矩形两端点作两条相互垂直的射线，则源对象 *B* 相对于参考对象 *A* 的方向关系为：direction(*A*,*B*) = E，即 *B* 在 *A* 的东边。如图 2-12（c）所示，源对象 *B* 位于参考对象 *A* 的东和东北方向重叠带，即 *B* 在 *A* 的东边或东北边，这与我们的空间认知是一致的。可见，三角化模型一定程度上顾及了空间对象形状和大小对空间关系的影响，克服了四方向和八方向锥形模型对空间方向关系描述的不足，对空间对象的距离相对于其形状和大小较近时的方向关系，也有较好的区分能力。

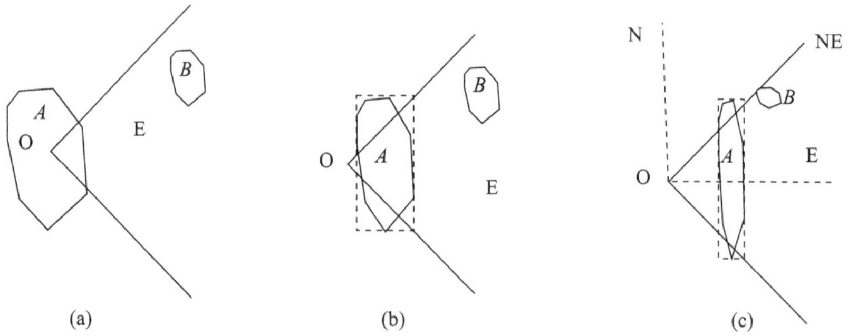

图 2-12　三角化模型

2. 基于投影的模型

基于投影模型是指将空间对象投影到特定的坐标轴上，通过各对象投影间的关系去描述与定义方向关系。通过空间对象在水平轴和垂直轴上的投影，可以将空间分为 E（东）、S（南）、W（西）、N（北）、O（同位置）、NE（东北）、SE（东南）、SW（西南）、

NW（西北）9 个方向区域。在基于投影模型中，代表性的有二维字符串模型、MBR 模型和方向关系矩阵模型。

二维字符串模型的基本思想是采用符号投影的方法，将不同二维空间对象的边界沿水平轴和垂直轴作正射投影，分别生成有顺序关系的字符串，以表达和判断对象间的空间关系。如图 2-13（a）所示，对空间对象 A、B、C、D、E 在水平轴和垂直轴上的投影可以描述为二维字符串($a=d:e<b<c, a<b=c<d: e$)。其中，a, b, c, d, e 为空间对象对应的字符，如图 2-13（b）所示；“=”表示在一维投影轴上相等；“<”表示在一维投影轴上小于，水平轴上为西，垂直轴上为南；“:”表示在二维空间相等，即两空间对象处于同一方向区域。该模型并没有显式地表达两空间对象间的方向关系，而是从二维字符串中解析出方向关系，如从二维字符串($a=d:e<b<c, a<b=c<d: e$) 中知道，水平分量上 $a<c$，即 C 在 A 的东边，垂直分量上 $a<c$，即 C 在 A 的北边，所以 direction(A,C) = NE，即 C 在 A 的东北方向。

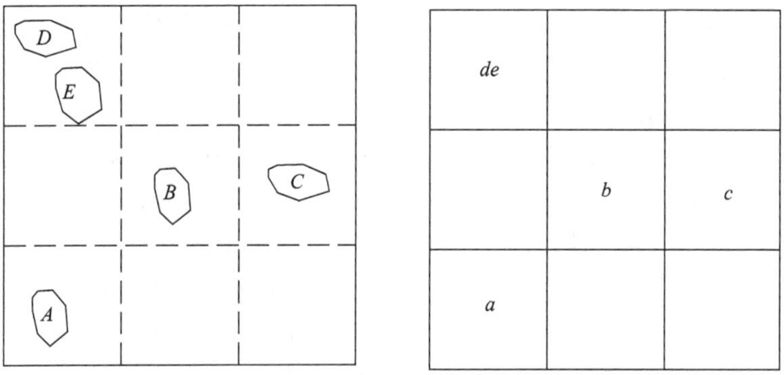

(a)　(b)

图 2-13　二维字符串模型

从图 2-13 中可以发现，二维字符串模型存在着受空间对象形状和大小以及网格划分大小影响等缺陷。由于二维字符串模型中参考对象不固定，比较适合于描述整个空间场景的方向关系，常用于影像检索等领域。

MBR 模型主要思想：首先，建立空间对象的 MBR。然后，分别投影到横轴和纵轴上，两个空间对象在每个坐标轴上的投影会表现为表 2-1 中的时间段关系，两个坐标轴上关系的组合就组成了空间对象之间的方向关系。因为 MBR 模型在水平方向和垂直方向上各能表达 13 种空间关系，所以能够区分 169 种空间关系。该模型常用来作为空间对象拓扑关系判定的过滤器。当用于方向关系描述的时候，通常用来表达 9 个主要方向，俗称“井”字模型，如图 2-14 所示，源对象 B 相对于参考对象 A 的方向关系为：Direction(A,B) = NE，即 B 在 A 的东北方向。MBR 模型在一定程度上顾及了空间对象形状和大小对方向关系的影响。

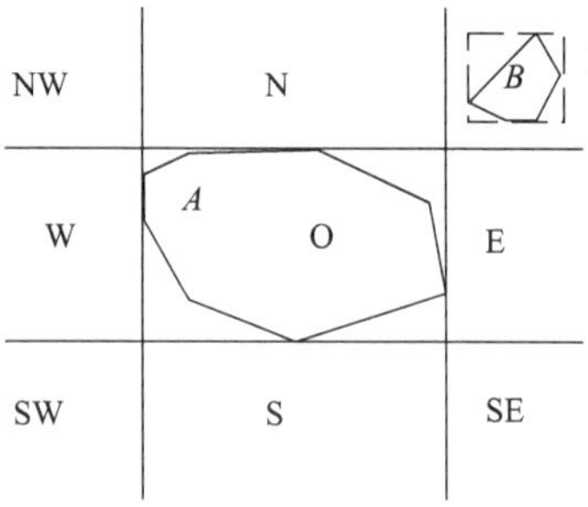

图 2-14　MBR 模型

方向关系矩阵模型的主要思想是以空间对象最小外接矩形为参考方向，将空间划分为 9 个方向区域，以源对象与各方向区域的交叠情况为元素构成一个方向关系矩阵来描述与定义空间对象间的方向关系。因此，方向关系矩阵模型也是一种投影模型。方向关系矩阵可以分为两种：一种是粗略的方向关系矩阵[式（2-17）]，元素值是 0 或 1，仅仅记录源对象与参考目标的各方向区域是否相交；另一种是精确的方向关系矩阵，元素值是源对象与各方向区域的交叠面积百分比。在图 2-15（a）中，若用粗略的方向关系矩阵模型，则只能得到 B 在 A 的北、东和东北方向的结论[图 2-15（b）]。在图 2-15（a）中，若用精确的方向关系矩阵模型，则能得到诸如 B 的 40%位于 A 的东北方向，30%位于 A 的北边，30%位于 A 的东边的结论[图 2-15（c）]。上述两种方向关系矩阵模型，前者比较直观，符合人们的思维习惯，缺陷是在复杂情况下难以给出合适的描述；后者比较详细，对于任何情况下的两个空间对象总可以给出有效的描述，缺陷是计算比较复杂。

$$\mathrm{Dir}(A,B)=\begin{bmatrix} \mathrm{NW}A\cap B & \mathrm{N}A\cap B & \mathrm{NE}A\cap B \\ \mathrm{W}A\cap B & \mathrm{O}A\cap B & \mathrm{E}A\cap B \\ \mathrm{SW}A\cap B & \mathrm{S}A\cap B & \mathrm{SE}A\cap B \end{bmatrix} \tag{2-17}$$

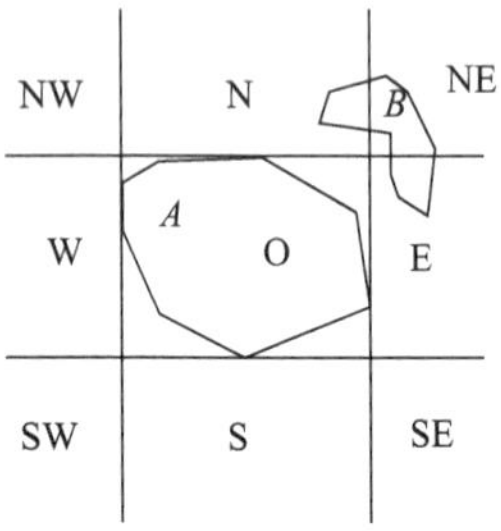

(a)

$$\begin{bmatrix} 0 & 1 & 1 \\ 0 & 0 & 1 \\ 0 & 0 & 0 \end{bmatrix}$$

(b)

$$\begin{bmatrix} 0 & 30\% & 40\% \\ 0 & 0 & 30\% \\ 0 & 0 & 0 \end{bmatrix}$$

(c)

图 2-15　方向关系矩阵模型

3. 基于 Voronoi 图的模型

基于 Voronoi 图的模型的基本思想是通过空间对象的 Voronoi 图与空间对象的关系来描述和定义空间对象间的方向关系。在空间对象 MBR 的基础上建立 Voronoi 区域，通过空间对象 MBR 与 Voronoi 区域边界线之间的关系来描述空间对象之间的方向关系。如图 2-16 所示，空间对象 A 的 MBR 有 4 条边，分别表示为 de=eastedge(A)、dw=westedge (A)、 dn = northedge(A)和 ds=southedge(A)。将 4 条边看作 4 个线(line)生成元，生成的 4 个 Voronoi 区域分别为 V(de)、V(dw)、V(dn)和 V(ds)。NE、NW、SW 和 SE 分别为边 de、dn、dw 和 ds 的 Voronoi 多边形的边界，空间对象 A 的东部 east(A)定义为 de、SE 和 NE 围成的区域，西部、北部和南部可以类推。空间对象 A 和 B 之间的方向关系可以利用空间对象的最小矩形边和 Voronoi 多边形的边界线构成的矩阵形式化描述表达。

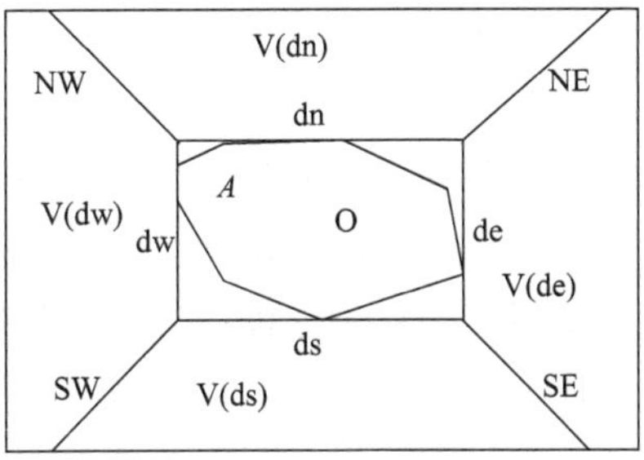

图 2-16　基于 Voronoi 图的模型

空间方向关系形式化描述模型中，锥形模型比较简单，适用于表达空间点对象间的方向关系，但在表达二维空间对象间的方向关系时，受空间对象形状和大小的影响，有时会出现错误或难以描述。基于投影的模型和基于 Voronoi 图的模型在方向关系描述准确性方面具有优势，但计算相对比较复杂，适用于对各种情况下空间对象间方向关系的精确描述。

2.2.4　度量关系表达

度量关系发生在一定的度量空间中。对度量关系的描述，不仅可以用空间对象的绝对位置及对象之间的绝对距离来描述，也可以用定性的方式来加以表达。度量的数值可用距离、角度、面积、序数、间隔、比率、密度等来表示。

距离主要有欧几里得距离（欧氏距离）、曼哈顿距离、切比雪夫距离、闵可夫斯基距离等。欧氏距离是最易于理解的一种距离计算方法，是欧几里得空间中两点间的直线距离［式(2-18)］。曼哈顿距离用以标明两个点在标准坐标系上的绝对轴距总和［式(2-19)］。切比雪夫距离是向量空间中的一种度量，其两点之间的距离定义是各坐标数值差绝对值的最大值［式（2-20）］。闵可夫斯基距离，又称闵氏距离，是欧氏空间中的一种测度，被看作是欧氏距离和曼哈顿距离的一种推广。根据变参数的不同，闵可夫斯基距离［式（2-21）］可以表示一类的距离，其中，p 是一个变参数，当 p=1 时，就是曼哈顿距离；当 p=2 时，就是欧氏距离；当 $p \to \infty$ 时，就是切比雪夫距离。

$$d(x,y)=\sqrt{\sum_{i=1}^{n}(x_i-y_i)^2} \tag{2-18}$$

$$d(x,y)=\sum_{k=1}^{n}|x_k-y_k| \tag{2-19}$$

$$d_{\text{Chebyshev}}(x,y)=\max_i(|x_i-y_i|) \tag{2-20}$$

$$d_{\text{Minkowski}}(x,y)=\lim_{p\to\infty}\left(\sum_{i=1}^{n}|x_i-y_i|^p\right)^{\frac{1}{p}}=\max_{i=1}^{n}(|x_i-y_i|) \tag{2-21}$$

角度主要指线与线之间的夹角或方位角。方位角为从某点的指北方向线起，依顺时针方向到对象方向线之间的水平夹角。标准方位角的取值范围为0°～360°。

序数度量是在分类的基础上，对具有同一定性特征的要素根据其定量特征进行排序或分等。序数度量有多种方式，如数字表示顺序关系（第一、第二、第三等）、系统层次性度量（如国家、省、市、县）等。

间隔度量不仅包含了数据的顺序关系，而且可以清楚地表明彼此数据指标间距的大小。间距的大小是相对某标准单位而言的，而这个度量单位在某种意义上具有任意性。

比率度量表示相对程度。它和间距量表一样，按已知数据的间隔排序，但呈比率变化，从绝对零值开始又能进行各种算术运算，它实际是间距度量的精确化。

密度度量表示单位分布区域中空间对象的数量，表示为对象数量（频数、长度、面积）相对于分布区域的面积或长度，反映了空间对象的空间分布情况与离散程度，如某地区加油站密度、某地区交通网密度、某地区森林覆盖率。

度量的数值可以是定量的，如按欧几里得距离计算得出 *A* 实体距离 *B* 实体 500m，也可以应用与距离概念相关的概念，如远近等进行定性描述。

定性的度量关系表述中，可以将定量的距离关系进行划分。例如，可以将距离分为近、适中和远三个等级，也可以将距离分为很近、近、适中、远和很远五个等级。在距离的划分中，可以采用等间距分类、自然间距分类、自然裂点法、标准差分类、自定义间距分类等方式。等间距分类是一种最简单的分级方法，它按某个恒定间隔来对距离进行分级。自然间距分类是利用统计数据存在的一些自然转折点、特征点，将研究的对象分成性质相似的群组。自然裂点法基本上是基于使各级别中的变异总和达到最小的原则来选择分级断点的。标准差分类通过计算平均值和标准差，然后根据数据波动情况划分等级，可以反映各数据间的离散程度。自定义间距分类即对一个数据集，根据自己的应用目的设定各个级别的数值范围来实现分级，适用于研究者对该数据集比较了解，能够找到合适的分级临界点的情况。

与顺序空间关系类似，通常情况下，度量值随投影和几何变换而变化。建立点-点的度量关系容易，点-线和点-面的度量关系较难，而线-线、线-面和面-面的度量关系更为困难，其涉及大量的判断和计算。在空间数据库中，一般也不显式描述度量关系。

2.3　空间数据结构

空间数据逻辑模型指利用特定的数据结构来表达空间对象的空间位置、空间关系和属性信息，是对空间对象的数据描述。空间数据结构是指对空间数据逻辑模型描述的数据组织关系和编排方式，其对地理信息系统中数据存储、查询检索和应用分析等操作处理的效率有着至关重要的影响。空间数据结构又分为矢量数据结构、栅格数据结构、矢量栅格一体化数据结构。

2.3.1　矢量数据结构

矢量数据结构是以几何空间坐标为基础，利用欧几里得几何学中的点、线、面及其组合来表示地理对象空间分布的一种数据组织方式，记录实体坐标及其关系，允许任意位置、长度和面积的精确定义。在二维空间中，矢量数据结构能够有效地对点、线、面等对象进行表达。在矢量数据结构中，每一个实体位置用它们在空间参照系统中的坐标定义，几何要素（点、线、面）与要表达的现实世界中的空间对象具有一定的对应关系。图 2-17 用矢量数据结构表示了点状的水井、线状的道路、面状的湖泊。

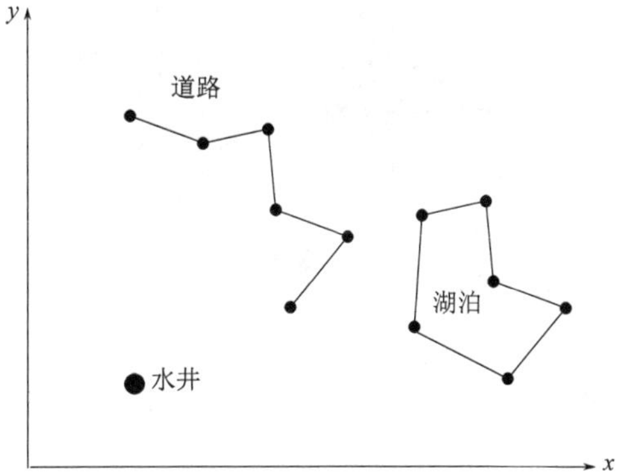

图 2-17　基于矢量数据结构的地理对象表示

1. 点状对象的矢量表示

点状对象在地理空间中呈点状分布，其大小和面积通常可以被忽略，在二维空间中具有特定的空间位置，由一对(x, y)坐标表示。

2. 线状对象的矢量表示

线状对象在地理空间中呈线状分布，具有长度、曲率等特征，在二维空间中由一串有序的(x, y)坐标对表示。

3. 面状对象的矢量表示

面状对象在地理空间中呈面状分布，具有面积、周长等特征，在二维空间中由一串有序的首尾坐标相同的(x, y)坐标对表示。

矢量数据结构可以表示各种复杂的地理实体，当问题可描述成线、边界和网时，特别有效。矢量数据结构的优点有：①数据存储紧凑；②特征图形表达精确，适于处理离散对象；③面积、周长和距离测量精确；④能更直观地表达地理空间，能精确地表示实体的空间位置；⑤具有清晰存储的拓扑关系，如网络联结；⑥便于空间分析。

矢量数据结构的不足包括以下几点：①数据结构复杂，空间数据的输入和管理耗时。②空间分析操作，如拓扑叠加、面积和周长计算量大。③矢量数据结构不适合处理遥感数据和高空间变异要素的表达。

2.3.2　栅格数据结构

栅格数据结构是以规则的阵列来表示空间地物或现象分布的数据组织，组织中的每个数据表示地物或现象的非几何属性特征。对于栅格数据结构表示的地理对象，实体位置由实体占据的栅格的行、列来定义，实体类型或状态由实体占据的栅格的属性值来表示，空间分辨率由每个栅格的大小来定义。在二维空间中，栅格数据结构能够有效地对点、线、面等对象进行表达。图 2-18 用栅格数据结构表示了点状对象、线状对象和面状对象。

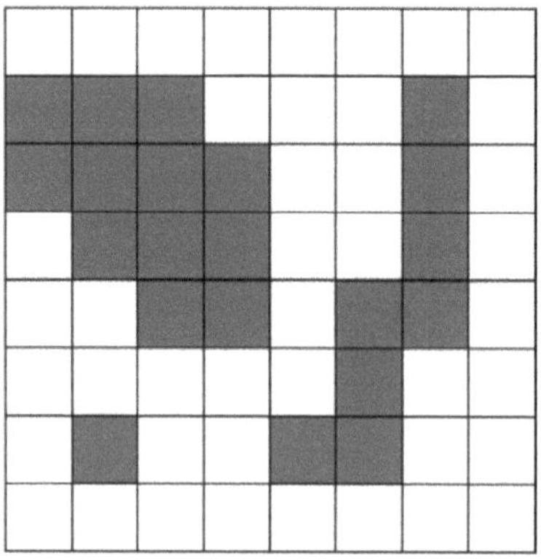

图 2-18　基于栅格数据结构的地理对象表示

1. 点状对象的栅格表示

基于栅格数据结构，点状对象用一个栅格单元表示。这个栅格单元的位置代表了点状对象的实际地理位置，而栅格单元内的属性值则表示该点的特征信息，如高程、类型、颜色或者其他任何相关的属性数据。

2. 线状对象的栅格表示

基于栅格数据结构，线状对象用沿其走向的一组相邻栅格单元表示，每个栅格单元最多只有两个相邻单元在线上。通过调整栅格单元的大小，可以灵活地控制线状对象表示的精度和细节程度，以适应不同的应用需求和分析目的。例如，河流是被具有河流属性值的一组栅格表达的，而这些栅格单元不仅记录了河流的位置信息，还可能包含河流的宽度、流速、水质等附加属性。

3. 面状对象的栅格表示

基于栅格数据结构，面状对象用其所覆盖的相邻栅格单元的集合表示，每个栅格单元可有多于两个的相邻单元同属一个区域。这种表示方法能够精确地描绘出面状对象的形状、大小和边界，同时允许每个栅格单元包含关于该区域的各种属性信息，如植被覆盖率、人口密度等。随着栅格分辨率的提高，面状对象的表示也会变得更加精确和细致，从而满足更高精度的空间分析和模拟需求。

与以几何空间坐标表示的矢量数据结构有所不同，栅格数据结构描述的空间对象位置隐含，其位置坐标可以通过如下方式确定：①直接记录栅格单元的行列号，栅格单元的行列号通常以左上角为坐标原点。②在给定栅格单元尺寸的前提下，将栅格单元按照顺序编号。例如，已知栅格区域的原点坐标为（X_0, Y_0），栅格单元的大小为（ΔX，ΔY），则栅格单元（i, j）的中心点坐标为（$X_0+(j-0.5)\times\Delta X, Y_0+(i-0.5)\times\Delta Y$）。

在栅格数据表达中，通常不直接存储空间关系。因此，对于栅格数据空间关系的获取，需要通过计算得到。

综上所述，栅格数据的阵列方式很容易被计算机存储和操作，不仅很直观，而且易于维护和修改。因为栅格数据的数据结构简单，定位存取性能好，所以在地图制图中发挥着越来越重要的作用。由于每个栅格中的像元位置被预先确定，栅格数据很容易进行叠置运算；易于比较不同图层中所存储的特征；在不同图层中，每个属性可以从逻辑上或者从算法上与其他图层中的像元的属性相结合，以便产生相应重叠的新属性值。

栅格数据阵列方式的缺点在于：①数据量大，且随着空间分辨率的提高，呈几何级数递增。②面对不规则的地面特性，采用规则的数据表示，两者之间本身就不协调，所以规则阵列不利于表示复杂地形。③在地形平坦的地方，存在大量的数据冗余。

在栅格单元中，通常一个栅格用一种属性表达。但是，当栅格单元包含的数据类型多样时，需要对栅格单元的属性进行归属。栅格单元属性归属通常有以下四种方法。

（1）中心归属法：中心归属法是用处于栅格中心处的地物类型或现象特征决定该栅格单元的代码。此方法通常用于具有连续分布特征的地理要素。

（2）面积占优法：每个栅格单元的值以在该栅格单元中占据最大面积的属性值确定。此法常见于分类较细、地物类别斑块较小的情况。

（3）长度占优法：每个栅格单元的值由该栅格中线段最长的实体的属性值来确定。

（4）重要性法：根据栅格内不同地物的重要性程度，选取特别重要的空间对象作为对应的栅格单元值。此法常见于具有特殊意义而面积较小且不在栅格中心的地理要素。

2.3.3　矢量栅格一体化数据结构

按照传统观点，矢量和栅格数据结构是两种不同的数据结构，矢量和栅格数据结构各有优缺点。发挥矢量数据结构和栅格数据结构两者的优点，能够更加方便地进行空间分析和应用。矢量栅格一体化数据结构对地理空间对象同时按矢量数据结构和栅格数据结构来表述，将矢量和栅格数据结构统一起来，发挥两者的优势。

因为面状对象既有形状又有面积，所以面状对象的边界通常采用矢量数据结构描述，而其内部采用栅格数据结构表达；因为线状实体只有形状无面积，所以线状实体一般采用矢量数据结构表达，同时将线所经过的位置以栅格单元进行填充；因为点实体没有形状和面积，所以对点实体则同时描述其空间坐标以及栅格单元位置。

通过上述方法，就可以将矢量数据结构和栅格数据结构的特点有机地结合在一起，既保持了矢量特性，又保留了栅格特性，实现对空间对象的有效表达。虽然矢量栅格一体化数据结构能够给空间分析和运算带来较大的方便，但是其数据量远大于原始矢量数据结构的数据量。

2.4　空间数据编码

空间数据编码是根据空间数据库的目的和任务，把地图、图像等资料按一定数据结构转换为适于计算机存储和处理的数据的过程。地理内容的编码要反映出地理实体的几何特征，以及地理实体的属性特征。空间数据的编码是地理信息系统设计中最重要的技术步骤，它是由现实世界到数据世界之间的界面，是联结现实世界和数据世界的纽带。空间数据编码主要包括属性数据编码和几何数据编码。

2.4.1 属性数据编码

在属性数据中，有一部分是与几何数据的表示密切相关的。例如，河流的等级、类型，直接决定着河流符号的形状、颜色、尺寸等。在空间数据管理中，通常把这部分属性数据用编码的形式表示，并与几何数据一起管理起来。属性数据编码是确定属性数据代码的方法和过程。代码是一个或一组有序的易于被计算机或人识别与处理的符号，是计算机识别和查找信息的重要手段和依据。属性数据编码的直接产物就是代码，而分类分级则是编码的基础。

分类是人类思维所固有的一种活动，是认识事物的一种重要方法。分类是将具有共同属性或者特征的事物或现象归并在一起，而把不同属性或者特征的事物或者现象分开的过程。因此，分类过程中，既有归并，也有拆分。属性数据分类编码的原则如下。

（1）唯一性：一个代码只唯一地表示一类事物或者现象。

（2）合理性：代码结构要与分类体系相适应。

（3）可扩充性：必须留有足够的备用代码，以适应扩充的需要。

（4）简洁性：结构应尽量简单，长度应尽量短。

（5）适用性：代码应尽可能反映对象的特点，以方便记忆。

（6）规范性：代码的结构、类型、编写格式必须统一。

（7）科学性：代码应满足所涉及学科的科学分类方法。

属性数据编码可以分为层次编码和非层次编码。

层次编码是以分类对象的从属和层次关系为排列顺序的一种代码，它的优点是能明确地表示出分类对象的类别，代码结构具有严格的隶属关系。根据国家标准《土地利用现状分类》（GB/T 21010—2017），耕地的编码为一种层次编码（图 2-19）。

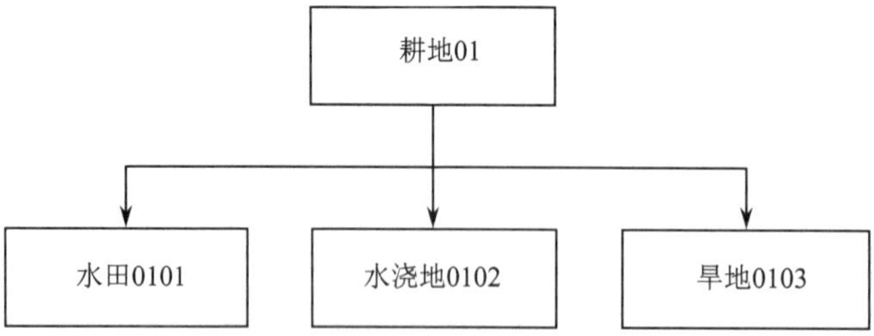

图 2-19　层次编码示例

非层次编码是按空间对象不同特性进行分类并编码，代码之间没有隶属关系。非层次编码反映对象特性，具有较大的信息量。表 2-3 为城市化水平分类与编码示例，属于非层次编码。

表 2-3　城市化水平分类与编码示例

城市化水平分类与编码			
常住人口/万人	人均 GDP/万元	建成区面积/km²	学校数量/所
<20：1	<10：1	<30：1	<40：1
[20,50)：2	[10,15)：2	[30,40)：2	[40,60)：2
[50,100)：3	[15,20)：3	[40,50)：3	[60,80)：3
[100,200)：4	[20,25)：4	[50,60)：4	[80,100)：4
≥200：5	≥25：5	≥60：5	≥100：5

2.4.2　几何数据编码

根据空间数据结构类型的不同，几何数据编码又可以分为矢量数据编码和栅格数据编码。

1. 矢量数据编码

矢量数据结构的编码形式，按照其功能和方法可以分为：实体式编码、索引式编码、双重独立式编码（dual independent map encoding, DIME）和链状双重独立式编码。

1）实体式编码

实体式编码是以实体为单位记录其坐标。按照这种数据结构，边界坐标数据和多边形单元实体一一对应，各个多边形边界都单独编码和数字化。图 2-20 为实体式编码示例。图 2-20 中多边形对象的实体式编码方式见表 2-4。在表 2-4 中，每个多边形使用坐标串进行表示。

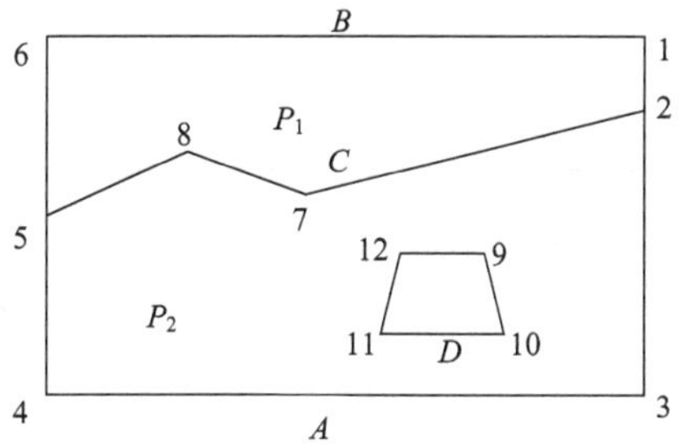

图 2-20　实体式编码示例

表 2-4　图 2-20 中多边形对象的实体式编码方式

多边形	坐标串
P_1	$((x_1,y_1), (x_2,y_2), (x_7,y_7), (x_8,y_8), (x_5,y_5), (x_6,y_6), (x_1,y_1))$
P_2	$(((x_2,y_2), (x_3,y_3), (x_4,y_4), (x_5,y_5), (x_8,y_8) , (x_7,y_7), (x_2,y_2)), ((x_9,y_9), (x_{10},y_{10}), (x_{11},y_{11}), (x_{12},y_{12}), (x_9,y_9)))$

实体式编码方式具有结构简单、直观、易实现以实体为单位的运算和显示等优点。但是，实体式编码方式也有一些缺点，主要有如下几点。

（1）在实体式编码中，相邻多边形的公共边界被数字化并存储两次，造成数据冗余和碎屑多边形及数据不一致，浪费空间，导致双重边界不能精确匹配。如在图 2-20 中，

多边形 P_1 和 P_2 存在一个公共边界（弧段 C），P_1 和 P_2 均存储弧段 C 的坐标。

（2）由于实体式编码自成体系，缺少多边形的邻接信息，无拓扑关系，难以进行邻域处理，如消除多边形公共边界、合并多边形。

2）索引式编码

索引式编码是一种通过对所有点的坐标按顺序建坐标文件，再建点与边（线）、线与多边形索引文件的编码方式。对图 2-20 中两个面状实体进行存储，其存储方式见表 2-5～表 2-7。其中，表 2-5 为点文件，存储了所有实体的点坐标；表 2-6 为弧段文件，存储了所有弧段及其起点、终点和包含的点号；表 2-7 为面文件，存储了所有面及其对应的弧段号。

表 2-5　图 2-20 中多边形对象的索引式编码方式（点文件）

点号	坐标	点号	坐标
1	(x_1, y_1)	7	(x_7, y_7)
2	(x_2, y_2)	8	(x_8, y_8)
3	(x_3, y_3)	9	(x_9, y_9)
4	(x_4, y_4)	10	(x_{10}, y_{10})
5	(x_5, y_5)	11	(x_{11}, y_{11})
6	(x_6, y_6)	12	(x_{12}, y_{12})

表 2-6　图 2-20 中多边形对象的索引式编码方式（弧段文件）

弧段号	起点	终点	点号
A	2	5	2, 3, 4, 5
B	5	2	5, 6, 1, 2
C	5	2	5, 8, 7, 2
D	9	9	9, 10, 11, 12, 9

表 2-7　图 2-20 中多边形对象的索引式编码方式（面文件）

面号	弧段号
P_1	B, C
P_2	A, C, D

相对于实体式编码，索引式编码的优点是用建索引的方法消除多边形数据的冗余和不一致，邻接信息和岛信息可以通过面文件中是否存在公共弧段号来查询。例如，根据表 2-7，查询得到多边形 P_1 和 P_2 具有相同的弧段号 C，可以推断出 P_1 和 P_2 是互为邻接的多边形。

但是，索引式编码也有一些缺点：索引式编码表达拓扑关系较烦琐，给相邻运算、消除无用边、处理岛信息、检索拓扑关系等带来困难，以人工方式建立编码表，工作量大，易出错。

3）双重独立式编码

双重独立式编码由美国人口普查局研制用于人口普查分析和制图，是一种拓扑编码结构。双重独立式编码是对图上网状或面状要素的任何一条线段，用其两端的结点及相邻面域来予以定义。双重独立式编码中，线文件以线段为记录单位。利用双重独立式编码方式对图 2-20 中的两个面状实体进行存储，点存储方式同表 2-5、线和面文件存储见表 2-8 和表 2-9。其中，表 2-8 存储了所有线段及其左右多边形、起点和终点；表 2-9 存储了所有面及其对应的线号。

表 2-8　图 2-20 中多边形对象的双重独立式编码方式（线文件）

线号	左多边形	右多边形	起点	终点
L_{12}	无	P_1	1	2
L_{27}	P_2	P_1	2	7
L_{78}	P_2	P_1	7	8
L_{85}	P_2	P_1	8	5
L_{56}	无	P_1	5	6
L_{61}	无	P_1	6	1
L_{23}	无	P_2	2	3
L_{34}	无	P_2	3	4
L_{45}	无	P_2	4	5
L_{910}	P_2	无	9	10
L_{1011}	P_2	无	10	11
L_{1112}	P_2	无	11	12
L_{129}	P_2	无	12	9

表 2-9　图 2-20 中多边形对象的双重独立式编码方式（面文件）

面号	线号
P_1	$L_{12}, L_{27}, L_{78}, L_{85}, L_{56}, L_{61}$
P_2	$L_{23}, L_{34}, L_{45}, L_{85}, L_{78}, L_{27}, L_{910}, L_{1011}, L_{1112}, L_{129}$

4）链状双重独立式编码

链状双重独立式编码是双重独立式编码的一种改进。在双重独立式编码中，一条边只能用直线两端点的序号及相邻的面域来表示，而在链状双重独立式编码中，将若干直线段合为一个弧段（或链段），每个弧段可以有许多中间点。在链状双重独立数据结构中，主要有四个文件：弧段坐标文件、弧段文件、多边形文件、点拓扑文件。对图 2-20 中两个面状实体进行存储，面文件存储方式同表 2-7；表 2-10 为弧段坐标文件，存储了所有弧段及其坐标；表 2-11 为弧段文件，存储了所有弧段及其左右多边形、起点和终点；表 2-12 为点拓扑文件，存储了结点所关联的弧段。

表 2-10 图 2-20 中多边形对象的链状双重独立式编码方式（弧段坐标文件）

弧段号	坐标串
A	$(x_2,y_2), (x_3,y_3), (x_4,y_4), (x_5,y_5)$
B	$(x_5,y_5), (x_6,y_6), (x_1,y_1), (x_2,y_2)$
C	$(x_2,y_2), (x_7,y_7), (x_8,y_8), (x_5,y_5)$
D	$(x_9,y_9), (x_{10},y_{10}), (x_{11},y_{11}), (x_{12},y_{12})$

表 2-11 图 2-20 中多边形对象的链状双重独立式编码方式（弧段文件）

弧段号	左多边形	右多边形	起点	终点
A	无	P_2	2	5
B	无	P_1	5	2
C	P_2	P_1	2	5
D	P_2	无	9	9

表 2-12 图 2-20 中多边形对象的链状双重独立式编码方式（点拓扑文件）

点号	弧段号
2	A, B, C
5	A, B, C
9	D

链状双重独立编码特点：拓扑关系明确，也能表达岛信息，而且以弧段为记录单位，满足实际应用需要。一般数字化一条街道时，必然有许多中间点，但我们在做空间分析时，却没有必要以这些中间点所组成的折线为研究对象，而应以整条弧段（某条街道）为研究对象。

2. 栅格数据编码

按照栅格数据是否压缩，可以分为直接栅格编码和栅格数据压缩编码。

1）直接栅格编码

0	2	5	5
1	2	5	5
3	3	3	2
3	3	2	2

图 2-21 栅格数据示例

直接栅格编码是简单直观而又非常重要的一种栅格结构编码方法。它将栅格数据看作一个数据矩阵，逐行（或逐列）逐个记录代码，可以每行都从左到右逐个像元记录，也可以奇数行从左到右而偶数行从右向左记录，为了特定目的还可采用 Morton、Hilbert 等特殊的顺序编码。以图 2-21 中的栅格数据为例，分别阐述行顺序、列顺序、Morton 顺序、Hilbert 顺序的编码方式。

行顺序编码按照从上到下、从左到右的顺序进行编码[图 2-22（a）]，行顺序得到的直接栅格编码为：(0, 2, 5, 5, 1, 2, 5, 5, 3, 3, 3, 2, 3, 3, 2, 2)。

列顺序编码按照从左到右、从上到下的顺序进行编码[图 2-22（b）]，列顺序得到的直接栅格编码为：(0, 1, 3, 3, 2, 2, 3, 3, 5, 5, 3, 2, 5, 5, 2, 2)。

Morton 顺序编码[图 2-22（c）]得到的直接栅格编码为：(0, 2, 1, 2, 5, 5, 5, 5, 3, 3, 3, 3, 3, 2, 2, 2)。

Hilbert 顺序编码[图 2-22（d）]得到的直接栅格编码为：(0, 1, 2, 2, 5, 5, 5, 5, 3, 2, 2, 2, 3, 3, 3, 3)。

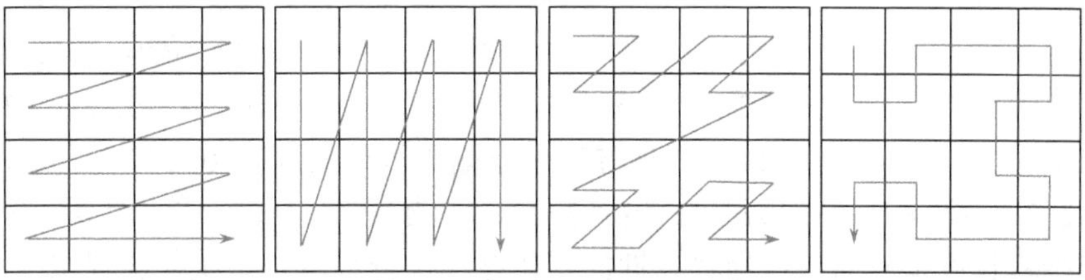

(a) 行顺序　(b) 列顺序　(c) Morton顺序　(d) Hilbert顺序编码

图 2-22　不同顺序的直接栅格编码

2）*栅格数据压缩编码*

目前有一系列栅格数据压缩编码方法，如链码、游程长度编码、块码和四叉树编码等。其目的是用尽可能少的数据量记录尽可能多的信息。

（1）链码，又称为弗里曼链码或边界链码，是由起点位置和一系列在基本方向的单位矢量给出每个后续点相对其前继点的可能的 8 个基本方向之一表示。8 个基本方向自 0 开始按逆时针方向代码分别为 0，1，2，3，4，5，6，7[图 2-23（a）]。单位矢量的长度默认为一个栅格单元。对于图 2-23（b），非零元编码的顺序见图 2-23（c），因此，得到的链码为(2, 2, 0, 6, 6, 4)，其中，（2, 2）为首个非零元出现的位置，然后依次往东方向（0）、南方向（6）、南方向（6）、西方向（4）编码。

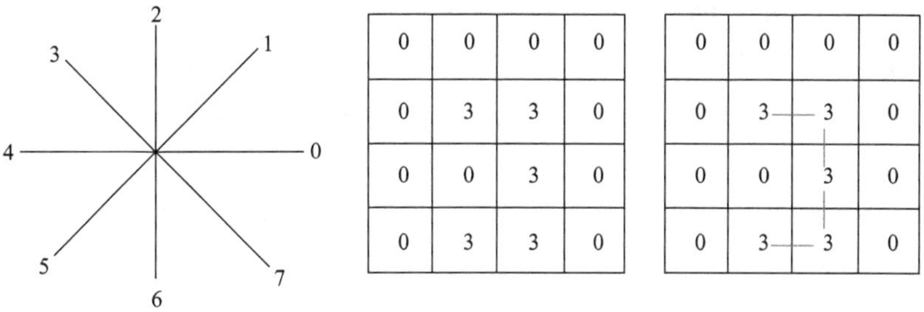

(a) 链码的8个基本方向　(b) 栅格示例　(c) 链码编码顺序

图 2-23　链码示例图

从以上分析可知，链码可以有效地压缩栅格数据，压缩效率较高，而且对于估算长度、转折方向的凹凸度等运算十分方便，比较适合用于存储图形数据。但是，链码对边界进行合并和插入等修改编辑工作比较困难，对局部的修改将改变整体结构，效率较低，而且由于链码以每个区域为单位存储边界，相邻区域的边界将被重复存储而产生冗余，并且链码不具有区域性质，区域运算较难。

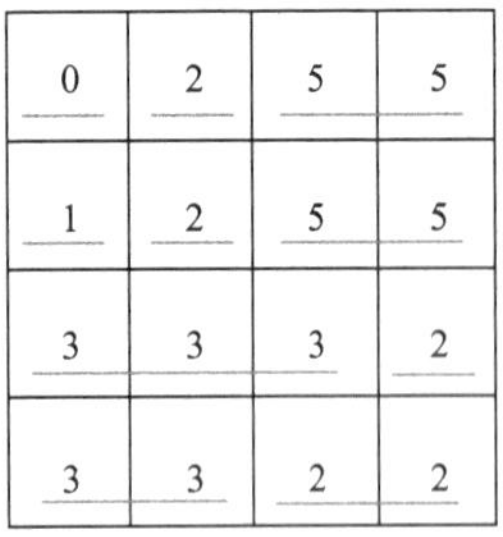

图 2-24　游程长度编码示意图

（2）游程长度编码。栅格数据在行（或列）方向上，相邻的若干点具有相同的属性代码，因而可采取某种方法压缩重复的记录内容。图 2-24 列出了行方向上重复的代码。一种编码方案是，只在各行（或列）数据的代码发生变化时依次记录该代码以及相同的代码重复的个数；另一种方案是逐个记录各行（或列）代码发生变化的位置和相应代码。对于图 2-21，按照第一种方案进行编码，结果为：(0, 1)，(2, 1)，(5, 2)；(1, 1)，(2, 1)，(5, 2)；(3, 3)，(2, 1)；(3, 2)，(2, 2)。对于图 2-21，按照第二种方案进行编码，结果为：(0, 1)，(2, 2)，(5, 4)；(1, 1)，(2, 2)，(5, 4)；(3, 3)，(2, 4)；(3, 2)，(2, 4)。

对于游程长度编码而言：地物属性的变化越小，行程越长，压缩比例越大，即压缩比的大小与图的复杂程度成反比。因此，游程长度编码能够在很大程度上压缩数据，又最大限度地保留原始栅格结构，编码解码十分容易。但是，游程长度编码只顾及单行单列，没有考虑周围其他方向的代码值是否相同，压缩受到一定限制。

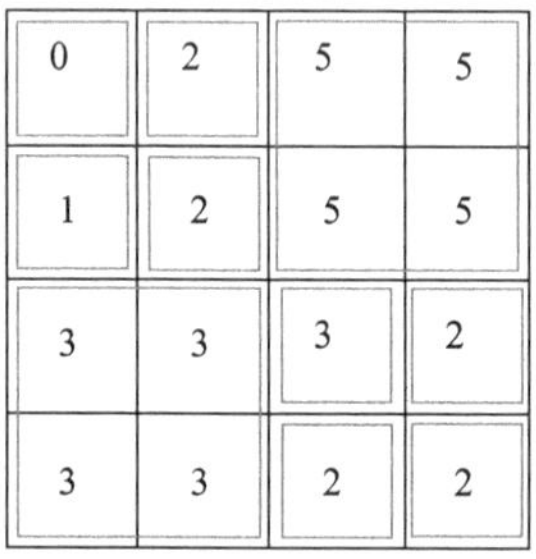

图 2-25　块码示意图

（3）块码。块码是游程长度编码扩展到二维的情况，采用方形区域作为记录单元，每个记录单元包括相邻的若干栅格，数据结构由初始位置（行、列号）和半径，再加上记录单位的代码组成。图 2-25 列出了具有相同代码的方形区域。对于图 2-21，按照块码进行编码，结果为：(1, 1, 1, 0)，(1, 2, 1, 2)，(1, 3, 2, 5)；(2, 1, 1, 1)，(2, 2, 1, 2)；(3, 1, 2, 3)，(3, 3, 1, 3)，(3, 4, 1, 2)；(4, 3, 1, 2)，(4, 4, 1, 2)。

块码具有可变的分辨率，即当代码变化小时图块大，就是说在区域图斑内部分辨率低；反之，区域边界地段，以小块记录，分辨率高。因此，块码与游程长度编码相似，随着图形复杂程度的提高而降低效率，就是说图斑越大，压缩比越高；图斑越碎，压缩比越低。块码在合并、插入、检查延伸性、计算面积等操作时有明显的优越性。因此，块码既具有区域性质，又具有可变的分辨率，有着较高的压缩效率。

（4）四叉树编码，又称四元树或四分树，是最有效的栅格数据压缩编码方法之一。四叉树将整个栅格区域逐步分解为一系列被单一类型区域包含的方形区域，最小的方形区域为一个栅格像元。分割的原则是，不管是哪一层上的象限，只要划分到仅代表一种地物或符合既定要求的少数几种地物时，则不再继续划分，否则一直划分到单个栅格像元为止。最后得到一棵四分叉的倒向树。因此，四叉树编码具有可变的分辨率，边界复杂部分四叉树较高，即分级多，分辨率也高，而不需要表示许多细节的部分则分级少，分辨率低，因而既可精确表示图形结构，又可以减少存储量。常用的四叉树存储结构分为常规四叉树和线性四叉树。

常规四叉树除了要记录叶结点外，还要记录中间结点，结点之间的联系靠指针。因此，为了记录常规四叉树，通常每个结点需要 6 个变量，即父结点指针、四个子结点的指针和本结点的属性值。这些指针不仅增加了数据存储量，而且增加了操作的复杂性。

图 2-21 的常规四叉树可以表示为图 2-26。

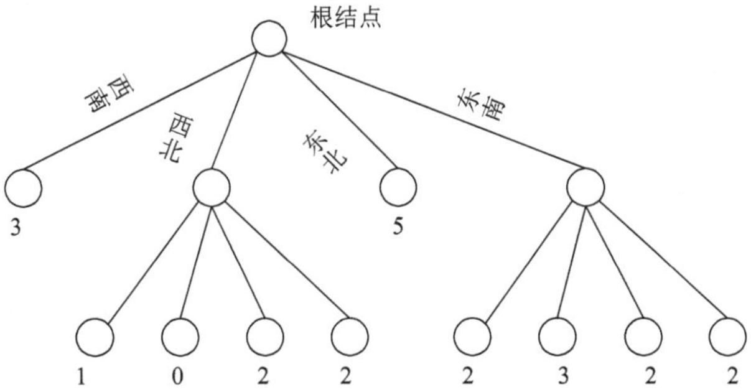

图 2-26　常规四叉树

线性四叉树只存储最后的叶结点信息，包括叶结点的位置、深度和本结点的属性。线性四叉树叶结点的编号需要遵循一定的规则，这种编号称为地址码，它隐含了叶结点的位置和深度信息。最常用的地址码是四进制或者十进制的 Morton 码。

获取线性十进制四叉树地址码的方法是：①将栅格阵列数据的行列号转化为二进制数。②交叉放入 Morton 码中，即为线性十进制四叉树的地址码。Morton 码的计算如图 2-27 所示，图中显示了对于栅格阵列中第 3 行、第 5 列的 Morton 码的计算过程。

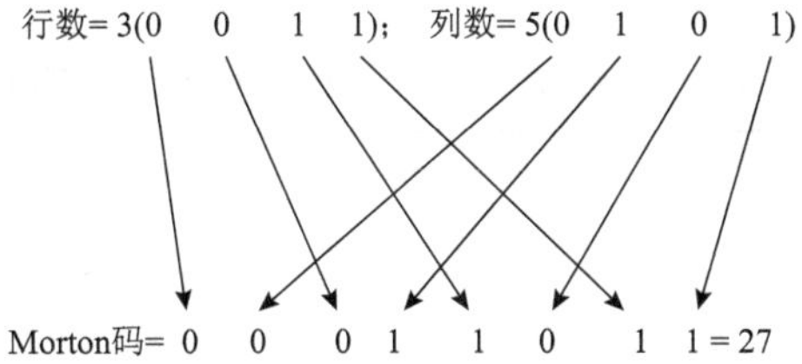

图 2-27　Morton 码计算过程

这样就可将用行列表示的二维栅格阵列图像，用 Morton 码写成一维数据，通过 Morton 码就可确定像元的位置。

把一个 $2^n \cdot 2^n$ 的栅格阵列图像压缩成线性四叉树的步骤可归纳为：

（1）把栅格阵列按 Morton 码读入一维数。

（2）比较相邻的四个像元，一致的合并，只记录第一个像元的 Morton 码。

（3）比较所形成的大块，相同的合并，直到不能合并为止。

在具体应用中，对上述线性四叉树的编码方法所形成的数据还可用游程长度编码进一步压缩，压缩时只记录第一个像元的 Morton 码。

例如，对如图 2-28（a）所示的二维栅格阵列（其中，a、b 为像元属性值）进行线性四叉树编码，压缩处理的具体过程为：

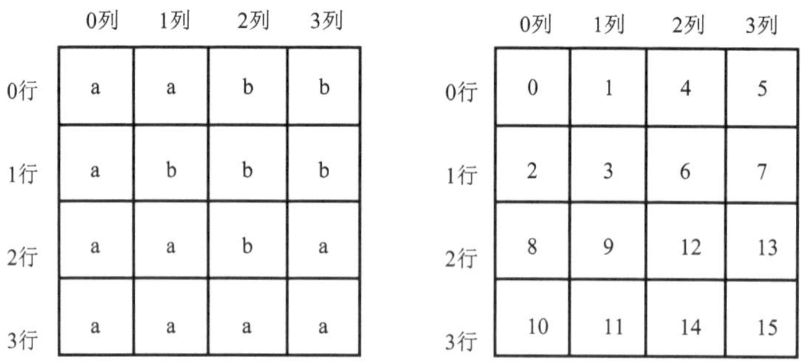

(a) 栅格图像示例　　(b) 对应的Morton码

图 2-28　栅格数据编码示例

第一步：按 Morton 码读入一维数组，如表 2-13 所示。

表 2-13　像元值［图 2-28（a）］及其 Morton 码［图 2-28（b）］的对应表

Morton 码	0	1	2	3	4	5	6	7	8	9	10	11	12	13	14	15
像元值	a	a	a	b	b	b	b	b	a	a	a	a	b	a	a	a

第二步：如相邻四像元的值相同，则合并该四相邻像元，只记录第一个像元的 Morton 码，如表 2-14 所示。

表 2-14　合并之后的像元值及其 Morton 码 1

Morton 码	0	1	2	3	4	8	12	13	14	15
像元值	a	a	a	b	b	a	b	a	a	a

第三步：因不能进一步合并，故再用游程长度编码进一步压缩，如表 2-15 所示。

表 2-15　合并之后的像元值及其 Morton 码 2

Morton 码	0	3	8	12	13
像元值	a	b	a	b	a

解码时，根据 Morton 码就可知道像元在栅格图像左上角的位置，本 Morton 码和下一个 Morton 码之差即为像元个数。在已知像元的个数和像元位置的基础上，就可恢复出栅格图像了。

线性四叉树编码的优点是：具有很高的压缩效率，且压缩和解压缩也比较方便，阵列各部分的分辨率可变，可精确地表示图形结构，又可减少存储量，易于进行大部分图形操作和运算。线性四叉树编码的缺点是：由于具有图形编码的不定性，相同形状和大小的多边形可得出完全不同的四叉树结构，不利于形状分析和模式识别。

第 3 章　数据库模型

现实世界是独立于人脑意识而存在的客观物质世界，它包含了无数的事物以及这些事物之间错综复杂的相互联系。这些事物不仅种类繁多、形态各异，而且它们之间的关系也极其复杂。例如，自然界中的河流、道路、城市等，它们都是我们可以直接观察到的实体。这些实体不仅具有各自的形态和特征，而且它们之间也存在着各种各样的联系，如河流与城市的相互依存关系、道路与城市的连接关系等。除了这些可见的实体外，现实世界中还存在着一些不可见的实体或现象，如境界线。境界线虽然无法直接观察到，但它却在无形中划分着不同的地域或领域，具有重要的地理和政治意义。这些可见与不可见的事物共同构成了丰富多彩的现实世界。此外，事物在特定的时刻会呈现出一定的形态，这种形态是事物在特定时间和空间条件下的具体表现。随着时间和空间的变化，事物的形态也会发生相应的变化。因此，只有通过不断地观察和研究，才能深入了解事物的本质和规律。

模型是对现实世界中事物及其联系的抽象和简化，它能够帮助我们更好地理解和描述现实世界。通过对现实世界的深入分析和研究，我们可以发现事物之间的内在联系和规律，然后利用这些规律来构建模型。模型不仅能够反映事物的固有特征，还能够揭示事物之间的相互联系或运动变化规律。在数据库系统中，数据模型扮演着至关重要的角色。它是关于数据和联系的逻辑组织的形式表示，能够为我们提供一个清晰、准确的数据视图。数据模型不仅定义了数据的结构、类型和关系，还规定了数据的操作方式和约束条件。通过数据模型，我们可以更好地理解和使用数据库中的数据，从而实现对数据的有效管理和利用。因为数据库系统是基于特定的数据模型构建的，所以数据模型的选择对于数据库系统的性能和功能具有重要影响。一个好的数据模型应该能够准确地反映现实世界的特征和规律，同时还需要具备良好的可扩展性、灵活性和可维护性。

3.1　数据库中的数据模型

虽然每一种数据模型都以其独特的数据抽象与表示能力来描绘客观事物的本质和特性，且各自拥有处理数据间复杂联系的不同方式，但是，无论哪种数据模型，都应当遵循并满足一些基本的要求。首先，数据模型应当能够比较真实地模拟现实世界，也就是说，它应该能够准确地捕捉并反映出现实世界中数据及其关系的本质特征。这不仅要求数据模型具有高度的抽象性，还要求其能够精确地表达数据的结构和语义。其次，数据模型需要容易为人所理解。一个优秀的数据模型应该能够用清晰、直观的方式表达数据及其关系，使得无论是数据库管理员、开发人员还是最终用户，都能够轻松地理解和使用。这有助于提高数据库的可用性和可维护性，降低系统的复杂度和操作难度。最后，数据模型还需要便于在计算机上实现。这意味着数据模型应该能够与现有的计算机技术和系统架构相兼容，能够高效地存储、检索和处理数据。同时，数据模型的设计还需要考虑系统的性能、可扩展性和安全性等方面的要求，以确保数据库系统稳定和可靠。

在空间数据管理领域，数据模型的重要性更加凸显。因为空间数据具有复杂性和多样性等特点，所以如何有效地管理和利用这些数据成了一个亟待解决的问题。在这个领域，数据模型被划分为三个不同的层次：概念数据模型、逻辑数据模型和物理数据模型，如图 3-1 所示。

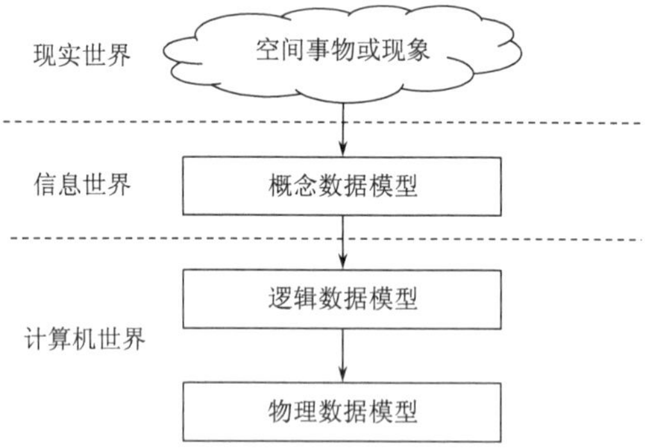

图 3-1　空间事物或现象的抽象过程

3.1.1　概念数据模型

概念数据模型也称信息模型，它是按用户的观点来对空间数据建模，主要用于空间数据库设计。概念数据模型独立于计算机系统，不涉及信息在计算机系统的表示，只关心用来描述某个特定组织所关心的信息结构，是用户和数据库设计人员之间进行交流的工具，可以看成是现实世界到计算机世界过渡的中间层，是现实世界到计算机世界的第一层抽象。概念数据模型应该具有较强的语义表达能力，尽量与系统的逻辑数据模型保持同一的表达形式，不需要任何转换，或者容易向逻辑数据模型转换。

从现实世界到概念数据模型，反映了人们对客观世界的认识过程，这个过程涉及地理信息的选取、简化等方面，需要坚实的地理学理论。例如，人们对客观世界认识的过程中，区分了河流、湖泊、沼泽、水库等地理要素，河流又区分为主流、一级支流、二级支流、三级支流等。但是，由于地理空间中的地理事物或现象极其复杂，以及人们认识地理空间在观念或方法上的不同，对同一地理现象的抽象也存在着差异，可能产生不同的概念数据模型。因此，概念数据模型只能体现地理空间的某一个或者几个方面。

3.1.2　逻辑数据模型

逻辑数据模型直接面向空间数据库的逻辑结构，是现实世界到计算机世界的第二层抽象，是具体的数据库管理系统所支持的数据模型。逻辑数据模型的建立既要考虑用户易于理解，又要考虑便于物理实现，易于转换成物理数据模型。逻辑数据模型是按计算机系统的观点对数据建模，用于空间数据库管理系统的实现。数据库逻辑数据模型的发展，主要经历了三个阶段：第一阶段是层次和网状数据模型；第二阶段是关系数据模型；第三阶段是以面向对象数据模型为代表的模型。

从概念数据模型到逻辑数据模型，是从概念数据模型得到具体数据库管理系统支持的数据模型的过程。逻辑数据模型是严格定义的概念集合，用以描述数据、数据联系、数据语义及一致性约束。这些概念精确地描述了系统的静态特性、动态特性和完整性约束条件。与之相对应，逻辑数据模型通常由数据结构、数据操作和完整性约束三部分组成。

数据结构是指对实体类型和实体间联系的表达实现，是数据模型最基本的组成部分，规定了数据模型的静态特性，它规定如何把基本数据项组织成大的数据单位，并描述数据之间的联系。数据结构实际上是组成数据库的对象类型的集合，是对系统静态特性的描述。这些对象一类是描述与数据的类型、内容和性质有关的对象；一类是描述与数据之间联系有关的对象。

数据操作是指对数据库中各种对象和实例允许执行的数据操作或推导规则，是系统动态特性的描述。数据库中主要有检索（查询）和更新（包括插入、删除和修改）两大类操作。任何数据模型都必须定义这些操作的确切含义、操作规则以及实现这些操作的数据操作语言等。对于同一数据结构，所允许的操作不同可以得到不同的数据模型。例如，对同样的线性存储结构，如果采用后进先出（last in first out，LIFO）的操作规则，则将形成一个栈模型；如果采用先进先出（first in first out，FIFO）的操作规则，则形成一个队列模型。

数据的完整性约束是一组完整性规则的集合，是给定的数据模型中的数据及其联系所满足的制约和依存规则，用以明确或隐含地定义正确的数据库状态或状态变化，以保证数据的正确、有效和相容。任何数据模型本身蕴含着该模型所必须满足的基本的、通用的完整性约束条件，保证数据库中的数据符合该数据模型的要求。数据库系统必须提供完整性规则的定义机制，以满足某个应用所涉及的数据特定的语义和约束要求。

3.1.3　物理数据模型

因为逻辑数据模型不涉及计算机的实现细节，而计算机处理的只能是二进制数据，所以必须将逻辑数据模型转换为物理数据模型。物理数据模型是面向计算机系统的，是在逻辑数据模型的基础上，考虑各种具体的技术实现因素，对空间数据最底层的抽象，描述空间数据在系统内部的表示方式和存取方法，在磁盘或磁带上的存储方式和存取方法。物理数据模型的内容包括确定所有的表和列、定义外键用于确定表之间的关系、基于用户的需求进行范式设计等。

物理数据模型不仅与具体的数据库管理系统有关，还与操作系统和硬件有关。数据库管理系统为了保证其独立性与可移植性，大部分物理数据模型的实现工作由系统自动完成，而设计者只设计索引、聚集等特殊结构。

3.2　概念数据模型

3.2.1　概念数据模型的基本概念

概念数据模型主要用于信息世界的建模，是现实世界到计算机世界的一个中间层次，是数据库设计的有力工具，是数据库设计人员和用户之间进行交流的语言。概念数据模型应该具有较强的语义表达能力，能够方便、直接地表达应用中的各种语义知识，简单、清晰、易于用户理解。

1. 实体

实体是客观存在的且可以区别的事物。实体的特征，可以通过静态属性、动态的行为特征和结构特征来描述。在三维地理空间中，根据观察视点、尺度特征、空间维数和兴趣点的不同，可以将空间实体分为五种基本类型：点状实体、线状实体、面状实体、体状实体和复杂实体。

点状实体表示零维的地物，可以用一个标识符、一对空间坐标和若干项属性联合表达，如洞穴、山峰、水井、水塔、桥梁等。在不同的比例尺下，空间对象的抽象也有所不同。在小比例尺下，一些地理对象也可以抽象成点，如机场、交通枢纽等。

线状实体表示一维的线状地物，可以用一个标识符、一组空间坐标和若干项属性联合表达，如电力线、道路、河流、境界线、海岸线、等高线、地下管网等。线状实体可以是折线，也可以是各种类型的曲线。线可以是多线，也就是多种简单线构成的线。例如，有些河流水面比较宽阔，可以采用双线进行表示。

面状实体表示二维面状地物，可以用一个标识符、一组空间实体或者若干线状实体的组合和若干项属性联合表达，如湖泊、林地、旱地、水浇地、政区、居民地等。面状实体也可以存在着复杂的“岛屿”情况，如湖泊中存在的岛屿、政区中的飞地等现象。面状实体的边界也可能存在着模糊边界的情况，如中国南北方的分界线、热带和温带的划分等。

体状实体表示三维的体状地物，可以用一个标识符、一组空间坐标或若干面状实体的组合和若干项属性联合表达。严格意义上讲，现实世界中绝大多数实体均属于体状实体，如矿体、岩层、山脉、建筑物等。

复杂实体表示两个以上的空间实体聚合而成的复杂地物，可以用一个标识符、一组空间实体的组合和若干项属性联合表达，如大洋中的岛屿、大陆上的湖泊、电力系统的组成、房间的内部组成、一所学校的组成等。复杂实体可以是同维空间实体的组合，如多点、多线、多面、多体等，也可以是不同维空间实体组合，如点和线状实体混合、线和体状实体混合等。

2. 属性

实体或联系所具有的特征称为属性。一个实体或联系可以由若干个属性来描述。例如，河流具有名称、长度、流域面积、含沙量、流量、水位等属性，土地具有位置、面积、利用类型等属性。虽然一个实体拥有很多属性，但在数据库设计中通常只选择部分数据管理需要的属性。属性往往是不可再细分的原子属性，如名称、标识符等。

每个属性值都有一定的变化范围，通常称属性取值的变化范围为属性值的域。例如，洋流性质属性域是{暖流，寒流}，湖水含盐度属性域是{淡水湖，咸水湖，盐湖}，人类年龄属性域是 0~200。

关键字是能唯一标识实体集中某一实体的属性或属性组。例如，学号属性是能唯一标识学生实体的关键字，实体集中任意两个学号不能相同；学号和课程号组成的属性组是能唯一标识选课的关键字。

3. 联系

在现实世界中，任何事物都不是孤立存在的，事物之间或事物内部是有联系的。这些联系在信息世界就反映为实体之间的联系和实体内部的联系。实体内部的联系指的是组成实体的各属性之间存在的联系；而实体之间的联系指的是不同实体集之间的联系。按照参与联系的实体的个数不同，联系可以分为二元联系、多元联系、自反联系。

二元联系是只有两个实体参与的联系。在二元联系中，区分为一对一（1∶1）、一对多（1∶n）和多对多（m∶n）。

设两个实体集 E_1、E_2，若 E_1、E_2 中的每一个实体最多和另一个实体集中的一个实体有联系，则称 E_1 和 E_2 是一对一的联系，记为 1∶1。例如，学校实体集与校长实体集间的联系是一对一联系[图 3-2(a)]。

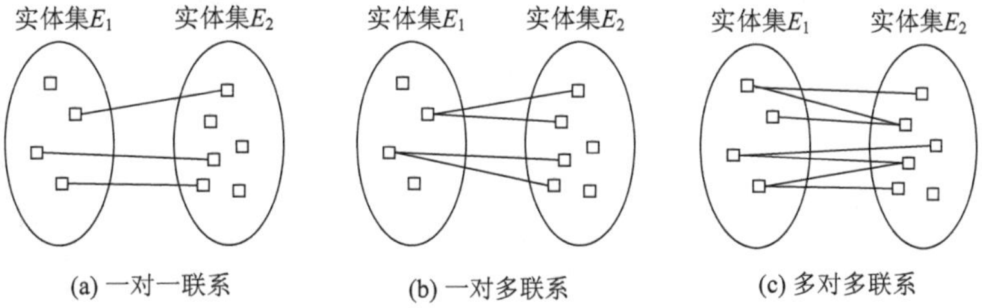

图 3-2　实体集之间的联系

设两个实体集 E_1、E_2，若 E_1 中每一个实体与 E_2 中任意多个实体相联系，而 E_2 中每个实体最多和 E_1 中一个实体有联系，则称 E_1 和 E_2 是一对多的联系，记为 1∶n。例如，学校实体集与教师实体集间的联系是一对多联系[图 3-2(b)]。

设两个实体集 E_1、E_2，若 E_1、E_2 中的每一个实体都和另一个实体集中任意多个实体有联系，则称 E_1 和 E_2 是多对多的联系，记为 m∶n。例如，学生实体集与课程实体集间的联系是多对多联系[图 3-2(c)]。

多元联系是三个及其以上实体参与的联系。三元联系是一种多元联系，是三个实体参与的联系。例如，三元联系也可区分为 1∶1∶1、1∶1∶p、1∶n∶p、m∶n∶p 等联系。

自反联系表示同一个实体集两部分实体之间的联系，是一种特殊的二元联系。这两部分实体之间的联系也可以区分为 1∶1、1∶n 和 m∶n 三种。

3.2.2　实体-联系数据模型

实体-联系数据模型（entity-relationship data model，E-R 数据模型）是 Peter Chen 于 1976 年提出的一种语义数据模型，它提供不受任何数据库管理系统约束的面向用户的表达方法，在数据库设计中被广泛用作数据建模的工具。E-R 数据模型不同于传统数据模型，它不是面向程序实现，而是面向现实世界。

E-R 数据模型由实体集、属性和联系三部分组成。在 E-R 数据模型中，实体集用矩形框表示，矩形框内写上实体名。实体可以是有形的、实在的事物，如一条河流、一片森林等，也可以是抽象的、概念上的事物，如一个专业、一门课程等。属性用椭圆框表示，框内写上属性名，并用无向边与其实体集或者联系相连。一个实体集中的所有实体都具有相同的属性。对于每个属性来说，一个实体都拥有自己的属性值。实体间的联系用菱形框表示，联系的名字写在菱形框中，用无向线将参加联系的实体矩形框分别与菱形框相连，并在连线上标明联系的类型，即 1-1、1-*n* 或 *m*-*n*。图 3-3 是使用 E-R 图表达教学过程的概念模型。

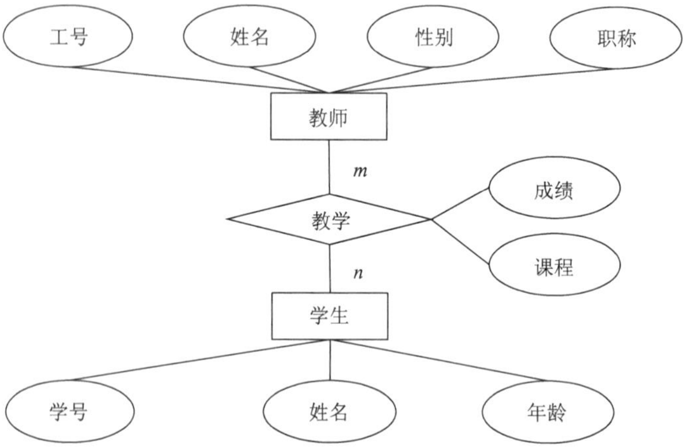

图 3-3　教学过程的 E-R 图

在图 3-3 中，包含了教师和学生两个实体集，教师实体集包括工号、姓名、性别和职称属性，学生实体集包含了学号、姓名和年龄属性，教师实体集和学生实体集发生教学联系，教学联系具有课程和成绩属性。

E-R 数据模型不仅能够描述两个实体间的联系，也可以描述两个以上实体间的联系和单个实体内的联系。图 3-4 是一个三元联系，使用 E-R 图表达了供应的概念模型，包含了供应商、超市和商品三个实体，供应联系包含了销售量属性。

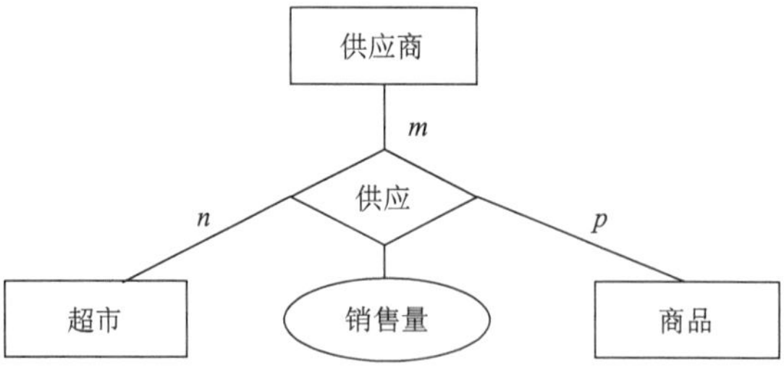

图 3-4　供应的 E-R 图

在现实世界中，某些实体间还存在一些特殊的联系——依赖联系。依赖于另一个实体的存在而存在的实体称为弱实体，弱实体与其他实体间的联系称为依赖联系，而被依赖的实体称为强实体。例如，在水系管理数据库中存放的河流实体及其水利设施实体，水利设施实体依赖于水系实体，河流实体是水利设施实体存在的前提。

虽然基本的 E-R 特性可以应对大部分数据库建模，但是为了增强和丰富基本 E-R 数据模型的表达能力，E-R 数据模型扩展了一些特性：特化（specialization）和概化（generalization）。

1. 特化

为了进一步描述一个实体集中某些实体的不同特征，从该实体集中取出一部分实体构成一个（或多个）新的实体集，称这个新实体集是原实体集的子类，而原实体集是新实体集的超类。子类是在超类的基础上，附加了特殊的属性。因此，特化是在自顶向下的设计过程中，显式地将初始实体分为一系列不同级别子实体的过程。例如，对于耕地实体集，为区分耕地不同的特点，可分为水田、水浇地、旱地三个子类实体集，其数据模型实例如图 3-5 所示。

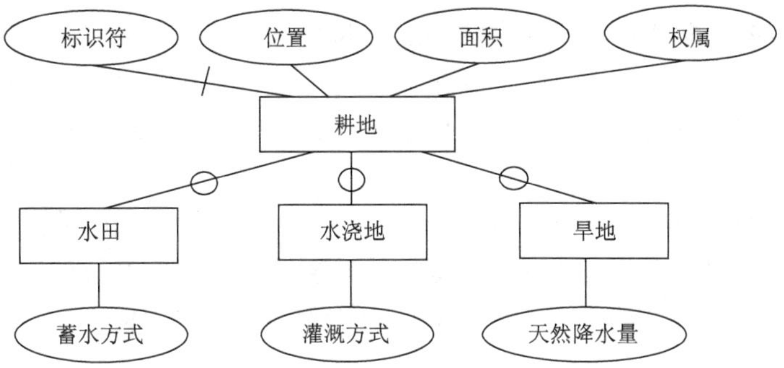

图 3-5　特化的示例

2. 概化

与特化相反，设计过程也可以是自底向上的，即将一系列低级别的实体合成为具有基本属性的顶层实体，这便是概化。由特化和概化产生的高层和低层实体的一个重要特性是属性集成，高层实体集的属性被低层实体集继承，所以高层实体集的属性适用于低层实体集，反之则不成立。

综上所述，E-R 数据模型有两个明显的优点。

（1）接近于人的思维，容易理解。E-R 图很好地表达了现实世界中实体和实体之间的联系，它不仅能够将实体的属性明确地表示出来，也能够将实体间联系的属性表示出来。人们通常就是用实体、联系和属性这三个概念来理解现实问题的。因此，E-R 数据模型比较接近人的习惯思维方式。

（2）与计算机无关，用户容易接受。E-R 数据模型使用简单的图形符号表达系统分析员对问题域的理解，不熟悉计算机技术的用户也能理解它。因此，E-R 数据模型可以作为用户与分析员之间有效的交流工具。E-R 数据模型已成为软件工程中的一种重要设计方法。

但是，E-R 数据模型也有一些缺点：①数据和应用相分离。E-R 图仅仅着眼于数据，不能提供更多关于业务流程的信息。②不能表达实体之间的嵌套关系。对于递归的结构，E-R 图不能很好地表达。

3.3　层次数据模型

3.3.1　层次数据模型的数据结构

层次数据模型作为数据库系统发展历程中的早期模型，不仅标志着数据库技术的初步形成，还为后续更为复杂的数据库模型奠定了坚实的基础。这一模型的核心思想在于利用树形结构来直观且有效地表示各类实体以及它们之间错综复杂的联系。在层次数据模型中，每个结点表示一个实体型，实体型之间的联系用有向线表示。

层次数据模型的数据结构需要满足以下两个条件，以确保模型的稳定性和有效性。

（1）有且只有一个结点没有双亲结点，这个结点称为根结点。在树形结构中，根结点扮演着至关重要的角色，它是整棵树的起点和基石。没有双亲结点意味着根结点是独立的，它不接受来自其他结点的数据或指令，而是作为数据的源头或起点，向下传递信息至其子结点。层次模型的这种设计确保了数据流的单向性和层次性，避免了数据循环或冲突的发生。

（2）根以外的其他结点有且只有一个双亲结点。这一原则确保了树形结构的稳定性和清晰性。每个非根结点都只能有一个直接的双亲结点，这种“一对一”的关系简化了数据的管理和访问逻辑。同时，它也反映了现实世界中许多实体间“上下级”或“从属”关系的自然映射。

层次数据模型中双亲结点是唯一的，只要指出他的父结点就可以表示层次数据模型结构。图 3-6 为层次数据模型示意图，其中 E_1 为根结点，E_2 和 E_3 为 E_1 的子结点，E_4 和 E_5 为 E_2 的子结点，E_6 和 E_7 为 E_3 的子结点。

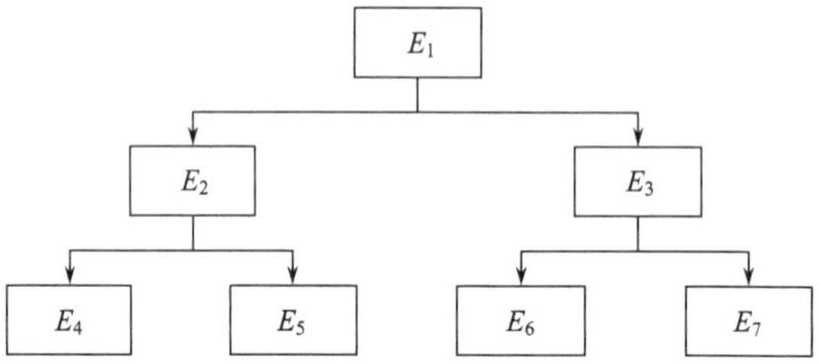

图 3-6　层次数据模型示意图

对图 3-6 进行分析可以得到，层次数据模型能够较好地实现实体之间一对多联系的表达。然而，现实世界实体之间的联系除了一对多联系之外，还存在着多对多联系、实体之间的联系多于一种、非树的网状结构等情况。层次数据模型具有强大的表达能力，也可以支持上述复杂情况的表达。

图 3-7 为使用层次数据模型表达多对多联系的示例。图 3-7（a）为一个多对多的联系，在层次数据模型中多对多联系通常需要分解成两个一对多的联系[图 3-7（b）]。虽然图 3-7（b）结构非常清晰，能明确地表达教师和学生实体集之间的联系，但是教师和学生实体集均被存储了两次，造成了数据的冗余。为了避免数据的冗余，图 3-7（c）使用虚拟结点（虚线框表示的结点）替换冗余结点。虚拟结点法是在数据库中，如果有一

个结点要在多处被引用，则只存储一份这样的记录，其他需要引用的地方用其指针代替，这种用指针代替的记录称为虚拟结点。

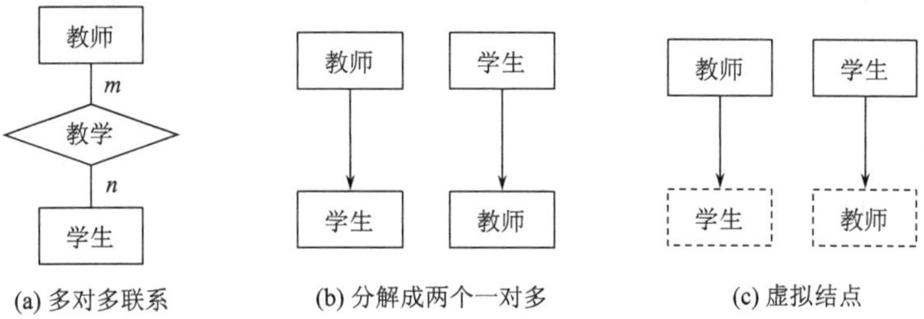

图 3-7　使用层次数据模型表达多对多联系的示例

图 3-8 为使用层次数据模型表达多种联系的示例。图 3-8(a)中教师和学生实体之间存在两种联系，分别是教学和指导联系。因为层次数据模型仅能表示一种联系，所以需要对多种联系进行分解，形成两个一对多的联系[图 3-8（b）]。

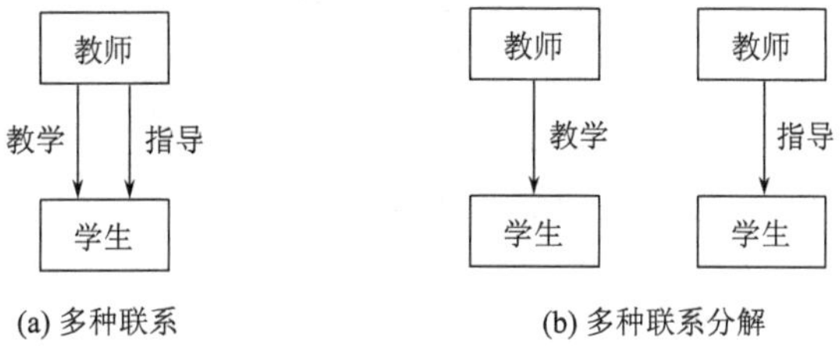

图 3-8　使用层次数据模型表达多种联系的示例

图 3-9 为层次数据模型表达的非树的网状结构的示例。在图 3-9（a）中，因为 E_5 有两个双亲结点，分别是 E_2、E_3，存在一个结点有多个双亲的情况，所以图 3-9（a）为网状结构。因为层次数据模型仅能表示一对多联系，所以需要对网状结构进行分解，形成一对多的联系[图 3-9（b）]。

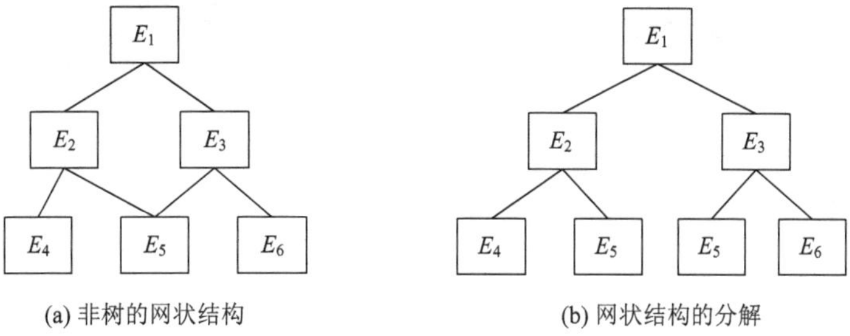

图 3-9　使用层次数据模型表达非树的网状结构的示例

3.3.2　层次数据模型的数据操作和完整性约束

层次数据模型的数据操作包括增加、删除和修改等。进行增加、删除和修改操作时要满足层次数据模型的完整性约束条件，具体如下。

增加：如果增加一个结点，必须要有双亲结点。例如，在图 3-6 中，如果增加一个结点 E_8，并且指定 E_8 的双亲结点是 E_5，则可以在 E_5 的结点下插入 E_8；如果增加一个结点 E_{10}，并且指定 E_{10} 的双亲结点是 E_9，由于 E_9 不存在，则不能将 E_{10} 插入图 3-6 中。

删除：如果双亲结点删除，则子结点一并删除。例如，在图 3-6 中，如果删除 E_3 结点，E_3 结点的子结点 E_6 和 E_7 需要一并删除。

修改：如果修改结点，需要保证结点的一致性。例如，在图 3-9（b）中，如果修改 E_2 的子结点 E_5 的信息，则同时需要修改 E_3 的子结点 E_5 的信息，以保持两者的一致性。

3.3.3　层次数据模型的存储方法

层次数据模型不仅需要存储数据内容，还要存储数据之间的层次联系。常用的数据存储方法有邻接法、链接法等。

1. 邻接法

由于存储器是线性的，层次数据必须变换成线性形式才能存储。按照层次树前序遍历的顺序把所有记录依次邻接存放（自顶向下、自左向右），称为层次序列顺序。例如，使用邻接法对图 3-6 进行存储，结果如图 3-10 所示。

E_1	E_2	E_4	E_5	E_3	E_6	E_7

图 3-10　层次数据模型的邻接法存储

2. 链接法

链接法是用指引元来反映数据间的层次联系。链接法包含双亲指针法、子女指针法、子女-兄弟指针法等。双亲指针法是指结点中包含有指向双亲的指针，子女指针法是指结点中包含有指向子女的指针，子女-兄弟指引法是指结点中包含有指向子女和兄弟的指针。

例如，使用链接法对图 3-6 进行存储，双亲指针法、子女指针法和子女-兄弟指针法的结果如图 3-11（a）、（b）和（c）所示。

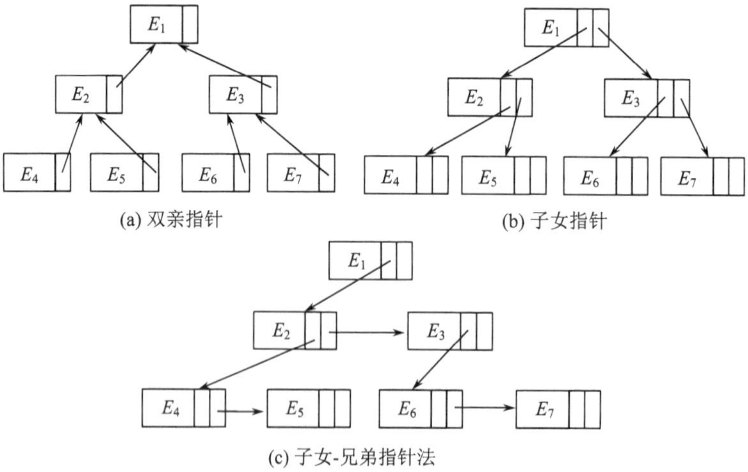

图 3-11　层次数据模型的链接法存储

3.3.4　层次数据模型的优缺点

层次数据模型采用树形结构来表示各类实体以及实体间的联系，其主要优点如下。

（1）层次数据模型比较简单。层次数据模型把现实世界中复杂的联系统一表示成一对多的结构，比较简单。

（2）对于一些树状结构的系统，其性能较好且联系固定。因为层次数据模型也是一个树状结构，同树状结构的系统保持一致，所以其性能较好。

（3）提供了良好的完整性支撑。在层次数据模型中，一个模型只有一个根结点，其他结点只能有一个双亲结点，结点之间是一对多的联系。

（4）记录间的联系可以通过指针来实现，查询效率高。

层次数据模型的缺点如下。

（1）对于多对多联系或网状结构表示方法笨拙。对于多对多联系，通常需要进行分解，常用的分解方法是冗余结点法和虚拟结点法，往往会导致物理存储上的冗余。

（2）层次数据模型对增加、删除、修改的限制多。例如，删除父结点则相应的子结点也同时被删除，修改结点需要保持结点的一致性。

（3）层次数据模型的查询必须通过双亲。因为在层次数据模型中，没有一个子结点的记录值能够脱离父结点的记录值而独立存在。另外，因为层次数据模型对任何对象的查询都必须从根结点开始，低层次对象的查询效率往往很低，且不能从下至上查询。

（4）层次数据模型结构严密、层次命令趋于程序化、编写复杂。相对于线性结构，层次数据模型的算法比较复杂。

3.4　网状数据模型

3.4.1　网状数据模型的数据结构

虽然现实世界中事物之间的联系有很多是层次关系的，但是更多的是非层次关系。使用层次数据模型表示非层次关系很不直观。网状数据模型突破了层次数据模型不能表示非树状结构的限制，能够实现非层次关系较好的表达，两个或两个以上的结点都可以有多个双亲结点，则此时有向树变成了有向图，该有向图描述了网状数据模型。用有向图结构表示实体类型及实体间联系的数据模型称为网状数据模型。网状数据模型不仅是对数据库概念、方法和技术的一次重要革新，更是数据建模领域的一次重大突破，以其独特的优势，成为数据库系统设计和开发中的重要工具之一。

网状数据模型和层次数据模型有一些共同点，具体如下。

（1）网状数据模型和层次数据模型均为格式化数据模型，格式化数据模型可以描述复杂的数据结构，用存取路径实现数据间的联系。

（2）网状数据模型和层次数据模型均支持外模式、模式、内模式三级模式，支持模式之间的映射，从而保证了数据的逻辑独立性和物理独立性。

与层次数据模型有所不同，网状数据模型的数据结构满足以下两个条件。

（1）网状数据模型允许有一个以上的父结点。这意味着数据之间的联系不再是单一的、线性的，而是可以形成更加复杂和多样的网络结构。

（2）网状数据模型的其他结点可以有多于一个的双亲结点。这种设计使得网状数据模型能够更好地适应现实世界中的复杂情况，为数据管理和应用提供了更加广阔的空间和可能性。

在网状数据模型中，数据间的联系用系表示。系代表了两记录之间的 1∶n 联系，系用一条弧表示，箭头指向“n”方。“1”方的记录称为首记录，“n”方的记录称为属记录。根据系型的结构特点可划分为三种类型：单属系型、多属系型和奇异系型。

（1）单属系型：单属系型由主记录型和单一的属记录组成。例如，河流记录型和桥梁记录型组成的河流-桥梁系是单属系型，如图 3-12（a）所示。

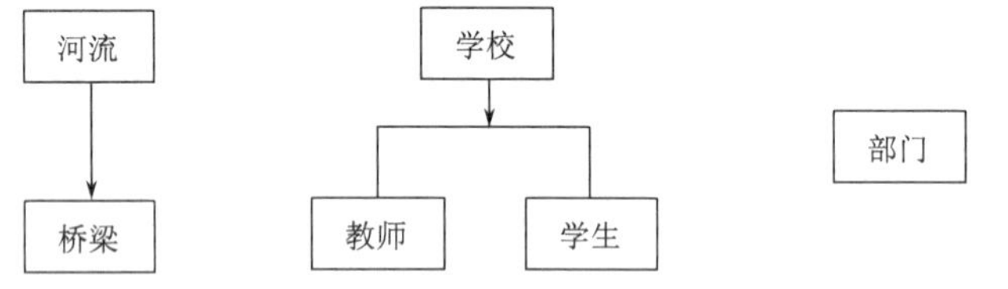

(a) 单属系型　　(b) 多属系型　　(c) 奇异系型

图 3-12　系型

（2）多属系型：多属系型包含三个及其以上记录型，其中一个为首记录型，其余为属记录型。例如，在学校中有教师和学生，他们有不同的记录结构，可形成两个记录类型。当建立一个学校-师生系型时，可将教师记录型和学生记录型作为学校的两个属记录型，如图 3-12（b）所示。

（3）奇异系型：奇异系型是一种只有属记录型而无首记录型的一种特殊系型。一个单位的所有部门可以组成一个无首记录型的奇异系型，如图 3-12（c）所示。

对于二元 m∶n 联系和三元 m∶n∶p 联系不能直接用系来表示，而是采用联系记录这个辅助数据结构，将实体集间的 m∶n 联系转换成两个 1∶n 联系。例如，教师记录与学生记录之间的 m∶n 联系可通过引入联系记录——教学记录，将其转换为讲授、学习两个 1∶n 联系，如图 3-13 所示。

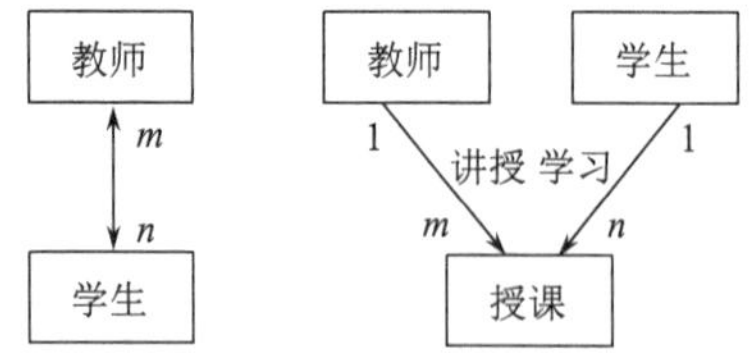

(a) m∶n联系　　(b) 型

图 3-13　网状数据模型对 m∶n 联系的表示

3.4.2　网状数据模型的数据操作和完整性约束

网状数据模型的数据操作，主要包括查询、插入、删除和更新等。进行插入、删除和修改操作时要满足网状数据模型的完整性约束条件，具体如下。

插入：进行插入操作时，允许插入尚未确定双亲结点值的子结点值。

删除：进行删除操作时，只允许删除双亲结点值。

修改：可直接表示非树状结构，而无需像层次数据模型那样增加冗余结点，因此修改操作时只需要指定更新记录即可。

一般来说，网状数据模型没有层次数据模型那样严格的完整性约束条件，但具体的网状数据库系统对数据操作都增加了一些限制，提供了一定的完整性约束。20 世纪 70 年代数据库系统语言研究会(Conference on Data Systems Languages, CODASYL)下属的数据库任务组 (Data Base Task Group, DBTG)提出的 DBTG 系统方案，是网状模型的典型代表。DBTG 在模式 DDL 中提供了定义 DBTG 完整性的若干概念和语句，主要有：

（1）支持记录码的概念，码是唯一标识记录的数据项的集合。

（2）保证一个联系中双亲记录和子记录之间是一对多的联系。

（3）可以支持双亲记录和子记录之间某些约束条件。例如，有些子记录要求双亲记录存在才能插入，双亲记录删除时也一起删除。

3.4.3　网状数据模型的存储方法

网状数据模型不仅需要存储数据内容，还要存储数据之间的网状联系。对于一个 1∶m 的系型，由一个首记录型、若干属记录型组成。对于一个 1∶m 的系值，由一个首记录值、其所属的所有属记录值组成。常用的数据存储方法有链接法、指针阵列法等。链接法、指针阵列法是以系值为单位进行存储的。

链接法是通过指针存储数据之间的联系。依据指针的数量和指向的结点分类，链接法主要有单向环状链、双向环状链、单向环转向首链、双向环转向首链（图 3-14）。

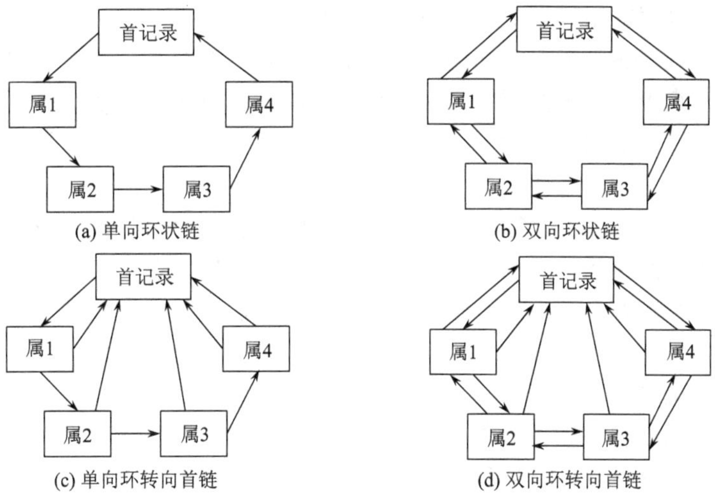

图 3-14　网状数据模型的链接法

在单向环状链表示方法中，每个结点除了记录其本身的属性值之外，还包含一个指向下一个结点的指针。单向环状链表示方法不需要头指针，能够从任意位置实现链表的遍历。

在双向环状链表示方法中，每个结点除了记录其本身的属性值之外，还包含一个指向下一个结点的指针和一个指向其前驱结点的指针。双向环状链表示方法可以直接找到前驱和后继，可进可退，但是，相对于单向环状链表示方法，由于双向环状链表示方法需要多分配一个指针存储空间，增加、删除结点复杂，维护代价较高。

在单向环转向首链表示方法中，每个结点除了记录其本身的属性值之外，还包含一个指向下一个结点的指针和一个指向首记录的指针。单向环转向首链表示方法可以直接找到后继和首记录，适用于经常需要查询后继和首记录的情况。

在双向环转向首链表示方法中，每个结点除了记录其本身的属性值之外，还包含一个指向下一个结点的指针、一个指向其前驱结点的指针和一个指向首记录的指针。双向环转向首链表示方法可以直接找到前驱、后继和首记录，对于经常需要查询前驱、后继和首记录的情况，双向环转向首链表示方法的查询比较方便和快捷。但是，相对于其他三种方法，由于双向环转向首链表示方法需要分配三个指针存储空间，增加、删除结点复杂，维护代价较高。

指针阵列法是将所有指向属记录的指针嵌入首记录中，形成一个排了序的指针（图3-15）。

首记录	属1	属2	属3	…

图 3-15　网状数据模型的指针阵列法

3.4.4　网状数据模型的优缺点

综上所述，网状数据模型在数据库领域中展现出了其独特的优势，同时也伴随着一些固有的缺陷。网状数据模型的优点包括以下几点。

（1）更直接描述客观世界：在现实生活中，多对多的关系是非常普遍的。网状数据模型允许每个结点可以有多个父结点和子结点，能够更自然地表达这些复杂的多对多关系。这种能力使得网状数据模型能够更准确地反映现实世界的复杂性和多样性，从而提高数据模型的可信度和实用性。

（2）性能良好、存储效率高：网状数据模型在数据存储和访问方面具有较高的效率。由于它允许记录之间直接建立联系，避免了不必要的数据冗余，从而节省了存储空间。同时，通过优化存取路径，网状数据模型能够快速地访问和检索数据，提高了数据库的响应速度和整体性能。

网状数据模型的缺点如下。

（1）网状数据模型结构相对复杂：随着应用环境的扩大和数据库规模的增加，数据库的结构会变得越来越复杂。这种复杂性不仅增加了数据库设计和维护的难度，还使得最终用户难以理解和使用数据库。对于非专业人士来说，理解和掌握网状数据模型的结构可能需要花费大量的时间和精力。

（2）网状数据模型的 DDL、DML 语言复杂不易使用：因为记录之间的联系是通过存取路径实现的，应用程序在访问数据时必须选择适当的存取路径，所以用户必须了解系统结构的细节，加重了编写应用程序的负担，降低了开发效率。

3.5　关系数据模型

3.5.1　关系数据模型的基本概念

1970 年，E.F.Codd 首次提出了数据库系统的关系数据模型，开创了数据库的关系方法和关系数据理论的研究，为数据库技术奠定了理论基础。20 世纪 80 年代以来，计算机厂商推出的数据库管理系统几乎都支持关系数据模型。关系数据模型的应用使数据库技术日益广泛地应用到事务管理、辅助决策等方面，成为实现和优化信息系统的基本技术。关系型数据库是目前最流行的数据库，支持关系数据模型的数据库管理系统称为关系型数据库管理系统。目前而言，主流的数据库依然为关系型数据库，即采用关系模式来组织数据的数据库。关系型数据库以行和列的形式存储数据，一系列的行和列被称为表，一组表则组成了关系型数据库，一个关系型数据库就是由二维表及其之间的关系组成的一个数据组织。目前常用的关系数据库管理系统有 Oracle、SQL Server、MySQL 等。关系数据模型的基本概念如下。

（1）属性和域：在现实世界中，要描述一个事物，常常取其若干特征来表示。这些特征称为属性。例如，河流可用名称、宽度、流速等属性来描述。每个属性对应一个值的集合，作为其可以取值的范围，称为属性的域。例如，行政区等级的属性取值是一个有限集合。

（2）关系：一个关系对应着一个二维表。

（3）关系模式：关系模式是关系中信息内容结构的描述。它包括关系名、属性名、每个属性列的取值集合、数据完整性约束条件以及各属性间固有的数据依赖关系等，可以表示为 R（U, D, DOM, I, Σ）。其中，R 为关系名；U 为组成关系的全部属性的集合；D 为 U 中属性取值的值域；DOM 为属性列到域的映射，即 DOM：$U \rightarrow D$；I 为一组完整性约束条件；Σ 为属性集间的一组数据依赖。关系模式通常可以简化为 $R=$（U）或 $R=$（$A_1, A_2, \cdots, A_n$）。

（4）元组：在二维表中的一行，称为一个元组。

（5）键（码）：关系中某一属性或属性组的值唯一地决定其他所有属性的值，也就是唯一决定一个元组，而其任何真子集无此性质，则称这个属性或属性组为该关系的候选键，简称键。在该关系任何一个关系状态中的两个元组，在键上的值的组合都不同。

（6）外键：设 F 是基本关系 R 的一个或一组属性，但不是关系 R 的主键。如果 F 与基本关系 S 的主键 K_S 相对应（它们的名称可以不同，但必须出自相同的域），则称 F 是基本关系 R 的外键，并称基本关系 R 为参照关系，基本关系 S 为被参照关系或目标关系。

3.5.2　关系数据模型的数据结构

在关系数据模型中，现实世界的实体及其联系均用关系来表示。在用户看来，关系是一个简单的二维表，其主要性质包括以下几点。

（1）关系是一个二维表，表中的每一行对应一个元组，表中的每一列有一个属性名且对应一个域。

（2）列是同质的，即每一列的值来自同一域。

（3）每个属性都不可分解，是关系数据库对关系的最基本的限定，要求关系的每个分量必须是一个不可分的数据项，即不允许表中有表。

（4）关系中任意两个元组不能完全相同。

（5）关系中行的排列顺序、列的排列顺序是无关紧要的，关系中的元组顺序、属性顺序是可以任意交换的。

（6）每个关系都有关键字的属性集唯一标识各个元组。

关系数据模型使用二维表格表示实体集及其属性。例如，在教学中经常用到教师信息表和学生信息表，如表 3-1 和表 3-2 所示。

表 3-1　教师信息表

工号	姓名	系别
20250701	刘一	自然地理学系
20250702	陈二	人文地理学系
20250503	张三	地理信息科学系
⋮	⋮	⋮

表 3-2　学生信息表

学号	姓名	年级	年龄	系别
222025318011099	李四	2025	21	地理信息科学系
222025318011043	王五	2025	19	地理信息科学系
222025318011030	赵六	2025	19	地理信息科学系
⋮	⋮	⋮		⋮

关系数据模型不仅可用二维表表示实体集，而且可用二维表描述实体集间的联系。由于教师与学生之间是 m： n 联系，使用层次数据模型或网状数据模型表达这种联系将是一项复杂的事情。在这里用二维表——授课信息表来表示教师和学生两个实体集之间的联系则十分简便，如表 3-3 所示。

表 3-3　授课信息表

学号	工号	授课名称
222025318011099	20250503	空间数据库
222025318011043	20250503	地理信息系统
222025318011030	20250702	地图学
⋮	⋮	⋮

3.5.3　关系数据模型的数据操作和完整性约束

1. 关系数据模型的数据操作

关系数据模型的数据操作分为查询和更新两类。查询语句用于各种检索操作，更新操作用于插入、删除和修改等操作。其中，查询操作的表达能力非常重要，包括选择、投影、连接、除、并、交、差等。在关系数据模型中，数据的操作较非关系数据模型方便，它的一次操作不只是一个元组，而可以是一个元组集合。特别在高级语言的条件语句配合下，一次可操作所有满足条件的记录。

关系数据模型中的关系操作能力早期通常是用代数方法或逻辑方法来表示，分别称为关系代数和关系演算。关系代数是用对关系的代数运算来表达查询要求的方式；关系演算是用谓词来表达查询要求的方式。另外，还有一种介于关系代数和关系演算的语言，称为结构化查询语言（structured query language，SQL）。SQL 语言作为国际标准数据语言，具有功能强大、语言简洁、使用灵活等特点，得到了广泛的应用。SQL 语言使用 select 语句来表达数据查询要求，表达方式灵活、功能强大。SQL 语言提供了插入（insert）、修改（update）和删除（delete）语句，通过这些语句可以方便地实现数据插入、修改和删除等更新操作。

2. 关系数据模型的完整性约束

数据库的完整性是为了防止数据库中存在不符合语义（不正确）的数据。关系数据模型的完整性约束条件是一组完整性规则的集合。关系数据模型的完整性规则包括：域完整性、实体完整性、参照完整性和用户自定义的完整性。

域完整性是针对某一具体关系数据库的约束条件，以保证表中某些列不能输入无效的值。域完整性限制了某些属性中出现的值，把属性限制在一个有限的集合中。例如，如果属性类型是整数，那么它就不能是任何非整数。

实体完整性约束是对关系中主属性取值的约束，规定基本关系的所有主属性均不能取空值，而不仅仅是主键整体不能取空值。对于实体完整性规则，具有如下性质：实体完整性规则是针对基本关系而言的；现实世界的实体是可以区分的，它们具有某种唯一性的标识；基本关系中以主键作为唯一标识；主键中的属性即主属性不能取空值。

参照完整性约束是不同关系间的约束，当存在关系间的引用时，要求不能引用不存在的元组。现实世界中的实体之间往往存在某种联系，在关系模型中实体以及实体之间的联系都是用关系来表达的，这样就自然会存在关系间的引用，于是就产生了参照完整性。因此，参照完整性是一个关系某些属性的取值需要参照其他关系某些属性的值而产生的。例如，若属性（或属性组）F 是基本关系 R 的外键，它与基本关系 S 的主键 K_S 相对应（基本关系 R 和 S 不一定是不同关系），则对于 R 中的每个元组在 F 上的值必须为：或者取空值，或者等于 S 中某个元组的主码值。

不同的关系数据库系统根据其应用环境的不同，往往还需要一些特殊的约束条件，用户自定义的完整性就是对某些具体关系数据库的约束条件。用户自定义完整性是针对某一具体关系数据库的约束条件，它反映某一具体应用所涉及的数据必须满足的语义要求，主要包括非空约束、唯一约束、检查约束、主键约束、外键约束。与其他完整性规则相比，用户自定义完整性形式更加灵活、语义更加广泛。例如，某个属性必须取唯一值、某个非主属性也不能取空值、某个属性的取值范围在 0～10 等。关系数据库系统提供了用户定义完整性的机制，以反映用户对数据的不同约束，包括静态约束和动态约束。静态约束是指数据库每一个确定的状态，数据对象所应满足的约束条件，它是反映数据库状态合理性的约束，是最重要的一类完整性约束。动态约束是指数据库从一种状态转变为另一种状态，新、旧值之间所应满足的约束条件，它反映数据库状态变迁的约束。

为了维护数据库的完整性，关系数据库管理系统提供了完整性控制机制，当用户对数据库进行更新操作时用来保证数据的正确性和一致性。完整性控制机制的功能包括：完整性规则定义、完整性检查、违约处理。对于实体完整性违约处理和参照完整性的违约处理，主要处理方式如下。

1）实体完整性违约处理

对某个更新操作进行实体完整性检查时，如果发现新行的主键值与该关系已经存在的某个主键值重复，即发生了违背实体完整性规则的情况，需要进行违约处理，其处理方式非常简单，就是拒绝该更新操作。

2）参照完整性的违约处理

对于参照完整性的违约处理，分别从插入操作、删除操作和修改操作三个方面讨论参照完整性的违约处理。

向被参照关系（主键表）插入数据时，无需考虑参照完整性规则。当向参照关系（外键表）插入新行（元组）时，若此插入操作违反参照完整性规则，其通常的处理方式是拒绝该插入操作。

当删除参照关系（外键表）的元组时，不会引发参照完整性检查。当删除被参照关系（主键表）的某个元组时，如果违反了参照完整性约束，主要的处理方式有四种：限制删除、级联删除、置空值删除和置默认值删除。

当修改参照关系（外键表）的元组时，如果违反了参照完整性，将拒绝修改操作；当修改被参照关系（主键表）的某个元组的主键值时，如果违反参照完整性规则，主要处理方式有四种：限制更新、级联更新、置空值更新和置默认值更新。

3.5.4 关系数据模型的优缺点

关系数据模型是以集合论中的关系概念为基础发展起来的，在关系模型中，现实世界的实体以及实体间的各种联系均用关系来表示。关系数据模型的数据结构简单，用户易懂，只需要用简单的查询语句就可以对数据库进行操作。关系数据模型的优点主要包括以下几点。

（1）关系数据模型有坚实的理论基础。关系数据模型的核心在于关系规范化，这一过程严格遵循数学理论，确保每个属性不可再分割，从而构成关系的基本规范。此外，关系数据模型建立在严格的数学概念之上，为其提供了坚实的理论支撑。

（2）在关系数据模型中，二维表不仅能表示实体集，而且能方便地表示实体集间的联系。一个关系就是一张二维表格，用户只需用简单的查询语言就能对数据库进行操作。

（3）关系数据模型中数据的表示方法统一、简单，便于计算机实现，方便用户使用。

不管是实体还是实体之间的联系，都用关系来表示，而关系都对应一张二维数据表，数据结构简单、清晰。

（4）数据独立性高。在关系数据模型中，用户对数据的操作可以不涉及数据的物理存储位置，而只需给出数据所在的表、属性等有关数据自身的特性即可，具有较高的数据独立性。

关系数据模型的缺点表现为以下几点。

（1）关系数据模型查询效率常常不如非关系数据模型。

（2）关系数据模型等传统数据模型还存在不能以自然的方式表示实体集间的联系、语义信息不足、数据类型过少等弱点。

由于关系数据模型的上述特点，关系数据模型应用于空间数据库存在以下几个方面的局限性。

（1）由于关系数据模型无法用递归和嵌套的方式来描述复杂关系的层次和网状结构，关系数据模型表达和操作复杂地理对象的能力较弱。

（2）由于地理对象具有复杂结构和含义，关系数据模型需要对地理实体进行不自然的分解，导致存储模式、查询途径及操作等方面均显得不够合理。

（3）对于地理对象的查询，经常需要执行系统开销较大的连接操作，导致运行效率不高。

（4）关系数据模型难以存储和维护变长的空间数据及其拓扑关系，难以实现对空间数据的交、并、差等基本操作和一些复杂的图形功能。

由于关系数据模型存在的一些不足，近年来，关系数据模型得到了进一步发展，主要表现在以下三个方面。

（1）非结构化大型对象（large object，LOB）的引进。在关系数据模型中附加非结构化内容，用于存储大量变长字符串和二进制数据，可以对诸如文本数据、图像数据等这类大量的非结构化数据进行存储和管理，于是在目前一些大型的关系数据库管理系统中，增加了大型对象这种数据类型。

（2）分布式数据库。在集中式数据库系统成熟技术的基础上产生和发展了分布式数据库系统。分布式数据库系统是数据库技术和网络技术两者相互渗透和有机结合的结果，一些商品化的产品正在研制或已经推出。

（3）对象特性的融入。关系数据库 Oracle、Sybase、DB2、Informix 都在积极努力，使自己的关系型产品增加一些面向对象的成分。

3.6　面向对象数据模型

因为现实世界的数据关系复杂，现实世界并不能自然地分解成简单的行和列，所以现实数据往往被分解成多个表。这样即使是进行一个简单的任务，也需要对这些表进行连接操作，这就导致了以下几个问题：①因为经常需要复杂的外连接实现多个表的连接，查询语句就很难写；②当关系数据库需要处理复杂数据时，处理任务是一个巨大的工程。

3.6.1　面向对象数据模型概述

面向对象的数据库系统支持面向对象数据模型，是具有代表性的第三代数据库系统。它以更加丰富的数据模型和更加强大的数据管理功能为特征，从而能够满足更加广泛复杂的新应用的要求。

一个面向对象的数据库系统可以表达为：面向对象系统＋数据库能力。面向对象数据模型是在面向对象程序设计中所支持的对象语义的数据模型，它是持久的和共享的对象集合，具有模拟整个解决方案的能力。面向对象的数据模型通常包括三个组成部分：数据结构、数据操作、数据约束。

3.6.2　面向对象数据模型的数据结构

面向对象方法是以对象为中心的方法，即在系统中用对象来表示现实世界中的实体。对象具有状态和行为；对象的状态由一组称为属性的值来描述，而对象的行为用一组在状态上进行操作的运算来表示。

面向对象数据模型使用类来描述复杂的对象；利用类中的封装方法来模拟对象的复杂行为；利用继承性来实现对象的结构和方法的重用。面向对象数据模型的语义表示能力远比 E-R 方法要强。

3.6.3　面向对象数据模型的数据操作和完整性约束

用对象与类中方法作为模式上的操作，这种操作语义范围远比传统数据模型要强。如可以构建一个五角星类，它的操作除可以查询、修改外，还可以有图形的放大/缩小、图形的移动、图形的旋转等，因此，面向对象数据模型具有比传统数据模型更强的功能。

面向对象数据模型需要满足一组完整性约束条件：

（1）每个对象由其对象标识符唯一确定。

（2）若系统中有对象存在，对象一定属于面向对象模型的某一个对象类。

（3）聚集中复合对象所含的子对象一定是实际存在的对象。

3.6.4　面向对象数据模型的优缺点

面向对象数据模型利用类来描述复杂的对象，利用类中封装的方法来模拟对象的复杂行为，利用继承性来实现对象的结构和方法的重用。面向对象数据模型的主要优点包括以下几点。

（1）适合处理各种各样的数据类型。与传统的数据库（如层次、网状或关系）不同，面向对象数据库适合存储不同类型的数据，如图片、声音、视频、文本、数字等。

（2）面向对象程序设计与数据库技术相结合。面向对象数据模型结合了面向对象程序设计与数据库技术，因而提供了一个集成应用开发系统。

（3）提高开发效率。面向对象数据模型提供强大的特性，如继承、多态和动态绑定，这样允许用户不用编写特定对象的代码就可以构成对象并提供解决方案。这些特性能有效地提高数据库应用程序开发人员的开发效率。

（4）改善数据访问。面向对象数据模型明确地表示联系，支持导航式和关联式两种方式的信息访问。它比基于关系值的联系更能提高数据访问性能。

面向对象数据模型的主要缺点有以下几点。

（1）没有准确的定义。很难提供一个准确的定义来说明面向对象数据库管理系统(database management system，DBMS)应建成什么样，这是因为该名称已经应用到很多不同的产品和原型中，而这些产品和原型考虑的方面可能不一样。

（2）维护困难。随着组织信息需求的改变，对象的定义也要求改变，并且需移植现有数据库，以完成新对象的定义。当改变对象的定义和移植数据库时，它可能面临真正的挑战。

（3）不适合所有的应用。面向对象数据模型用于需要管理数据对象之间存在的复杂关系时，它们特别适合特定的应用，如工程、电子商务、医疗等，但并不适合所有应用。当用于普通应用时，其性能会降低并要求很高的处理能力。

（4）纯粹的面向对象数据库系统一般不支持 SQL 语言，在通用性方面失去了优势，因此其应用领域受到了很大的限制。

第 4 章　全关系型数据库管理技术

随着大数据时代的到来，早期的属性数据和几何数据分离的数据组织方式已经难以满足空间大数据管理的需求。将属性数据和几何数据统一存放到数据库中进行管理，已经显得非常重要。目前，商品化的数据库管理系统以关系型数据库为主导产品。关系数据库理论、技术和产品都已经成熟，它们提供了一致的访问接口（SQL）以操作数据，并且支持数据库的恢复、数据库的并发控制、数据库的完整性控制、数据库安全性控制。关系数据库管理系统的诸多优势正是构造空间数据库系统所需要的。此外，通用的访问接口也便于实现数据共享。

全关系型数据库管理技术的管理模式是关系数据库管理系统的软件厂商不作任何扩展，由开发者在关系数据库管理系统基础上进行开发，几何和属性数据都用现有的关系数据库管理系统管理。全关系型数据库管理系统不仅能管理结构化的属性数据，而且能管理非结构化的几何数据。根据几何数据处理的方式不同，全关系空间数据库管理技术又分为基于二进制大对象的空间数据管理方式和基于关系模式的空间数据管理方式。

4.1　数据库访问接口

4.1.1　数据库访问接口概述

数据库管理系统是非常复杂的软件，编写程序通过某种数据库专用接口与其通信，是非常复杂的工作。目前，很多关系数据库管理系统(relational database management system，RDBMS）都得到了广泛的应用。尽管 RDBMS 普遍都遵循 SQL 标准，但是，在某个 RDBMS 下编写的应用程序不一定能在另一个 RDBMS 下运行，应用程序的可移植性较差。对于应用程序的移植，开发人员需要清晰了解不同 RDBMS 的区别，对应用程序进行细致的修改。此外，一个应用程序可能需要访问多个 RDBMS。为了连接不同的 RDBMS，数据库访问技术应运而生。

数据库访问接口技术主要解决数据库管理者或应用程序与数据库的数据交换问题。不同的程序设计语言会有各自不同的数据库访问接口，程序语言通过这些接口执行 SQL 语句，进行数据库管理。开放的数据库访问接口为数据库应用程序开发人员访问不同的、异构的数据库提供了统一的访问方式，采用这种数据库接口可以通过编写一段代码实现对多种类型数据库的复杂操作。开放的数据库访问接口实现了数据库的互联，并大大减少了编程的工作量和开发时间。

常用的关系数据库接口包括：开放数据库互联（open database connectivity，ODBC）、数据库访问对象（database access object，DAO）、远程数据库对象（remote database object，RDO）、数据库链接和嵌入对象（object linking and embedding database，OLE DB）、ActiveX 数据对象（activex data object，ADO）、ADO.NET。常用的关系数据库接口关系如图 4-1 所示。

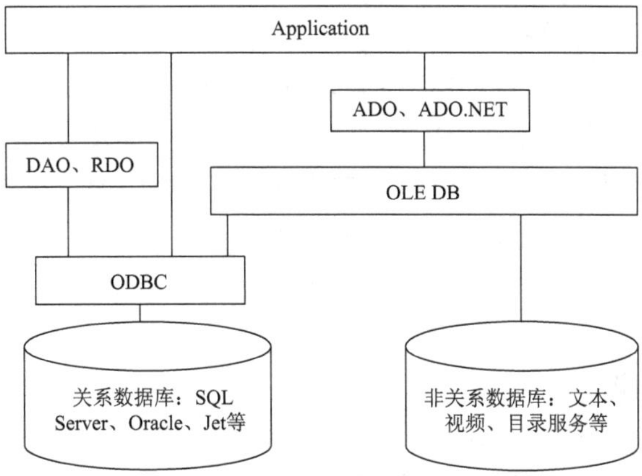

图 4-1　常用的关系数据库接口关系

4.1.2　ODBC 概述

ODBC 是微软（Microsoft）推出的一种实现应用程序和关系数据库之间通信的方法，是一种工业标准和 API。ODBC 是一种标准，符合标准的数据库就可以通过 SQL 语言编写的命令对数据库进行操作，但只能针对关系数据库（如 SQL Server、Oracle、Access、Excel 等）进行操作，目前所有的关系数据库都符合该标准。ODBC 是一组数据库访问 API（应用程序编程接口），由一组函数调用组成，核心是 SQL 语句。它提供给程序员一种访问数据库内容的简单方法，可以跨平台访问各种个人计算机、小型机以及主机系统。

一个基于 ODBC 的应用程序对数据库进行操作时，用户直接将 SQL 语句传送给 ODBC，同时 ODBC 对数据库的操作也不依赖任何 DBMS，不直接与 DBMS 打交道。ODBC 将所有的数据库操作由对应的 DBMS 的 ODBC 驱动程序完成，即由对应 DBMS 的 ODBC 驱动程序对 DBMS 进行操作。也就是说，不论是 FoxPro、Access，还是 Oracle 数据库，均可用 ODBC API 进行访问。由此可见，ODBC 的最大优点是能以统一的方式处理所有的关系数据库。具体如图 4-2 所示。

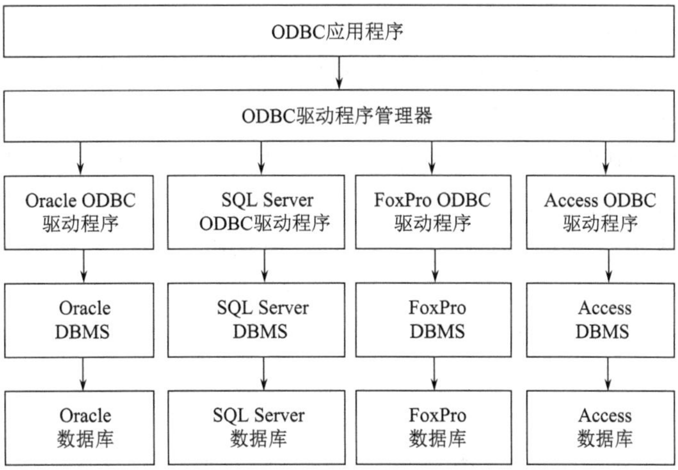

图 4-2　ODBC 的体系结构

1. ODBC 数据库应用程序

应用程序负责处理并调用 ODBC 函数，发送对数据库的 SQL 请求及取得结果。应用程序并不直接与数据库打交道，因此，它屏蔽了不同 ODBC 数据库驱动程序之间的函数调用差异，屏蔽了底层数据库管理系统的不同。应用程序为用户提供统一的 SQL 编程接口和调用级界面，方便访问来自多种 DBMS 的数据。应用程序的主要任务包括：建立与数据源的连接、向数据源发送 SQL 请求、接收并处理请求的结果、断开与数据源的连接等。

2. 驱动程序管理器

驱动程序管理器是一个 Windows 下的应用程序，主要作用是装载 ODBC 驱动程序、管理数据源、检查 ODBC 参数的合法性等。

3. DBMS 驱动程序

DBMS 驱动程序是一个动态链接库，用于完成 ODBC 函数调用并与数据库进行交互。ODBC 应用程序不能直接存取数据库，它将所要执行的操作提交给数据库驱动程序，通过驱动程序实现对数据源的各种操作。数据库操作结果也通过驱动程序返回给应用程序。

4. 数据源

数据源(data source name，DSN)是指任一种可以通过 ODBC 连接的数据库管理系统，包括要访问的数据库和数据库的运行平台。数据源名掩盖了数据库服务器或数据库文件间的差别。通过定义多个数据源，每个数据源指向一个服务器名，就可以在应用程序中实现同时访问多个 DBMS 的目的。

ODBC 实际上是一种相当底层的访问技术，它可以从底层设置和控制数据库，完成一些高级数据库技术无法完成的功能。但是，ODBC 只能用于关系型数据库，使得利用 ODBC 很难访问对象数据库及其他非关系数据库。

4.1.3 DAO 概述

DAO 是微软推出的一种用来访问 Jet 引擎的方法，主要适用于单系统应用程序或在小范围本地分布使用，访问桌面数据库（如 Access、FoxPro、dBase 等）。DAO 在设计时是专门用来处理 MDB 数据库的，因为其内部已经对 Jet 数据库的访问进行了加速优化，访问 Access 数据库时性能很好，也很方便，所以如果数据库是 Access 数据库且是本地使用的话，建议采用这种访问方式。它也可以通过 ODBC 访问远程数据库，但效率较低，一般不采用这种方式。DAO 是第一个面向对象的数据库访问接口，通过 DAO 技术可以访问从文本文件到大型后台数据库等多种数据格式。由于 DAO 是完全面向对象的，对于开发人员来说，只需要了解 DAO 的使用，而由数据库引擎把 DAO 上的操作转换为具体的数据库文件的操作。

DAO 对象模型是一个分层的树形结构，该结构主要由对象和集合构成（图 4-3）。

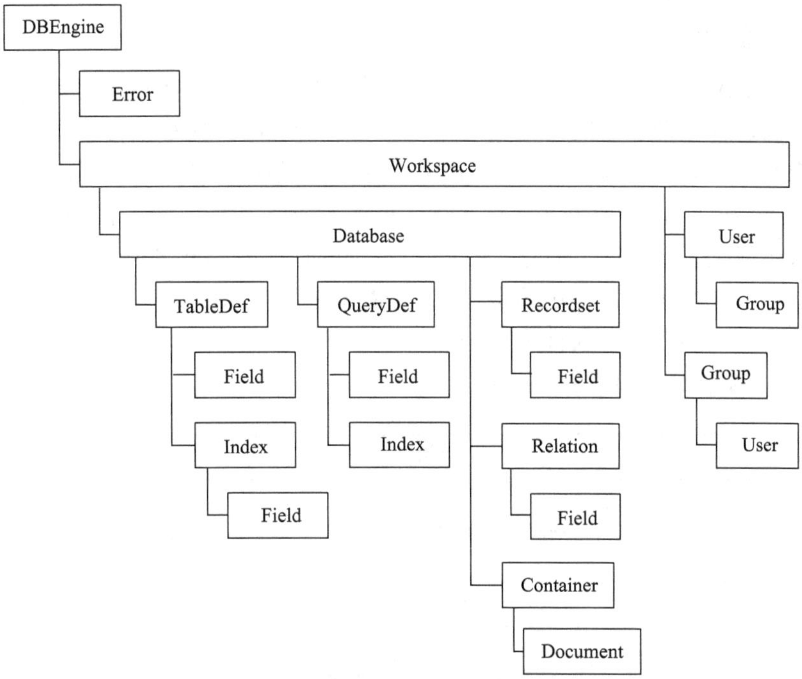

图 4-3　DAO 对象模型

（1）DBEngine 对象处于 DAO 模型的最顶部，所以可以不用创建，只要将 DAO 引用到工程项目中，则 DBEngine 对象就自动创建。

（2）Workspace 对象定义了一个用户同数据库的会话，并包含打开的数据库，负责完成数据库的事务处理。会话描述由 Microsoft Jet 完成的一系列功能，所有在会话期间的操作形成了一个事务范围，并服从于由用户名和密码决定的权限。

（3）Error 对象是 DBEngine 对象的一个子对象。在发生数据库操作错误时，可以用于错误处理。

（4）Database 对象代表了一个到数据库的连接。1 个 Workspace 对象包含一个 Database 对象集合，1 个 Database 对象代表了 1 个打开的数据库，每一个 Database 对象又包含了五个对象集，即表 TableDef 对象集合、查询 QueryDef 对象集合、容器 Container 对象集合、记录集 Recordset 对象集合和关系 Relation 对象集合。

（5）TableDef 表示一个表的结构。

（6）QueryDef 表示一个数据库查询的结构。

（7）一个 Recordset 对象，代表一个数据记录的集合，该集合是一个库表或者是一个查询的运行结果中的全部记录。Recordset 对象也是使用最为频繁的对象。

（8）Field 表示字段对象。

（9）Index 对象是 TableDef 对象的 Index 对象集合中的成员。使用索引 Index 对象，可以在表中根据 1 个或多个关键字段对记录进行排序，并可加快查找速度。

（10）User 对象代表了数据库的一个用户，Group 对象则包含了具有相同权限的一组用户。

4.1.4　RDO 概述

为了弥补 DAO 访问远程数据库能力的不足，微软推出了 RDO 数据库访问接口，可以方便地访问远程数据库（网络数据库）。它封装了 ODBC API 的对象层，因此在访问 ODBC 兼容数据库时，具有比 DAO 更高的性能，而且比 ODBC 更易用。

尽管 RDO 在访问 Jet 或 ISAM 数据库方面受到限制，而且它只能通过现存的 ODBC 驱动程序来访问关系数据库，但是，RDO 已被证明是许多 SQL Server、Oracle 以及其他大型关系数据库开发者经常选用的最佳接口。RDO 提供了用来访问存储过程和复杂结果集的更多和更复杂的对象、属性及方法。

RDO 的对象层次图如图 4-4 所示。

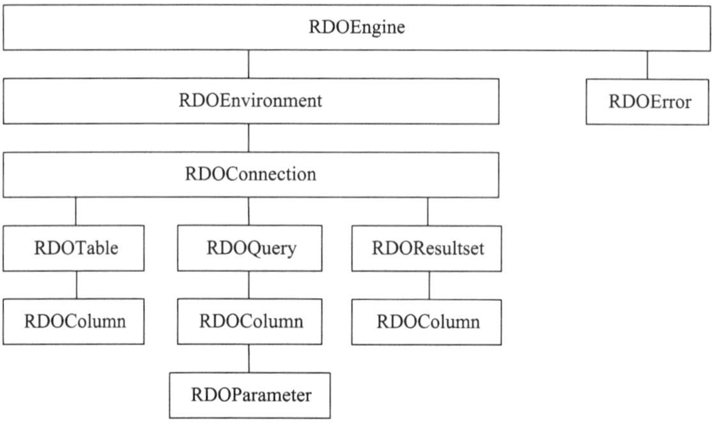

图 4-4　RDO 的对象层次图

（1）RDOEngine 对象是 RDO 对象模型中最基本的对象。在应用程序第一次访问 RDO 时，自动创建 RDOEngine 对象。这个对象不能由用户显式地创建或声明。

（2）RDOError 对象用于处理 RDO 产生的所有的 ODBC 错误和消息，当错误发生时，这个对象自动被创建。

（3）RDOEnvironment 对象为特定的用户名定义了连接及事务作用域的一个逻辑集合，包括打开的和分配的（但未打开）连接，提供了并发事务的机制，并且为数据库的数据操作语言(DML)提供了安全的上下文。在应用程序第一次访问 RDO 时，自动创建一个 RDOEnvironment 对象并把它加入到 RDOEnvironments 集合中。

（4）RDOConnection 对象表示远程数据源和该数据源上特定的数据库之间打开的一个连接，或者是一个已分配但仍未连接的对象，该对象可用于随后建立的一个连接。

（5）RDOTable 对象表示一个基本表或 SQL 视图的存储定义。使用这个对象可以管理数据库的结构。当已经和数据源建立了连接之后，数据源中的每个基本表或 SQL 视图都成为一个 RDOTable 对象而加入 RDOTables 集合中。

（6）RDOResultset 对象表示运行一个查询所产生的数据行。这个对象是 RDO 编程中最常用的对象。当执行一次查询时，查询结果就放在结果集中。一个结果集可以包含数据库中一个或多个表中的字段。

（7）RDOColumn 对象表示具有公共数据类型和公共属性的一系列数据。这个对象是 RDOTable、RDOQuery、RDOResultset 对象的子对象。

（8）RDOQuery 对象是一个查询 SQL 定义，可以包括 0 个或多个参数。

（9）RDOParameter 对象表示与 RDOQuery 对象关联的一个参数。查询参数可以是输入、输出或输入输出参数。

4.1.5　OLE DB 概述

OLE DB 是微软推出的基于组件对象模型（component object model，COM）思想且面向对象的一种技术标准，目的是提供一种统一的数据访问接口访问各种数据源，这里所说的“数据”除了标准的关系型数据库中的数据之外，还包括邮件数据、Web 上的文本或图形、目录服务，以及主机系统中的文件和地理数据及自定义业务对象等。OLE DB 标准的核心内容就是要求对以上这些各种各样的数据存储都提供一种相同的访问接口，使得数据的使用者(应用程序)可以使用同样的方法访问各种数据，而不用考虑数据的具体存储地点、格式或类型。

OLE DB 作为一种开放式的标准，主要由三个部分组合而成。

1. Data Providers 数据提供者

Data Providers 地位相当于 ODBC 的驱动程序，负责从数据源中提供数据。凡是通过 OLE DB 将数据提供出来，就是数据提供者，如 SQL Server 数据库中的数据表，或是文件名为 mdb 的 Access 数据库档案等，都是 Data Providers。

2. Data Consumers 数据使用者

凡是使用 OLE DB 提供数据的程序或组件，都是 OLE DB 的数据使用者。换句话说，凡是使用 ADO 的应用程序或网页都是 OLE DB 的数据使用者。

3. Service Components 服务组件

数据服务组件可以执行数据提供者以及数据使用者之间数据传递的工作。数据使用者要向数据提供者要求使用数据时，是通过 OLE DB 服务组件的查询处理器执行查询工作的，而查询到的结果则由指针引擎来管理。

虽然 OLE DB 和 ODBC 标准都提供了统一的访问数据接口，但是，OLE DB 和 ODBC 标准还是有区别的。OLE DB 对 ODBC 进行了两个方面的扩展：一是提供了一个数据库编程的接口，即 COM；二是提供了一个可用于关系型和非关系型数据源的接口。ODBC 标准的对象是基于 SQL 的数据源，而 OLE DB 的对象则是范围更为广泛的任何数据存储。从这个意义上说，符合 ODBC 标准的数据源是符合 OLE DB 标准的数据存储的子集。

4.1.6　ADO 概述

ADO 是一种高层的访问技术，也是微软开发数据库应用程序的面向对象的新接口。ADO 基于通用对象模型，提供了多种语言的访问技术。同时，由于提供了访问自动化接口，ADO 可以用描述的脚本语言来访问 VBScript 等。

ADO 具有非常简单的对象模型，主要包括七个对象和四个集合。七个对象分为三个独立对象（主要对象）和四个非独立对象（辅助对象），如图 4-5 所示。

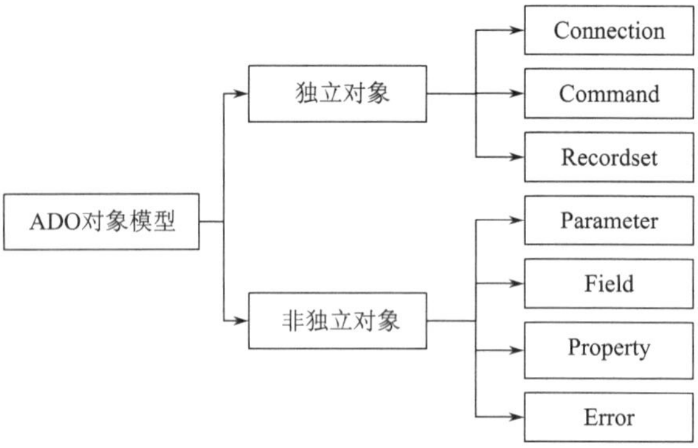

图 4-5　ADO 对象模型

ADO 的三个独立对象及其功能介绍如下。

（1）Connection 对象。它表示到数据库的连接，管理应用程序和数据库之间的通信。

（2）Command 对象。被用来处理重复执行的查询，或处理需要检查在存储过程中调用的输出或返回参数的值的查询。

（3）Recordset 对象。用来保存查询语句返回的结果，这些结果由数据的行（称为记录）和列（称为字段）组成。每一列都存放在 Recordset 的 Fields 集合中的一个 Field 对象中。

ADO 的四个非独立对象都需要依赖于三个独立对象，四个非独立对象及其功能如下。

（1）Parameter 参数对象。用来为存储过程或者查询提供参数。

（2）Field 对象。表示指定 Recordset 对象的数据字段。

（3）Property 对象。表示 ADO 的各项对象属性值，每个 ADO 对象都会有一个描述或控制对象行为的属性。

（4）Error 对象。负责记录连接过程中所有发生的错误信息。如果在访问数据库过程中发生错误，这些错误的信息就会保存到连接对象的 Errors 集合中。使用错误对象来定义处理相应错误的措施，避免应用程序在执行过程中意外终止。

ADO 的四个集合包括以下内容。

（1）Errors 集合。Errors 集合包含 Connection 对象的所有 Error 对象。任何涉及 ADO 对象的操作都有可能发生一个或多个提供错误。当出现提供错误时，Error 对象将被放在 Error 集合中。

（2）Parameters 集合。Command 对象包含一个 Parameters 集合。Parameters 集合包含参数化的 Command 对象的所有参数，每个参数信息由 Parameter 对象来表示。

（3）Fields 集合。Fields 集合代表的是 Recordset 中的各个列数据库字段，Recordset 返回中的每一列在 Fields 集合中都有一个相关的 Field 对象。如果说 Recordset 是用来操作数据的，那么 Field 就是用来处理数据的。

（4）Properties 集合。Properties 集合用于保存 Connection、Command、Recordset 和 Field 等对象的相关属性，而属性信息则通过 Property 对象记录。

4.1.7　ADO.NET 概述

ADO 与 ADO.NET 既有相似之处，也存在区别，它们都具备以下主要功能：①编写用于访问和操作数据库服务器中数据的应用程序；②易于使用、运行速度快、内存开销小、占用磁盘空间少；③支持构建基于客户端/服务器和 Web 的应用程序。但是 ADO 使用 OLE DB 接口并基于微软的 COM 技术，而 ADO.NET 拥有自己的 ADO.NET 接口并且基于微软的.NET 体系架构。ADO.NET 使用通用语言运行时，具有.NET 框架的所有特性。众所周知，.NET 体系不同于 COM 体系，ADO.NET 接口也就完全不同于 ADO 和 OLE DB 接口，也就是说，ADO.NET 和 ADO 是两种数据访问方式。

ADO.NET 是.NET Framework 用于访问数据的组件。应用程序通过 ADO.NET 操作数据库。ADO.NET 的一个优点是可以离线操作数据库，应用程序只要在需要取得数据或更新数据的时候才对数据源进行联机，所以可以减少应用程序对服务器资源的占用，提高应用程序的效率。图 4-6 为 ADO.NET 对象模型。

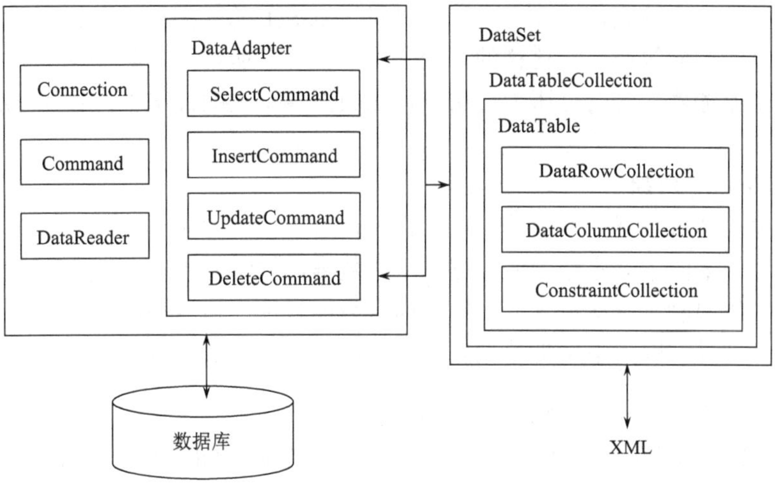

图 4-6　ADO.NET 对象模型

ADO.NET 对象模型中有五个主要的组件，分别是 Connection 对象、Command 对象、DataAdapter、DataSet 以及 DataReader。

1. Connection 对象

Connection 对象主要是开启程序和数据库之间的连接。如果没有利用连接对象将数据库打开，是无法从数据库中取得数据的。Connection 对象位于 ADO.NET 的最底层。

2. Command 对象

Command 对象主要可以用来对数据库发出一些指令，如可以对数据库下达查询、新增、修改、删除数据等指令，以及呼叫储存在数据库中的预存程序等。这个对象是架构在 Connection 对象上的，也就是 Command 对象是通过连接到数据源的 Connection 对象来下命令的；所以 Connection 连接到哪个数据库，Command 对象的命令就下到哪里。

3. DataAdapter 对象

DataAdapter 对象主要是在数据源以及 DataSet 之间执行数据传输工作，它可以通过 Command 对象下达命令后，将取得的数据放入 DataSet 对象中。这个对象是架构在 Command 对象上的，并提供了许多配合 DataSet 使用的功能。

4. DataSet 对象

DataSet 对象可以视为一个暂存区，可以把从数据库中所查询到的数据保留起来。它是各种数据源的数据在计算机内存的缓存，甚至可以将整个数据库显示出来。因此，DataSet 可以看成一个数据容器。DataSet 不仅可以储存多个 Table，还可以记录数据表间的关联。

DataSet 对象可以说是 ADO.NET 中重量级的对象，这个对象架构在 DataAdapter 对象上，本身不具备和数据源沟通的能力。因此，DataAdapter 对象通常当作 DataSet 对象以及数据源间传输数据的桥梁。

DataSet 的最大优点是离线和连接。DataSet 既可以以离线方式，也可以以实时连接方式来操作数据库中的数据。在客户端通过对 DataSet 的数据集读取、更新等操作，从而实现对数据源的同等操作。这样的好处是大大减少了服务器端数据库的连接线程，从而大大减小了服务器端的运行压力。所以，在数据量不大的情况下，使用 DataSet 是较好的选择。

5. DataReader 对象

只需要循序读取数据而不需要其他操作时，可以使用 DataReader 对象。DataReader 对象只是一次一笔向下循序地读取数据源中的数据，不作其他操作。因为 DataReader 在读取数据的时候限制了每次只读取一笔，而且只能只读，所以使用起来不但节省资源而且效率较高。此外，因为不用把数据全部传回，所以可以降低网络的负载。

4.1.8 基于 ADO.NET 的数据库访问实例

ADO.NET 访问数据库步骤：建立数据库连接、创建 SQL 命令、执行 SQL 命令、处理 SQL 命令结果。

1. 建立数据库连接

在 ADO.NET 中，通过创建 Connection 对象连接到特定的数据库。创建 Connection 对象时，必须提供相应的连接字符串。例如，利用下面的代码创建一个数据库连接。

```
string connStr = @"Data Source=101.101.101.101;Initial Catalog=UsersDB;Persist Security Info=True;User ID=admin;Password=123456";
SqlConnection conn = new SqlConnection(connStr);
```

上述代码中，定义了一个连接字符串 connStr。其中，Data Source 是设置要连接的 SQL Server 服务器名称或 IP；Initial Catalog 是要连接的数据库；Persist Security Info 用于指定是否使用信任连接；User ID 是登录数据库的账号；Password 是登录数据库的密码。在实际使用时，应该对 Data Source、Initial Catalog、Persist Security Info、User ID、Password 设置与实际相符的参数。

2. 创建 SQL 命令

创建 SQL 命令，即创建 Command 对象。建立与数据源的连接后，可以使用 Command 对象来执行命令并从数据源中返回结果。例如，利用下面的代码创建一个 SQL 命令。

```
//创建命令
String sqlCmd = @"select * from users";
SqlCommand queryCmd = new SqlCommand (conn, sqlCmd);
```

上述代码中创建了一个 SQL 命令 queryCmd。其中，sqlCmd 为要执行的 SQL 语句；conn 为已经打开的数据库连接。

3. 执行 SQL 命令

Command 对象公开了几个用于执行所需操作的 Execute 方法。其中，ExecuteReader 方法用于执行 CommandText 属性所规定的操作，并创建 DataReader 对象。ExecuteNoQuery 方法用于执行 CommandText 属性所规定的操作，一般为 update、insert、delete 及其他没有返回值的 SQL 命令，返回受影响的行数。ExecuteScalar 执行 CommandText 属性所规定的操作，返回执行结果中的首行首列的值。如结果集多于一行一列，它将忽略其余部分，一般用于执行 Max、Min、Count、Sum 之类的结果。例如，下面的代码执行一条 SQL 命令，使用 reader 接收返回的结果。

```
//执行 SQL 命令
SqlDataReader reader = queryCmd.ExecuteReader();
```

例如，下面的代码执行一条 SQL 命令。由于 ExecuteScalar 方法仅返回执行结果中首行首列的值，所以可以直接用一个变量接收。

```
//执行 SQL 命令
int count= Convert.ToInt32(cmd.ExecuteScalar());
```

4. 处理 SQL 命令结果

DataReader 用于从数据源中读取数据流。当只需要按顺序读取数据而不需要其他操作时，可以使用 DataReader 对象。DataReader 类是抽象类，因此不能直接实例化，而是通过执行 Command 对象的 ExecuteReader 方法返回 DataReader 实例。例如，下面的代码逐条执行 SQL 命令结果。

```
//处理 SQL 命令结果
 while (reader.Read())
 {
     Console.WriteLine("{0}\t{1}", reader["username"], reader["password"]);
 }
```

在上述代码中，Read 方法表示让 DataReader 对象读取下一条记录，如果读到数据则返回 true，若没有读到数据就返回 false。代码的功能是依次输出“users”表中所有的“username”和“password”。

5. DataSet 和 DataAdapter 的使用

DataAdapter 使用 Command 对象在数据源中执行 SQL 命令，以便将数据加载到

DataSet 中，并使 DataSet 中数据的更改与数据源保持一致。例如，下面的代码使用 DataAdapter 将数据加载到 DataSet 中。

```
SqlDataAdapter da = new SqlDataAdapter("select * from users", conn);
DataSet ds = new DataSet();
da.Fill(ds);
```

4.2　基于二进制大对象的空间数据管理

非结构化数据来源极为广泛，包括文本、图像、音频、视频、PDF、电子表格等。由于文件管理方式操作简便、性能较高，多采用文件来存储非结构化数据，而将关系型数据存储在数据库中。然而，实际应用中，两种数据类型往往相伴而生。例如，地理空间数据往往同时具备几何特征和属性特征。为了消除文件管理模式的弊端，在关系数据库中多采用二进制大对象（binary large object，BLOB）存储非结构化数据。将非结构化数据存储在数据库中后，DBMS 统一管理和检索结构化数据和非结构化数据，这种方式充分利用了数据库的事务、管理和安全特性。

4.2.1　二进制大对象概述

在计算机中，BLOB 常常是数据库中用来存储二进制文件的字段类型。Oracle、SQL Server、MySQL、PostgreSQL 等数据库均提供了二进制类型。

Oracle 的大数据类型，主要包含 BLOB、CLOB、NCLOB、BFILE 类型。BLOB 即二进制大对象，适用于存储非文本的字节流数据（如程序、图像、影音等）。CLOB 是字符型大对象（character large object），与字符集相关，适于存储文本型的数据（如历史档案、著作等）。NCLOB（national character large object）是字节字符大对象，用于存储单字节大块、多字节固定宽度、多字节变宽度数据。BFILE（binary file）是二进制 FILE 类型，用于存储指向数据库系统外面的文件系统中文件的指针。例如，使用下列 SQL 语句创建一个包含了 CLOB 类型字段 stu_detail 的关系表 StuDetail：create table StuDetail(id NUMBER, name VARCHAR2(200), stu_detail CLOB)。

SQL Server 提供了 binary、varbinary 和 image 类型的二进制对象。其中，binary 为固定长度的二进制数据，最多 8000 字节；varbinary 为可变长度的二进制数据，最多 8000 字节；image 类型为可变长度的二进制数据，最多 2GB。在 SQL Server 中，二进制类型的存储方式不同于普通的数据类型。对于普通类型的数据，系统直接在用户定义的字段中存储数据，而对于二进制类型，系统会开辟存储页面来存放这些数据。表中二进制类型数据字段存放的仅是一个 16 个字节的指针，该指针指向存放该条记录的二进制对象的页面。

MySQL 提供了 TinyBLOB、BLOB、MediumBLOB、LongBLOB 等二进制类型。这四种类型之间的唯一区别是存储文件的最大存储空间不同。其中，TinyBLOB 最大 255byte；BLOB 最大 64KB；MediumBLOB 最大 16MB；LongBLOB 最大 4GB。

PostgreSQL 提供了两种方式来存储二进制数据 bytea 和 oid。bytea 数据类型可以直接存储二进制数据。使用大对象功能将二进制数据存储在表中，该功能将二进制数据以特殊格式存储在单独的表中，并通过在表中存储 oid 类型的值来引用该表。bytea 数据类型不适用于存储大量二进制数据。虽然 bytea 类型的列最多可容纳 1GB 的二进制数据，但它需要大量的内存才能处理如此大的值。用于存储二进制数据的大对象方法更适合于存储非常大的值，但是它有其自身的局限性。专门删除包含大对象引用的行不会删除大对象，删除大对象需要执行单独操作。大对象还存在一些安全问题，因为连接到数据库的任何人都可以查看或者修改任何大对象，即使他们没有查看或者修改包含大对象引用的行的权限。假如有一个学生信息表，字段为学号和照片数据。如果照片类型用 bytea，那么建表语句为 create table student_photo (stu_id integer not null primary key, photo bytea)；如果照片类型用大对象，那么建表语句为 create table student_photo (stu_id integer not null primary key, photo oid)。

4.2.2　基于 SQL Server 二进制大对象的空间数据管理

在上述数据库管理系统中，SQL Server 数据库提供了 Image 类型用于二进制大对象的存储。为此，以图片数据为例，使用 C#连接 SQL Server 数据库，实现图片数据的批量存储与显示。

1. 图片数据的批量存储

```
        private string connString = @"Data Source=101.101.101.101;Initial Catalog=UsersDB;
Persist Security Info=True;User ID=admin;Password=123456";

        //插入对象
        private void InsertObject(int i, byte[] imageBytes)
        {
            //创建并打开连接
            SqlConnection conn = new SqlConnection(connString);
            conn.Open();
            //创建 SQL 语句，执行插入图片操作
            string order = "insert into ImageTable (ID,Pic) values(" + Convert.ToString(i + 1) +
",@ImageList)";
            SqlCommand cmd = new SqlCommand(order, conn);
            cmd.Parameters.Add("ImageList", SqlDbType.Image);
            cmd.Parameters["ImageList"].Value = imageBytes;
            cmd.ExecuteNonQuery();
            conn.Close();
        }
        //插入文件到数据库
        private void ImageLoad(object sender, EventArgs e)
        {
            //创建一个打开文件对话框
```

```
        OpenFileDialog openFile = new OpenFileDialog();
        //设置 openFile 的属性 Multiselect 为 true，即可以同时选择多个文件
        openFile.Multiselect = true;
        //设置 openFile 的过滤器为 JPG、GIF、BMP 格式
        openFile.Filter = "*.jpg|*.jpg|*.gif|*.GIF|*.bmp|*.BMP";
        string[] fullpath;
        if (openFile.ShowDialog() == DialogResult.OK)
        {
            fullpath = openFile.FileNames;
            //依次处理选择的每个文件
            for (int i = 0; i < fullpath.Length; i++)
            {
                //将图片文件转化为字节
                FileStream fs = new FileStream(fullpath[i], FileMode.Open);
                byte[] imageBytes = new byte[fs.Length];
                BinaryReader br = new BinaryReader(fs);
                imageBytes = br.ReadBytes(Convert.ToInt32(fs.Length));
                InsertObject(i, imageBytes);
            }
        }
    }
```

2. 图片数据的读取与显示

```
    //从数据库中取出数据并显示
    private void LoadBytes(object sender, EventArgs e)
    {
        byte[] imageByte = null;        //用于存储从 SQL 处读取到的二进制流
        string order = "select * from ImageTable";     //SQL 语句，用于检索所有图片
        SqlConnection conn = new SqlConnection(connString);
        conn.Open();
        SqlCommand cmd = new SqlCommand(order, conn);
        SqlDataReader dr = cmd.ExecuteReader();
        while (dr.Read())
        {
            imageByte = (byte[])dr.GetValue(1);       //图片字段存入二进制流中
            MemoryStream ms = new MemoryStream(imageByte);
            Image image = Image.FromStream(ms);
            //imageList1 为 ImageList 控件对象
```

```
                imageList1.Images.Add(image);       //加入一张图片
            }
// pictureBox1 为 PictureBox 控件对象
            pictureBox1.Image = imageList1.Images[0];  //显示第一张图片
            dr.Close();
            cmd.Clone();
            conn.Close();
        }
```

SQL Server 不仅能够存储图片数据，也能够实现点、线、面等矢量数据的存储。以线状对象为例，假设线对象的点坐标存储于一个数组中，基于 C#提供的二进制序列化和反序列化函数，连接 SQL Server 数据库，实现线状对象存取。

编写二进制序列化和反序列化的实现函数，分别实现对象到字节数组的转换和字节数组到对象的转换。

```
using System.Runtime.Serialization.Formatters.Binary;
using System.IO;

namespace ByteHandling
{
    class SerializationModule
    {
        // 把对象序列化为字节数组
        public static byte[] SerializeObject(object obj)
        {
            if (obj == null)
                return null;
            MemoryStream ms = new MemoryStream();
            BinaryFormatter formatter = new BinaryFormatter();
            formatter.Serialize(ms, obj);
            ms.Position = 0;
            byte[] bytes = new byte[ms.Length];
            ms.Read(bytes, 0, bytes.Length);
            ms.Close();
            return bytes;
        }
        /// <summary>
        /// 把字节数组反序列化成对象
        /// </summary>
```

```
        public static object DeserializeObject(byte[] bytes)
        {
            object obj = null;
            if (bytes == null)
                return obj;
            MemoryStream ms = new MemoryStream(bytes);
            ms.Position = 0;
            BinaryFormatter formatter = new BinaryFormatter();
            obj = formatter.Deserialize(ms);
            ms.Close();
            return obj;
        }
    }
}
```

在上述代码中，借助于 SerializeObject 函数，可以将对象序列化为字节数组，借助于 DeserializeObject 函数，可以将字节数组反序列化为对象。

```
        private void InsertBytesToDB(object sender, EventArgs e)
        {
            double[] ls = new double[6];
            ls[0] = 1.0; ls[1] = 1.0;     //第一个点
            ls[2] = 2.0; ls[3] = 2.0;     //第二个点
            ls[4] = 3.0; ls[5] = 1.0;     //第三个点
            byte[] bts = SerializationModule.SerializeObject(ls);
            InsertObject(bts);       //插入二进制数据
        }
```

在上述代码中，一条折线上包含了 3 个点坐标，每个坐标用一对 double 来记录，可以将对象序列化为字节数组，然后将字节数组插入 SQL Server 数据库中。

如果需要把字节反序列化为对象，需要借助 DeserializeObject 函数。首先，从数据库读取二进制字段。其次，把二进制字段赋值给 bts 字节数组。再次，使用 Deserialize Object 函数把字节数组反序列化为对象 ot。最后，把对象 ot 进一步转换为 double 类型的数组，即可得到相应的数据。

```
            Object ot = SerializationModule.DeserializeObject(bts);
            double[] pts = (double [])ot;
```

目前，大部分关系数据库管理系统都提供了二进制类型，以适应管理多媒体数据或可变长文本字符。二进制类型的存储方式，虽然省去了大量的关系连接操作，一定程度上提高了管理效率，但是读写效率要比定长的属性字段慢得多，特别是涉及对象的嵌套，速度更慢。另外，虽然非结构数据可以用 BLOB 字段的形式存储，一定程度上解决了几何数据的存储问题，但没能很好地利用 DBMS 的能力。例如，处理 BLOB 通常需要反序列化，导致不能用 SQL 非常便捷地处理空间数据。

4.3　基于关系模式的空间数据管理

关系数据库建立在关系模型基础之上，必须符合关系数据库范式的要求。为了规范化，通常需要对数据进行分解。数据的基本组成是表，每个表由列、行组成。一个数据库可以由多个表组成，这些表通过一定的关系连接起来。基于关系模式的空间数据管理方式，空间数据按照关系数据模式组织，对变长的几何数据进行关系分解，将其分解成定长记录的数据表进行存储，从而解决对象与关系数据库存在的互不匹配的问题。

4.3.1　面向空间数据的关系存储模式

不同类型的几何数据，其表数据结构也有所差异。以点、线、面、不规则三角网(triangulated irregular network, TIN)为例（图 4-7），分别设计了面向上述空间数据的关系存储模式。

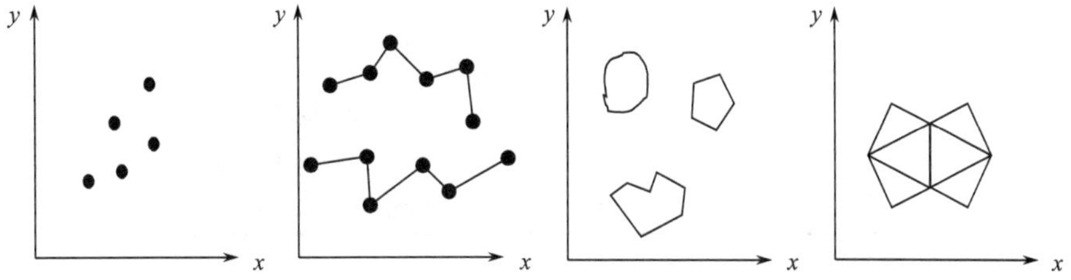

(a) 点　(b) 线　(c) 面　(d) 不规则三角网

图 4-7　点、线、面和不规则三角网示例

点数据是空间数据中常见的类型，如兴趣点(point of interest，POI)数据、浮动车数据等。针对点数据，基于关系模式的点数据存储表（表 4-1），能够实现对点数据的有效存储。

表 4-1　基于关系模式的点数据存储表

字段名	字段类型	含义
PointID	int	点的唯一标识符
X	double	点的 *X* 坐标
Y	double	点的 *Y* 坐标

线数据通常包含的点数不固定，例如，折线可能包含 100 个点或者 200 个点，导致线数据的不定长。针对线数据，设计了基于关系模式的线数据存储表（表 4-2），能够实现对线数据的有效存储。

表 4-2 基于关系模式的线数据存储表

字段名	字段类型	含义
PointID	int	点的唯一标识符
X	double	点的 X 坐标
Y	double	点的 Y 坐标
LineID	int	点所属于的线的唯一标识符
SequenceNo	int	点在线中的顺序

与线数据类似，面数据通常也是不定长的。另外，面数据通常包含一个外环和多个内环。针对面数据，设计了基于关系模式的面数据存储表（表 4-3），能够实现对面数据的有效存储。

表 4-3 基于关系模式的面数据存储表

字段名	字段类型	含义
PointID	int	点的唯一标识符
X	double	点的 X 坐标
Y	double	点的 Y 坐标
RingID	int	点所属于的环的唯一标识符
RingNo	int	点在环中的顺序
PolygonID	int	点所属于的多边形的唯一标识符

TIN 模型采用一系列相连接的三角形拟合地表或其他不规则表面，常用来构造数字地面模型。针对 TIN，设计了基于关系模式的 TIN 数据存储表（表 4-4），能够实现对 TIN 数据的有效存储。

表 4-4 基于关系模式的 TIN 数据存储表

字段名	字段类型	含义
TriangleID	int	点的唯一标识符
X_1	double	第一个点的 X 坐标
Y_1	double	第一个点的 Y 坐标
X_2	double	第二个点的 X 坐标
Y_2	double	第二个点的 Y 坐标
X_3	double	第三个点的 X 坐标
Y_3	double	第三个点的 Y 坐标

4.3.2 基于关系存储模式的优缺点

基于关系模式的空间数据管理方式，可以根据应用的需求，对空间数据所在的关系赋予安全性检查、完整性检查和一致性检查，从而保证数据在逻辑上的一致性、正确性、有效性和相容性，以及对数据的安全管理。设计的空间数据存储方法，可以将属性数据和几何数据统一存放到关系数据库中，从而实现属性数据和几何数据的统一管理。需要指出的是：空间数据的存储方式不是唯一的，通常需要根据应用环境，对关系模式进行合并或分解。

基于关系模式的空间数据管理方式也有一些缺点：①由于在基于关系模式的空间数据管理模式中，几何数据可能分解到几个表中进行存储，在处理一个空间对象时，需要复杂的关系连接运算，非常费时；②由于不支持抽象数据类型，关系数据库不能定义几何类型和空间操作算子，无法完成地理意义上的分析查询；③以记录为单位的数据模型不能很好地面向对象，不能嵌套和递归地描述复杂关系的层次和网络结构；④图形数据涉及的坐标、属性、拓扑关系用表格表示使问题复杂化。

第 5 章　面向对象数据库管理技术

传统的结构化程序设计方法是按照模块划分原则以提高程序可读性和易维护性、可调性和可扩充性为目标的一种程序设计方法。它允许三种基本的程序结构形式，即顺序结构、分支结构和循环结构。传统的结构化程序设计方法存在系统开发周期长、程序可重用性差、难以适应事物变化的要求等缺点。为了克服结构化程序设计方法的上述缺点，面向对象程序设计方法应运而生。

面向对象程序设计方法是一种支持模块化设计和软件重用的实际可行的编程方法。它把问题分解成各个对象，描述各个对象的属性和行为，通过对象的相互作用来解决问题。面向对象程序设计方法具有很多优势：①面向对象技术支持丰富的数据结构，可以更加自然地描述现实世界中的数据；②编程简单，易学易用；③封装机制意味着编程人员能够在不影响应用程序其他部分的情况下改善对象的内部工作机制；④面向对象技术提供了一种连接不同技术和不同应用程序的简单方法；⑤面向对象技术使用户接口和应用程序的其他部分很好地隔离开来。

面向对象数据库系统是面向对象的程序设计技术与数据库技术相结合的产物。一个数据库系统要成为面向对象的数据库系统，其最基本的标准是：首先，是一个面向对象系统，其出发点是针对面向对象程序设计语言的持久性对象存储管理，核心是充分支持完整地面向对象概念和机制，如用户自定义数据类型、自定义函数、对象封装等必不可少的面向对象方法特征，与当前流行的面向对象程序设计语言一致。其次，是一个数据库系统，借助扩充传统数据库语义，使之与核心面向对象数据模型协调，以支持传统数据库系统中的所有数据库特征和功能，如持久性、数据共享、事务管理、一致性控制及恢复等。

因此，面向对象数据库管理系统包括了关系数据库管理系统的全部功能，并在数据库系统中增加了面向对象的成分。面向对象数据库技术有望成为继关系数据库技术之后的新一代数据管理技术。

5.1　基 本 概 念

自 20 世纪 80 年代后期以来，陆续出现了以面向对象数据模型为代表的新的数据模型。面向对象的程序设计方法是目前程序设计中主要的方法之一，它简单、直观、自然，十分接近人类分析和处理问题的自然思维方式，同时又能有效地用来组织和管理不同类型的数据。面向对象模型的概念起源于面向对象的程序设计方法，强调对象概念的统一，引入了对象、对象类、方法、实例等概念和术语。面向对象数据模型的基本出发点是以“对象”作为最基本的元素，尽可能按照人类认识世界的方法和思维方式来分析和解决问题。

面向对象数据模型的应用，使空间数据库系统具有更丰富的语义表达能力，并具有模拟和操纵复杂地理对象的能力。面向对象程序语言操纵的是对象，所以面向对象数据库的一个优势是程序员在使用面向对象语言编写程序时，可直接以对象的形式存储数据。面向对象数据模型有以下特点。

（1）使用面向对象数据模型将客观世界按语义组织成由各个相互关联的对象单元组成的复杂系统。对象可以定义为对象的属性和对象的行为描述，对象间的关系分为直接关系和间接关系。

（2）语义上相似的对象被组织成类，类是对象的集合，对象只是类的一个实例，通过创建类的实例实现对象的访问和操作。

（3）对象数据模型具有“封装”“继承”“多态”等基本概念。

（4）方法实现类似于关系数据库中的存储过程，但存储过程并不和特定对象相关联，方法实现是类的一部分。

（5）实际应用中，面向对象数据库可以实现一些带有复杂数据描述的应用系统，如时态和空间事务、多媒体数据管理等。

面向对象数据库管理系统是数据库管理中最新的方法。面向对象数据库把面向对象程序设计方法和数据库技术相结合，能够有效地支持新一代的数据库应用。面向对象数据库系统研究领域已经吸引了相当多的数据库工作者，取得了大量的研究成果，开发了很多面向对象数据库管理系统，包括实验系统和产品。面向对象数据模型的基本概念包括：对象、类、概括、继承、聚集、嵌套、滞后联编等。

1. 对象

对象是含有数据和操作方法的独立模块，可以认为是数据和行为的统一体。例如，一个城市、一条河流均可作为地理对象。对象具有唯一的标识，以表明其存在的独立性；对象具有一组描述特征的属性，以表明其在某一时刻的状态；对象具有一组表示行为的操作方法，用以改变对象的状态。对对象的划分应基于其共性，并结合具体的研究目的。由于研究目的不同，划分方式也会有所差异。

一个对象可定义成一个三元组：Object=(ID,S,M)。其中，Object 为对象；ID 为对象标识符；S 为对象的内部状态；M 为方法集。

对于 ID 而言，每一个单独存在的持久对象都有唯一的对象标识符，该标识符在对象生命周期内保持不变，与对象的具体属性值无关，具有存在独立性。

内部状态可以直接是一个属性值，也可以是另一组对象的集合。属性反映对象的状态与特性，描述对象固有的静态性质。一个对象往往可以有多个属性，从而构成属性集合，对象所有属性整体构成了对象的数据结构。对象的某一属性值可以是单个的值，也可以是单个值的一个集合，还可以是另外一个对象，即对象属性可以嵌套。这种嵌套可以多层次地继续下去，从而组成各种复杂对象。因此，对象具有相对性特征，比较简单的对象能够组成相当复杂的对象。

方法是对象行为特性的描述，它定义了允许作用于该对象之上的某种操作，因此，方法也称为操作或行为。方法反映对象固有动态性质，可以访问并改变对象的内部状态。每个对象往往有若干个方法，它们组成对象的方法集合。

对象具有三个重要特性：封装性、隐蔽性、稳定性。

封装是使对象的外部界面与内部实现之间实行清晰隔离的一种技术，是面向对象模型的主要特征之一。封装性作为对象方法中的一个重要原则，通常具有两重含义：表明对象的全部属性和行为是结合在一起的、不可分割的整体，它们共同组成了对象内部静态与动态的有机活动实体；表明对象通过封装与外界隔绝，外界无法见到对象的内部表示。对象封装反映了客观世界物体的相对独立性，使得整个世界在有序一致的状态下活动。封装的意义还在于应用程序不需要知道对象内部的工作机制，而只需要处理公共的属性和方法，程序员可以在不影响应用程序的其他部分的情况下，改善类的内部工作机制。

对象表示分为内部和外部两种：一种是内部的属性与行为的捆绑，通过封装之后，外部用户是不可见的；另一种是外部表示，这种外部表示就称为对象界面（interface），外部通过界面认识对象并且与对象实施通信联系。对象界面实际上就是若干个外部接口，它对外部是开放的并为外部可见。对象封装屏蔽了外界对内部细节的了解，这种屏蔽就称为隐蔽。对象隐蔽有助于外部世界只需要了解简单界面而不需要了解复杂的属性与行为，使复杂处理简单化，简化了对对象的认识与了解。

在对象内部的对象行为建立在对象属性之上，即行为服务于属性或行为依赖于属性，这就在对象内部建立起以属性为核心并以行为为附属体的稳定实体，这种现象称为对象的稳定性。例如，对于一辆汽车，它具有属性：发动机、底盘以及变速箱等。相应于这些属性才会有行为：发动机提供动力，底盘承受发动机动力而保证正常行驶，变速箱负责产生变速变矩，它们构成了以汽车的属性为核心的稳定实体。

消息是对象与对象之间的联系信息。由于对象的封装性和隐蔽性，对象的消息仅仅作用于对象界面，再通过界面进一步作用于对象内部。消息主要有三个作用：请求对象为其服务；向对象传递消息并对对象操作；反馈服务结果。消息一般由三部分组成：接收者——表示消息所施加作用的对象；操作要求——消息对对象的操作要求；操作参数——消息施加操作时需要的外部数据。每个对象都可以发送和接收若干消息。面向对象数据模型中的“消息”与计算机网络中传输的消息的含义不同，它是指对象之间的操作请求的传递，而不考虑操作实现细节。

2. 类

类是对一组对象的抽象描述。它把一组具有相同属性结构和操作方法的对象归纳起来，以说明该组对象的特征和方法。对象是某类的一个具体实例，类是多个对象的抽象综合，因此，类和对象之间是抽象和具体的关系。归纳是确定类的重要方法，这就需要在观察问题时提炼对象的特征和方法，以确定类的表达。例如，河流均具有共性，如名称、长度、流域面积等，以及相同的操作方法，如查询、计算长度、求流域面积等，因而可抽象为河流类。

例如，在图 5-1 中，常流河、季节河、潜流河除了本身的特殊属性和方法之外，还继承了河流类和水系类的所有属性和方法。因此，它们具有水系、河流和本身的所有属性和方法。

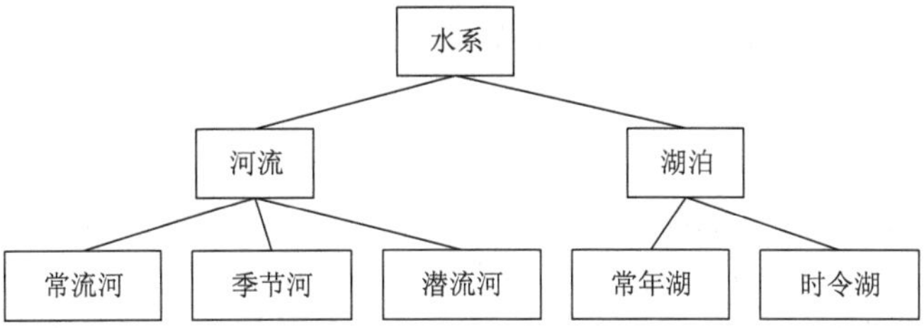

图 5-1　水系的类层次结构图

在类层次结构图中，被继承的类一般称为“超类”或“父类”，继承的类称为“子类”。超类是子类的抽象或概括，子类是超类的特殊化或具体化。超类和子类的概念是相对的，某个超类也可能是某个类的子类。类的层次结构是用于描述和组织现实世界事物的一种简单和有效的工具。类层次可以动态扩展，一个新的子类能从一个或多个已有类导出。

3. 概括

概括是将具有相同特征和操作的类再抽象为一个更高层次、更具一般性的超类的过程。例如，点类、折线类、多边形类可以概括为几何对象类，几何对象类包含了点类、折线类、多边形类的一些共同的特征。一个类可能是超类的子类，也可是几个子类的超类。所以，概括可能有任意多层次。概括技术避免了说明和存储上的大量冗余。

4. 继承

继承是现实世界中一种独特的关系，它使得一类对象可继承另一类对象的特性和能力。继承性可以简化数据模型的设计，子类继承父类的共性，继承不仅可以把父类的特征传给中间子类，还可以向下传给中间子类的子类。继承机制减少了代码冗余，减少了相互间的接口和界面。

从继承类的数量上进行划分，继承可以分为单继承和多重继承。单继承是指一个子类只能继承一个超类的特性(包括属性和方法)。单继承的层次结构图是一棵树。多重继承是指一个子类能继承多个超类的特性。多重继承的层次结构图是一个带根的有向无回路图。

例如，图 5-2 为一个继承关系的实例。在图 5-2 中，因为公路和铁路继承了交通线的属性和方法，自然河流继承了河流的属性和方法，公路、铁路、自然河流三个实体仅有一个父对象，所以，上述三个继承关系均属于单继承。在图 5-2 中，因为运河同时继承了交通线和河流的属性和方法，所以运河继承于交通线和河流，属于多重继承。

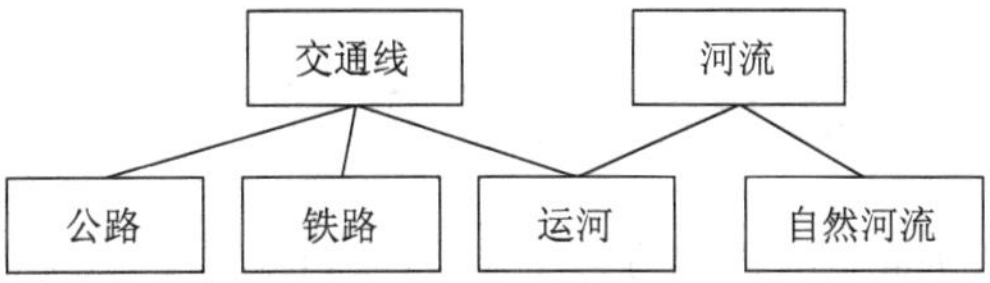

图 5-2　继承关系实例

作为面向对象数据模型的一个重要特性，继承性具有以下优点：第一，继承性是建模的有力工具，提供了对现实世界简明而精确的描述；第二，继承性提供了信息重用机制。

5. 聚集

聚集是将几个不同特征的简单对象组合成一个复杂的对象。每个不同特征的对象是该复合对象的一部分，它们有自己的属性描述数据和操作，这些是不能为复合对象所公用的，但复合对象可以从它们那里派生得到一些信息。例如，弧段聚集成线图层，多边形聚集成面图层。

6. 嵌套

一个对象的属性可以是一个对象，这样对象之间产生一个嵌套层次结构。图 5-3 为一个计算机的嵌套层次图，灰色填充背景边框中为对象，白色填充背景边框中为属性。例如，计算机对象由硬件对象和软件对象组成。其中，硬件包含控制器、运算器、存储器、输入、输出等属性，软件包含系统软件、应用软件。应用软件包含社交软件、杀毒软件、办公软件等。

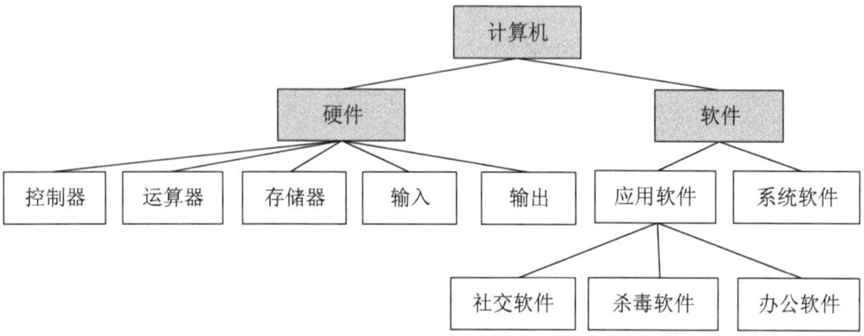

图 5-3　计算机的嵌套层次图

对象的嵌套实现了不同用户以不同的粒度观察对象。嵌套是面向对象数据库系统的重要特征，它使得对象不仅可以用属性来描述，也可以用对象来描述，克服了关系数据库系统中描述对象的属性只能是原子属性的问题。

7. 滞后联编

滞后联编是面向对象系统最基本的特性之一。在面向对象系统中，有时需要同一名字而有不同的实现方法，当子类定义方法与继承下来的超类的方法产生同名冲突，即子类只继承了超类中操作的名称，子类自己实现操作算法，并有自己的数据结构和程序代码时，同一个操作名就与不同的实现方法、不同的参数相联系。

5.2　面向对象数据库管理系统介绍

由于关系型数据库与面向对象程序设计语言之间的不匹配，在数据的持久存储领域，为了更方便、更容易地用对象表达人类思维，开源领域和商业领域都涌现了许多新技术。相对于关系数据库，面向对象数据库系统通常有以下几个方面的优势。

1. 能够缩短数据库系统开发时间

通常，对象关系映射代码可能占用了整个系统 40%的代码量或者更多。对于面向对象数据库，无需对象到关系的映射。图 5-4 展示了对象/关系的映射与对象/对象的映射。对象/关系映射是将面向对象语言程序中的对象自动持久化到关系数据库中，本质上就是将数据从一种形式转换到另一种形式，这也同时暗示着额外的执行开销。

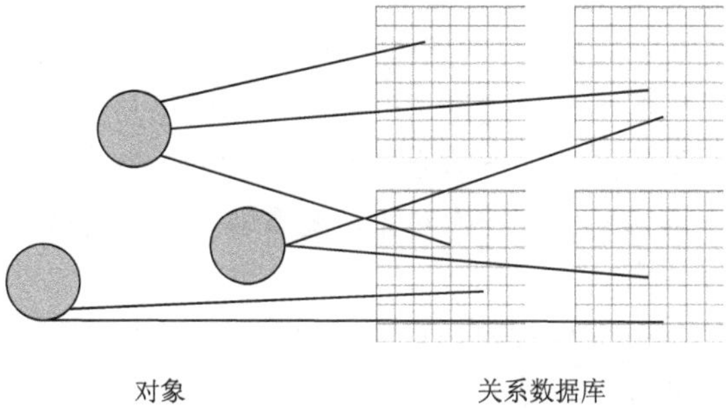

(a) 对象/关系映射

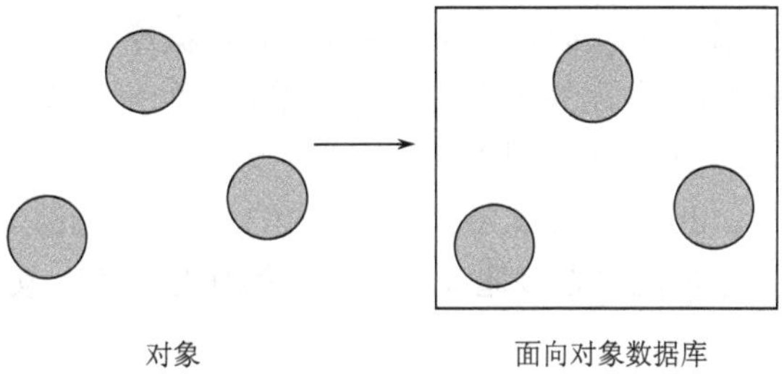

(b) 对象/对象映射

图 5-4　对象/关系的映射与对象/对象的映射

2. 极大地提高了性能和数据吞吐能力

当应用中涉及复杂的内存对象模式，尤其是关联访问时，面向对象数据库要比映射到关系数据库表现得更好。例如，当应用程序需要从对象数据库里检索一个对象时，只要执行单条查询即可找到该对象。当映射到一个关系数据库时，如果对象包含多对多关联，那么，就必须通过一个或多个连接才能检索到关联表中的数据。使用面向对象数据库，对于一般复杂性的对象的检索，速度提高了 3 倍；对于复杂性很高的对象的检索，如多对多关联，搜索的速度则提高了 30 倍；而对于集合的集合和递归联系，检索的速度有可能提高 50 倍。

3. 投资回报率高

当用户遇到了复杂的对象模型和大的数据集时，面向对象数据库就是首选的解决方案。面向对象数据库主要的优点在于，它能够缩小代码的规模，降低研发成本，减少或根本没有管理的要求以及降低购置硬件和服务器软件许可证的成本。性能上的优势还可以大大降低高负载动作应用所消耗的成本。此外，大型的关系数据库不仅非常昂贵，还需要昂贵的硬件支持。

20 世纪 80 年代后期以来，相继出现了支持面向对象数据模型的面向对象数据库管理系统，代表性的产品如 ObjectStore、Caché、Object Database、db4o、ObjectDB、Matisse 等。其中，db4o 是一款开源的纯面向对象数据库引擎，不但能使 Java 和.NET 开发人员大幅减少开发时间和成本，同时能带来前所未有的效能[①]。同时，db4o 已经被第三方验证为具有优秀性能的面向对象数据库。

db4o 主要包括以下六个特征。

（1）开源模式。与众多其他面向对象数据库相比，db4o 作为一款开源软件，其开发进程由开源社区的力量积极推动，促进了产品的持续优化与创新。

（2）原生的面向对象数据库。db4o 是完全基于面向对象原则设计的数据库系统，允许开发者直接使用编程语言操作数据库对象，无需进行复杂的对象/关系映射过程，显著提升了数据存储的开发效率。

（3）高性能表现。db4o 的运行效率卓越，得益于其直接操作对象的能力，使得面向对象编程实践更为流畅高效，满足了高性能应用的需求。

（4）轻量级嵌入。db4o 的部署极为简便，仅需引入一个体积小巧的 jar 文件或 dll 文件，对系统内存的占用极低，非常适合作为嵌入式数据库使用。

（5）零管理。db4o 的一大优势在于其几乎无需专门的数据库管理员进行维护管理，资源占用小，非常适合应用于资源受限的嵌入式环境。

（6）跨平台兼容性。db4o 全面支持 Java 和.NET 平台，能够无缝集成 Java 和.NET 语言的开发环境，使程序员能够直接通过编程语言操作数据库，实现了跨平台的灵活性和便捷性。

尽管 db4o 具备诸多显著优势，但如同任何看似完美的数据库系统一样，它同样存在相应的局限性，db4o 数据库也不例外。

（1）缺乏主键概念。作为面向对象的数据库，db4o 不引入主键的概念。这一缺失可能导致在程序中获取对象引用的过程变得相对复杂和烦琐，从而在一定程度上影响了应用的便捷性。

（2）程序与数据库的高耦合性。db4o 的设计中，程序对象与数据库对象保持一一对应的关系。这种紧密的耦合意味着，对程序对象属性的任何修改都可能直接反映到数据库结构上。要求开发者在进行对象属性调整时，必须同时考虑对数据库结构的相应调整。

（3）不支持 SQL 语言。db4o 不提供对 SQL 语言的支持，且其内部使用的查询语言并非标准化规范，因此在成熟度和流行度上有所欠缺。这一特性可能使初次接触该数据库的开发者感到陌生，增加了学习和适应的成本。

5.3 基于 db4o 的空间数据管理

面向对象数据库是未来数据库发展的趋势，也是空间数据管理发展方向。在诸多的面向对象数据库管理系统中，db4o 作为一款开源的数据库，得到了很多关注。为此，以

① https://sourceforge.net/projects/db4o/

开源的面向对象数据库 db4o 作为存储工具，作者设计了基于 db4o 的空间数据管理方案。

在面向对象数据库中，首先需要设计类，定义类的组成及在这个类上可执行的操作。构成类的方法和变量称为类的成员。例如，以下代码分别设计了点类、线类、面类和图像类四种类型。

1. 点类

```
class GeoPoint
{
    int _id;                    //点的唯一标识符
    PointF _point;              //存储点坐标
    public GeoPoint()           //构造函数，无参数
    {   }
    public GeoPoint(int id, PointF pt) //构造函数，有参数
    {
        _id = id;
        _point = pt;
    }
    public int ID
    {
        get {   return _id;   }
        set {   _id = value;   }
    }
    public PointF POINT
    {
        get {   return _point;   }
        set {   _point = value;   }
    }
    public override string ToString()       //ToString 重载函数
    {
        string str = "POINT(";
        str = str + _point.X.ToString() + " " + _point.Y.ToString() + ")";
        return str;
    }
}
```

2. 线类

```
class GeoLine
{
    int _id;                    //线的唯一标识符
```

```
    List<PointF> _line;     //存储线上所有点坐标
    public GeoLine()          //构造函数，无参数
    {   }
    public GeoLine(int id, List<PointF> line) //构造函数，有参数
    {
        _id = id;
        _line = line;
    }
    public int ID
    {
        get {    return _id;    }
        set {    _id = value;   }
    }
    public List<PointF> LINE
    {
        get {    return _line;    }
        set {    _line = value;   }
    }
    public override string ToString()       //ToString 重载函数
    {
        int ptNums = _line.Count;
        string str = "LINESTRING(";
        for (int i = 0; i < ptNums - 1; i++)
        {
            PointF p = _line[i];
            string s = p.X.ToString() + " " + p.Y.ToString() + ",";
            str = str + s;
        }
        PointF pf = _line[ptNums - 1];
        str = str + pf.X.ToString() + " " + pf.Y.ToString() + ")";
        return str;
    }
}
```

3. 面类

```
class GeoPolygon
{
    int _id;                    //面的唯一标识符
```

```
        List<PointF> _linering;      //存储面上所有点坐标
        public GeoPolygon()          //构造函数，无参数
        {    }
        public GeoPolygon(int id, List<PointF> line) //构造函数，有参数
        {
            _id = id;
            _linering = line;
        }
        public int ID
        {
            get {    return _id;    }
            set {    _id = value;   }
        }
        public List<PointF> POLYGON
        {
            get {    return _linering;    }
            set {    _linering = value;   }
        }
        public override string ToString()      //ToString 重载函数
        {
            int ptNums = _linering.Count;
            string str = "POLYGON(";
            for (int i = 0; i < ptNums - 1; i++)
            {
                PointF p = _linering[i];
                string s = p.X.ToString() + " " + p.Y.ToString() + ",";
                str = str + s;
            }
            PointF pf = _linering[ptNums - 1];
            str = str + pf.X.ToString() + " " + pf.Y.ToString() + ")";
            return str;
        }
    }
```

4. 图像类

```
    class GeoImage
    {
        int _id;
```

```
        System.Drawing.Image _image;
        public GeoImage()
        {        }

        public GeoImage(int id, System.Drawing.Image img)
        {
            _id = id;
            _image = img;
        }
        public int ID
        {
            get
            {    return _id; }
            set
            {    _id = value;     }
        }
        public System.Drawing.Image IMAGE
        {
            get
            { return _image;     }
            set
            {    _image = value; }
        }
    }
```

以线对象为例，基于 db4o 实现线对象的存储，即传统意义上的插入操作。在定义线类的基础上，线对象存储的代码如下。

```
        private string DBFileName = "D:\\sdb\\geodemo.yap"; //数据库及路径
        private void InsertObject(int geono, List<PointF> newLine)
        {
            //打开数据库(如果数据库文件不存在，将自动创建)
            IObjectContainer db = Db4oFactory.OpenFile(DBFileName);
            GeoLine gl = new GeoLine(geono, newLine);     //创建线对象
            db.Store(gl);  //对象存入数据库，即传统意义上的 insert 操作
            db.Close();    //关闭数据库
        }
```

以线对象为例，基于 db4o 实现线对象的查询。在定义线类的基础上，基于 db4o 的线对象查询的代码如下。

```
private void QueryLineByID(int geono)
{
    //打开数据库(如果数据库文件不存在，将自动创建)
    IObjectContainer db = Db4oFactory.OpenFile(DBFileName);
    GeoLine gl = new GeoLine(geono, null);//按 id 查询
    IObjectSet result = db.QueryByExample(gl); //执行查询
    foreach (object item in result) //遍历符合条件的对象
    {
        Console.WriteLine(item.ToString());
    }
    db.Close();    //关闭数据库
}
```

以线对象为例，基于 db4o 实现线对象的更新。在定义线类的基础上，基于 db4o 的线对象更新的代码如下。

```
private void UpdateLineByID(int geono, List<PointF> newLine)
{
    IObjectContainer db = Db4oFactory.OpenFile(DBFileName);
    GeoLine gl = new GeoLine(geono, null);//按 ID 查询
    IObjectSet result = db.QueryByExample(gl);
    GeoLine found = (GeoLine)result.Next();
    found.LINE = newLine;
    db.Store(found);
    db.Close();
}
```

以线对象为例，基于 db4o 实现线对象的删除。在定义线类的基础上，基于 db4o 的线对象删除的代码如下。

```
private void DelLineByID(int geono)
{
    IObjectContainer db = Db4oFactory.OpenFile(DBFileName);
    GeoLine gl = new GeoLine(geono, null);//按 ID 查询
    IObjectSet result = db.QueryByExample(gl);
    GeoLine found = (GeoLine)result.Next();
    db.Delete(found);
    db.Close();
}
```

由上述代码可知，使用 db4o 可以直接操作对象，无需对象关系映射。测试代码执行时间表明：使用 db4o 操作对象具有较高的时间效率。

第 6 章　对象关系数据库管理技术

虽然通过全关系空间数据管理的模式能够将属性数据和几何数据统一存放到数据库中进行管理，但是空间数据一般需要有交、并、差等图形运算功能，以及叠置、缓冲区、网络等空间分析功能，一般的数据库管理系统不能支持上述功能。在关系数据库之上建立一层空间数据库功能扩展模块来实现对空间数据的组织管理，并实现相关的图形运算功能和空间分析功能，是当前空间数据管理的一种行之有效的模式。

6.1　对象关系数据库概述

6.1.1　概述

20 世纪 80 年代中期，随着面向对象技术的崛起，人们设法在传统的 SQL 语言基础上加进面向对象的内容，强调新一代数据库保持与 SQL 兼容，这类系统称为对象关系数据库。对象关系数据库增强了关系数据库的数据管理能力，是对关系数据库的改进，同时也是对象数据库理论的一种实践应用。对象关系模型是指在关系数据库模型的基础上增加了对复杂数据类型的查询规则的模型。通过复杂数据类型管理，关系数据库中元组的属性可以是复杂的数据类型。这种数据库的演变是为了扩展数据库系统的建模能力，而不是破坏已有的成熟的数据模型。基于对象关系模型的对象关系数据库系统为那些想在关系数据库中使用面向对象特征的用户提供了一种便利的操作途径。

对象关系数据库是对传统的关系数据库增加面向对象特性加以扩展。可扩展性是对象关系数据库增加新对象及其行为而不会影响其他对象和应用的一种能力。通常关系数据库管理系统需在以下四个方面进行扩展。

（1）用户自定义类型。允许定义新的数据类型，最基本的是将数据库管理系统现有的基本数据类型略加扩展。

（2）用户自定义函数(方法)。用于基本数据类型和自定义类型，应用程序可以使用这些方法创建和访问自定义类型中的数据。

（3）大多数传统关系数据库管理系统只能处理 B 树索引，不适用文档或空间数据等复杂数据类型，因此需要特殊的方法来检索数据。

（4）可扩展的查询优化器确定执行某一查询的最佳路径，包括用户自定义函数代价计算、新索引结构支持及确定何种函数和搜索类型可以触发相应索引等。

对象关系数据库管理系统具备关系数据库的功能，主要包括支持透明的存储路径，通过标准的 SQL 完成对类型、对象视图、对象引用、表、存储过程等数据库对象的管理，提供对事务、恢复、数据完整性的支持。

对象关系数据库管理系统支持面向对象的特征，主要包括抽象数据类型(abstract data type，ADT)，对象之间的继承(概括)关系、包含(聚集)关系，对象的封装，对象(包括方法和成员变量)在数据库中的可持久性，对象的消息驱动特性，对象的多态性等。

因此，对象关系数据库系统同时具备关系数据库系统和面向对象数据库系统两方面的特征。对象关系数据库系统具有以下优点。

由于具有面向对象数据库管理系统的优点，对象关系数据库系统容易表达对象间各种复杂的关系、通过对象的封装在数据库中实现方法与数据的关联，对对象的标识、对象的多态性等都提供了支持。

相对于面向对象数据库管理系统，对象关系数据库系统有比较高的性能，可以利用关系数据库管理系统成熟的技术及其研究成果；相对于关系数据库管理系统，对象关系数据库系统支持面向对象的特征，能更好地满足应用的需求。

6.1.2　对象关系数据模型的主要内容

对象关系数据模型的主要内容如下。

1. 关系数据模型扩充

传统关系模型中的基本数据结构包括属性–元组–关系三个层面，其联系为：属性由一些基本的数据类型规定，如整型、浮点数类型、字符型等；元组是属性值的有序集合；关系是元组的无序集合。所有的关系模式都要求满足第一范式的基本要求，因此传统的关系模型就是一种平面关系模型。如果在关系模式中突破第一范式，即规定属性值是不可分解的限制，即可得到扩充的关系模型，又称为复杂关系类型。

2. 嵌套关系

嵌套关系是关系模型的扩充，它允许属性值是原子或者一个关系。因此，一个元组在一个属性上的值可能是一个关系，关系可以存储在另一个关系之中。这样，一个复杂对象可表示成嵌套关系的一个元组。如果将嵌套关系的元组看作一个数据项，那么数据项和用户观点中的对象之间就有了一一对应的关系。

例如，用河流信息系统中的例子来说明嵌套关系。考虑一个河流检索系统，其中对于每条河流有以下信息：河流名称、支流列表、河流长度、流经区域列表。每条河流可以看作一个元组，河流名称和河流长度是原子，支流列表和流经区域列表则是关系。

3. 组合类型

如果在平面关系模型中，允许其中的属性可以是一种关系，则构成组合关系类型，简称为组合类型。组合类型也称为结构关系类型、联合类型、行类型或元组类型。组合类型突破了第一范式的限制。不同类型元素的有序集合称为组合类型。

例如，在一个城市管理数据库中，城市和政府部门组成了组合关系：城市（城市标识符, 城市名称，政府部门（部门标识符, 部门名称, 部门职能））。

4. 聚集类型

一组相同类型元素组成的并且满足一定要求的集合称为聚集类型,也称为集合类型。聚集类型中的属性类型可以是基本数据类型，也可以是元组数据类型，还可以是关系数据类型。聚集类型具体可以分为以下四种。

（1）数组类型：相同类型元素的有序集合，一般而言，数组的大小是预先设置的。

（2）列表类型：相同类型元素的有序集合，但允许一个元素多次出现。

（3）包类型：相同类型元素的无序集合，但允许一个元素出现多次，也称为多集类型。

（4）集合类型：相同类型元素的无序集合，每个元素只能出现一次，集合类型实际上就是一种关系，因此也称为关系类型。

5. 引用类型

引用相当于程序设计中的指针，在面向对象技术中称为“对象标识”。引用类型概念可以将数据类型定义中的实例映射扩充到类型值域中的实例映射，提供有关细节的抽象。在创建表时，要指明引用类型的属性将引用指定类型的哪一个表。

例如，两个关系分别为：政府部门（部门标识符, 部门名称, 部门职能）、城市（城市标识符, 城市名称,组织机构 ref（政府部门）），城市关系中引用了政府部门关系。

6. 数据的泛化／特化

数据的泛化 / 特化是对概念之间联系进行抽象的一种方法。当在较低层上抽象表达了与之联系的较高层上抽象的特殊情况时，就称较高层上抽象是较低层上抽象的“泛化”，而较低层上抽象是较高层上抽象的“特化”。

7. 对象类型

一般将实体称为对象，将实体型称为对象类型，简称为类型或类。在这样的观点之下，前述的平面数据类型、组合数据类型和聚集数据类型都可以看作是数据对象类型，简称为数据类型。

有了对象类型概念，可以进一步讨论对象类型之间的联系，其中最基本的是类型之间的继承关系。在具有泛化和特化的对象类型之间，较高层面的对象类型称为“超类型”，较低层面上的对象类型称为“子类型”。子类型应当具有继承性，即继承其超类型的特征，而子类型本身还具有其他特征。

6.2　自定义数据类型和函数

在对象关系数据库中，用户通常可以自定义数据类型和函数。本节以 SQL Server 为例阐述自定义数据类型和函数。

6.2.1　自定义数据类型

在 SQL Server 数据库中可以创建别名数据类型或用户定义类型①。别名数据类型的实现基于 SQL Server 本机系统类型。用户定义类型通过 Microsoft .NET Framework 公共语言运行时 (common language runtime, CLR) 的程序集的类来实现。若要将用户定义类型绑定到其实现，必须首先使用 CREATE ASSEMBLY 在 SQL Server 中注册包含该类型实现的 CLR 程序集。SQL Server 创建别名数据类型或用户定义类型，通常有以下几种方式。

1. 基于 SQL Server 本机系统数据类型创建别名类型

别名数据类型是基于系统提供的数据类型进行自定义的数据类型。别名数据类型可

---

① https://docs.microsoft.com/zh-cn/sql/t-sql/statements/create-type-transact-sql?view=sql-server-ver15

以：允许用户进一步细化数据类型，以确保在各种表或数据库中处理公共数据元素时的一致性；在特定数据库中定义；在数据库内必须有唯一的名称，但是不同名称的别名数据类型可有相同的定义。以下以系统提供的 varchar 数据类型为例，创建别名类型“ZFC”。

```
CREATE TYPE ZFC FROM varchar(20) NOT NULL ;
```

2. 创建用户定义类型

以下为创建类型 GBString 的示例，该类型在程序集 gbstring 中引用类 gbstring。创建类型之前，应在本地数据库中注册程序集 gbstring。将 CREATE ASSEMBLY 语句的二进制部分替换为有效描述。

```
CREATE ASSEMBLY gbstring FROM '\\sdb\gbstring\gbstring.dll' ;
CREATE TYPE GBString EXTERNAL NAME gbstring.［Microsoft.Samples.SqlServer.gbstring］;
```

3. 创建用户定义表类型

SQL Server 开发过程中，为了传入数据集类型的变量，需要定义用户自定义表类型。通过用户自定义表类型可以接收二维数据集作为参数，通常可以是存储过程或函数声明的表值参数。通过 CREATE TYPE 语句，创建用户定义表类型。以下示例是创建一个具有 3 个列的用户定义表类型“PlaceTableType”。

```
CREATE TYPE PlaceTableType AS TABLE(PlaceName VARCHAR(50), X INT, Y INT);
```

用户定义表类型使用有以下限制：在创建用户定义表类型定义后不能对其进行修改；不能在用户定义表类型的计算列的定义中调用用户定义函数；无法对用户定义表类型创建非聚集索引，除非该索引是对用户定义表类型创建 PRIMARY KEY 或 UNIQUE 约束的结果；用户定义表类型不能用作表中的列或结构化用户定义类型中的字段。

4. 创建包含主键和索引的用户定义表类型

用户定义表类型还可以包含主键和非聚集索引。以下的示例创建包含两列的用户定义表类型“RoadItem”，其中一列 (RoadId) 包含主键，另一列 (RoadName) 包含非聚集索引。

```
CREATE TYPE RoadItem AS TABLE(RoadId BIGINT NOT NULL, RoadName NVARCHAR(50) NOT NULL, PRIMARY KEY (RoadID), INDEX IX_RoadItem_RoadName(RoadName))
```

6.2.2　自定义函数

数据库管理系统通常包含很多函数，这些函数属于系统函数。除此之外，用户也可以编写用户自定义函数。使用自定义函数的一个主要目的是将经常需要使用的代码封装起来，以便在需要时多次使用而无需重复编程。同时，自定义函数还可以提供参数化的用户视图，简化程序设计。用户自定义函数是存储在数据库中的代码块，可以把值返回到调用程序。调用时如同系统函数一样，如 min(parameter)函数，其 parameter 被称为参数。

在 SQL Server 数据库中可以创建用户定义函数。用户定义函数是接受参数、执行操作并将操作结果以值的形式返回的 Transact-SQL 或公共语言运行时 (CLR) 的例程。参数可以是常量、表中的某个列、表达式或其他类型的值。返回值可以是标量（单个）值或表。根据返回值类型，用户自定义函数的类型包含标量值函数（返回一个标量值）、表格值函数。其中，表格值函数又可以分为内联表格值函数、多语句表格值函数（返回一个结果集，即返回多个值）。标量值函数返回的是一个数据类型值，内联表格值函数返回的是一个 table，而多语句表格值函数返回的是一个 table 的变量。

以下为新建标量值函数 FUNC_Sum1。

```
create function FUNC_Sum1(@a int, @b int)
returns int
as
begin
    return @a+@b
end
```

以下为新建内联表值函数 FUNC_UserTab_1。

```
create function FUNC_UserTab_1(@myId int)
returns table
as
return (select * from ST_User where ID<@myId)
```

以下为新建多语句表值函数 FUNC_UserTab_2。

```
create function FUNC_UserTab_2(@myId int)
returns @t table([ID] [int] NOT NULL, [Name] [nvarchar](5) NOT NULL)
as
begin
    insert into @t select * from ST_User where ID<@myId
    return
end
```

用户定义的函数可以通过 ALTER FUNCTION 修改。另外，可以通过 DROP FUNCTION 从当前数据库中删除一个或多个用户定义的函数。例如，使用 DROP FUNCTION 删除 FUNC_Sum1 的语句如下。

```
DROP FUNCTION FUNC_Sum1
```

综上可知，用户自定义函数具有以下特点：能够重复使用编程代码，减少编程开发时间，提高工作效率；能够隐藏 SQL 细节，把 SQL 烦琐的工作留给数据库开发人员，而程序开发员则集中处理高级编程语言；可在另一个 SQL 语句中直接调用；修改集中化，可以在一个地方做业务上的逻辑修改，然后让这些修改自动应用到所有相关程序中；函数必须始终返回一个值（一个标量值或一个表格）。

6.3　基于几何类型的空间数据管理

6.3.1　基于几何类型的空间数据管理概述

对于空间数据库而言，需要存储数据量大、数据模型复杂、数据项长度可变的复杂空间数据。随着空间数据库的发展，关系数据库有能力管理非结构化的空间几何数据。由于直接采用通用的关系数据库管理系统的效率不高，而非结构化的空间数据又十分重要，许多软件商纷纷在关系数据库管理系统中进行扩展，使之能直接存储和管理非结构化的空间数据。

有许多关系数据库管理系统都提供了可以存储、处理、查询空间数据的拓展产品或功能，如 Oracle Spatial、SQL Server 的空间处理模块，以及使用十分广泛的开源空间数据库 PostgreSQL+PostGIS。这些空间数据库不仅能存储、查询、管理简单的几何类型，还实现了空间索引，如 R 树、四叉树空间索引，也将空间参考的概念引入了数据库中。这种扩展的空间对象管理模块主要解决了空间数据变长记录的管理，因为由数据库软件商进行扩展，效率要比前面所述的二进制块的管理高得多。但是它仍然没有解决对象的嵌套问题，空间数据结构也不能由用户任意定义，使用上仍然受到一定限制。

6.3.2　基于 Oracle Spatial 的空间数据管理

1. Oracle Spatial 简介

Oracle Spatial 是 Oracle 公司开发的一款空间数据库组件，为空间数据提供了全面且深入的支持。自 Oracle 公司推出符合 OpenGIS 标准的、完全开放且高度集成的 Spatial 空间组件以来，Oracle Spatial 便实现了几何数据与属性数据在对象关系模型中的一体化存储与管理。这一创新不仅显著提升了数据管理的灵活性和易用性，还巧妙地融合了对象模型与关系模型的优势。相较于传统的空间数据库引擎，Oracle Spatial 在空间数据处理方面展现出了更高的灵活性。随着 Oracle 产品的持续迭代升级，Oracle Spatial 所提供的空间数据管理机制也日益成熟和完善。

Oracle Spatial 专注于空间数据的存储、管理、查询，并提供了一套基于 SQL 的方案和函数集，用于存储、检索、更新和查询数据库中的空间要素集合。Oracle Spatial 架构由四大组件构成：一是 MDSYS 实现模式，定义了 Oracle 所支持的空间数据类型的存储结构、语法规则及语义；二是空间索引机制，用于加速空间数据的检索；三是空间函数集合与操作符，支持空间区域的合并、交叉和连接等操作；四是管理工具集，提供了便捷的管理功能。

Oracle 数据库支持自定义数据类型，允许用户通过数组、结构体或带有构造函数和方法的类来定义自己的对象类型，这些自定义对象类型既可作为属性列的数据类型，也可用于创建对象表。

此外，Oracle Spatial 通过元数据表、空间数据字段和空间索引来管理空间数据，并在此基础上提供了一系列空间分析和空间查询函数，以满足用户更深层次的应用需求。

2. Oracle Spatial 支持的几何类型

一个几何对象是一系列用直线段或圆弧连接的有序点。几何对象的语义由它的类型决定，Oracle Spatial 支持几种主要的类型：点和点集（point & point cluster）、线（line strings）、多边形（*n*-point polygon）、弧（arc line strings）、弧多边形（arc polygon）、复合多边形（compound polygon）、复合线（compound line string）、圆（circle）、优化矩形（optimized rectangles）。

3. Oracle Spatial 的数据模型

Oracle Spatial 的空间数据模型具有层次结构，依次由层（layer）、空间数据对象（geometry）、元素（element）构成。其中，元素可以是 Spatial 支持的任何一种空间数据对象元素（点、线和多边形），一个空间数据对象由一个或者多个同类或异类的元素组成，层是由具有相同属性的空间数据对象组成的。层的属性包括 Coordinate System 和 Tolence。Coordinate System 是空间参考系统，负责指定位置的坐标和确定一组坐标之间的关系，可以让一组坐标对应到真实世界里的具体位置中。Tolence 是容忍值，即判断两个空间数据对象是否分离的最小距离值。

4. Oracle Spatial 空间数据存储结构

Oracle Spatial 的空间数据存储结构是一个由空间图层、几何体和元素组成的层次结构。其中，空间图层由具有相同属性集合的几何体构成，每层的几何体和相关的空间索引存储在数据库标准的表中；几何体由元素组成；元素是几何体的基本组成部分，元素的位置由坐标来确定。因此，空间图层表示不同的要素类。在数据库中，每个图层对应一个或一组表，一个图层中的所有要素都应该具有相同的空间属性。

5. Oracle Spatial 空间索引机制

Oracle Spatial 提供了 R 树索引和四叉树索引来提高空间查询和空间分析的速度，因此，需要根据不同的数据类型来创建不同的索引。Oracle Spatial 对空间数据的图层建立索引时的索引机制一般采用 R 树索引。

6.3.3 基于 SQL Server 的空间数据管理

SQL Server 提供了全面的空间支持，可让组织通过具有空间功能的应用程序来无缝地取用、使用及扩展以位置为基础的数据，最后可协助用户做出更好的决策。

SQL Server 为大地测量空间数据提供了 geography 数据类型，为平面空间数据提供了 geometry 数据类型。这两个数据类型都提供了可以用来执行空间操作的属性和方法。例如，计算位置间的距离和找出两者间交叉的地理特性(如一条河流经一个城镇)。geography 数据类型为空间数据提供了一个由经度和纬度联合定义的存储结构。geometry 数据类型为空间数据提供了一个存储结构，它是由任意平面上的坐标定义的。

基于 SQL Server 中提供的用于空间对象的空间类型，能够存储大型和复杂的空间对象。通过使用集成在 SQL Server 数据库引擎中的空间索引，可以有效提升空间查询的性能。精确的查询优化器能够评估空间查询，并据此制定优化的查询计划，选择最合适的索引方案。使用 SQL Server 对空间数据类型的本地支持来无缝地将空间数据合并到商业应用程序中，从而合并商业应用中的关系数据和空间数据。

SQL Server 支持 OpenGIS 定义的几何模型。Point 是表示单个位置的零维对象，可能包含 Z（高程）和 M（度量）值。Multipoint 是零个点或更多个点的集合。Linestring 是一个一维对象，表示一系列点和连接这些点的线段。Multilinestring 是零个或更多 geometry 或 geography Linestring 实例的集合。Polygon 是存储为一系列点的二维表面，这些点定义一个外部边界环和零个或多个内部环，可以从至少具有三个不同点的环中构建一个 Polygon 实例。多边形集合（Multipolygon）实例是零个或更多个 Polygon 实例的集合。Geometrycollection 是零个或更多个 geometry 或 geography 实例的集合。

SQL Server 以行业标准格式导入和导出空间数据，如熟知文本格式（well-known text，WKT）、熟知二进制格式（well-known binary，WKB）和地理标记语言(geographic markup language，GML)。WKT、WKB 和 GML 是 OGC 制定的空间数据组织规范，使用 WKT、WKB 和 GML 能够很好地和其他系统进行数据交换。目前大部分支持空间数据存储的数据库构造空间数据都采用这三种方式。

WKT 格式是对几何体编码的一个结构化文本格式，表 6-1 列出了 Point、Linestring、Polygon、Multipoint、Multilinestring、Multipolygon、Geometrycollection 等类型的 WKT 示例。

表 6-1　WKT 示例

类型	WKT 格式示例	说明
Point	Point(2 5)	点
Linestring	Linestring(1 1, 10 50, 20 100)	线
Polygon	Polygon((0 0, 0 3, 3 3, 3 0, 0 0), (1 1, 1 2, 2 1, 1 1))	多边形
Multipoint	Multipoint(3 5, 6 10)	多点
Multilinestring	Multilinestring((1 3, 2 4, 7 9),(10 11, 14 16, 20 18))	多线
Multipolygon	Multipolygon(((0 0, 0 3, 3 3, 3 0, 0 0), (1 1, 1 2, 2 1, 1 1)), ((9 9, 9 10, 10 9, 9 9)))	多边形集合
Geometrycollection	Geometrycollection(Point(2 1), Linestring(3 3, 4 4))	空间对象集合

WKB 编码就是把几何体以二进制的方式编码，是一种比 WKT 更紧凑的格式。因为 WKB 采用二进制进行存储，更便于计算机处理，所以广泛应用于数据的传输与存储。以 Point 类型为例，其 WKB 表达如下。

例：0101000000000000000000F03F000000000000F03F

从左到右的数字含义：

01：字节顺序

01000000：WKB 类型

000000000000F03F：X 坐标

000000000000F03F：Y 坐标

WKB 中的字节顺序可以为小字节序（little-endian）和大字节序（big-endian）。小字节序就是低位字节排放在内存的低地址端，高位字节排放在内存的高地址端。大字节序就是高位字节排放在内存的低地址端，低位字节排放在内存的高地址端。例如，表 6-2

为 32 位宽的数 0x12345678 小字节序模式及大字节序模式在内存中的存放方式（假设从地址 0x2000 开始存放）。小字节序强制转换数据不需要调整字节内容。大字节序符号位的判定固定为第一个字节，容易判断正负。采用大字节序模式进行数据存放符合人类的正常思维，而采用小字节序模式进行数据存放有利于计算机处理。

表 6-2　小字节序模式及大字节序模式在内存中的存放方式

内存地址	小字节序模式	大字节序模式
0x2000	0x78	0x12
0x2001	0x56	0x34
0x2002	0x34	0x56
0x2003	0x12	0x78

GML 是由 OGC 定义的可扩展标记语言(extensible markup language，XML)格式，用来表达地理信息要素，能够同时表示地理空间对象的空间数据和非空间属性数据。以 Point 类型为例，其 GML 表达如下。

```
<Placemark>
    <名称>西南大学[地铁站] </名称>
<地址>轨道交通 6 号线</地址>
<类别>基础设施:交通设施:地铁站</类别>
<core:referencePoint>
  <gml:Point srsName="urn:ogc:def:crs,crs:EPSG:6.12:31467,crs:EPSG:6.12:5783">
      <gml:pos srsDimension="2">106.423762 29.816257</gml:pos>
</gml:Point>
</core:referencePoint>
</Placemark>
```

SQL Server 提供了基于几何图形实例的方法，以方便空间数据分析和操作。SQL Server 主要包含以下几类方法：几何图形实例上的 OGC 方法、几何图形实例上的扩展方法、OGC 静态几何图形方法、扩展静态几何图形方法、静态聚合几何图形方法。

以下为创建一个 Polygon 实例的示例，基于 STArea()函数，可以计算多边形的面积。对示例分析可知，多边形包含一个边长为 5 的正方形（外环）和一个边长为 1 的正方形（内环），调用“select @pg.STArea();”语句计算多边形的面积为 24。

```
DECLARE @pg geometry;
SET @pg = geometry::STPolyFromText('POLYGON((0 0, 0 5, 5 5, 5 0, 0 0), (1 1, 1 2, 2 2, 2 1, 1 1))', 0);
select @pg.STArea();
```

6.3.4　基于 PostGIS 的空间数据管理

1. PostGIS 概述

PostgreSQL 是一种功能强大、特性丰富和复杂的自由软件，是一个对象-关系型数据库管理系统。它起源于加利福尼亚大学伯克利分校的数据库研究计划，是重要的开源数据库产品开发项目之一，有着非常广泛的用户。PostgreSQL 具有支持事务、子查询、多版本并行控制系统、数据完整性检查等特性，能在 Linux、FreeBSD 和 Windows 等多平台下运行，并且支持多语言的开发。

在 PostgreSQL 中，已经定义了一些基本的集合实体类型，这些类型包括点（point）、线段（lseg）、长方形（box）、多边形（polygon）和圆（circle）等。

点是最基本的几何类型，它的值用下面语法定义：(x, y)。其中，x 和 y 都是浮点数，表示横坐标和纵坐标。

线段用两个点来表示，它的值用下面语法定义：$((x_1, y_1), (x_2, y_2))$。其中，(x_1,y_1)和(x_2,y_2)是线段的端点。

长方形是用两个对角点来表示的，它的值用下面的语法定义：$((x_1, y_1), (x_2, y_2))$。其中，(x_1,y_1)和(x_2,y_2)是长方形的一对对角点。

路径由一系列连接的点组成。路径可能是开路的（列表中第一个点和最后一个点没有连接），也可能是闭路的（第一个和最后一个点连接起来）。路径值用下面语法定义：$((x_1, y_1), \cdots, (x_n, y_n))$或者$[(x_1, y_1), \cdots, (x_n, y_n)]$。路径的点是构成路径的线段的端点。方括号[]表明路径是开路的，圆括号()表明路径是闭路的。

多边形由一系列点表示。多边形在概念上与闭路路径一样，但是它与闭路路径的存储方式不一样而且有自己的一套支持函数。多边形的值用下列语法定义：$((x_1, y_1), \cdots, (x_n, y_n))$，这些点是组成多边形边界的线段的端点。

圆由一个圆心和一个半径表示，它的值用下面语法定义：$<(x, y), r>$。其中，(x,y)是圆心；r 是圆的半径。

另外，PostgreSQL 定义了一系列的函数和操作符来实现几何类型的操作和运算。同时，PostgreSQL 引入空间数据索引 R-tree 和 GiST（generalized search tree），加快空间数据检索。在 PostgreSQL 中，GiST 比 R-Tree 的健壮性更好。因此，PostgreSQL 的空间数据索引一般采用 GiST 实现。

PostGIS 通过向 PostgreSQL 添加对空间数据类型、空间索引和空间函数的支持，将 PostgreSQL 数据库管理系统转换为空间数据库。因为 PostGIS 建立在 PostgreSQL 之上，所以 PostGIS 自动继承了重要的企业级特性以及开放源代码的标准。同时，PostGIS 遵循 OpenGIS 的规范。PostGIS 的版权被纳入 GNU 的 GPL 中，也就是说，任何人可以自由得到 PostGIS 的源码并对其做研究和改进。近年来，PostGIS 得到了迅速的发展，越来越多的爱好者和研究机构参与到 PostGIS 的应用开发和完善中。

2. PostGIS 空间数据类型

PostGIS 支持所有 OGC 规范的简单要素类型，包括 Point、Linestring、Polygon、Multipoint、Multilinestring、Multipolygon、Geometrycollection。

除了 OGC 定义的地理数据类型之外，PostGIS 还对数据类型进行了扩展，这种扩展主要表现在两方面：一是把二维的数据向三维和四维扩展，扩展对 3DZ、3DM、4D 坐标的支持；二是在 WKT 和 WKB 数据类型基础上扩展出 EWKT 和 EWKB 数据类型。EWKB 和 EWKT 增加了对 3DZ、3DM 和 4D 坐标的支持，并可嵌入空间参考系统标识符（spatial referencing system identifier，SRID）信息。每个空间实例都有一个 SRID，SRID 对应于基于特定椭圆体的空间引用系统，可用于平面球体映射或圆球映射。在 PostGIS 中，空间列可包含具有不同 SRID 的对象。

3. PostGIS 函数

PostGIS 函数提供了空间操作的功能，可以操作空间数据。PostGIS 大致可以分为以下几类：表管理功能函数、几何构造函数、空间关系函数、测量功能函数、几何处理函数、仿射变换函数、聚类功能函数、几何输入函数、几何输出函数。

第 7 章　空间数据库引擎

当前，数据库技术成为空间数据管理的主流模式。借助数据库的一体化空间数据管理功能，能够实现数据的逻辑检查，保证数据的录入和编辑质量。然而，目前的空间数据库基本上都是基于一些通用的数据库管理系统来构建的。因为不同的数据库管理系统在数据模型、物理实现等诸多方面都存在很大差异，要弥合这些差异，靠数据库管理系统厂商自身是很难解决。所以，不改变和影响现有的数据库或者应用，将底层的几何数据和属性数据管理起来，使得空间数据在客户端表现为一个连续和无缝的实体，从而达到一体化的效果，以方便软件管理和访问几何数据，是空间数据管理的重要目标。

7.1　空间数据库引擎概述

20 世纪 90 年代以来，GIS 工作者开始构建基于关系数据库或对象数据库的空间数据存储管理方案。在海量数据管理、图形和属性一体化存储、多用户并发访问、权限控制和数据安全等方面，数据库技术具有明显的优势。然而，传统的层次、网状、关系数据库管理系统适用于定长的数据存储、数据处理、数据管理等应用，当数据类型和它们之间的联系趋于复杂时，效果就变得比较差。因此，如何利用传统的数据库管理系统高效地存储、处理和管理空间数据，并支持空间数据运算和空间分析等功能，是需要重点解决的问题。

目前，在系统集成中广泛应用的中间件技术为这个问题提供了一个解决方案，通过附加一个中间层，将不同的操作系统平台和数据库平台的差异之处屏蔽在中间件之后，将面向特定领域（如空间数据管理及应用）所需的技术高度专业化地实现出来，供不同的客户端高效地共享和互操作。相对于应用客户端直接访问后台空间数据库的两层结构的客户端/服务器体系而言，这种三层结构的应用体系使得数据提供者和数据应用者能够专心于各自专业领域的开发应用，也使系统的功能应用与后台数据访问实现分离，从而降低系统的复杂度，也使得空间数据库的数据能够被充分地利用和共享。

空间数据库引擎（spatial database engine，SDE）在用户和空间数据库之间提供了一个开放的接口。它是一种处于应用程序和数据库管理系统之间的中间件技术。SDE 是一种全新的空间数据库管理软件，它支持超大型空间数据库管理以及在网络环境中对多用户并发空间数据访问的快速响应。SDE 可以理解为基于特定的空间数据模型，在特定的数据存储、管理系统的基础上（一般是数据库管理系统），提供对空间数据的存储、检索等操作，以提供在此基础上二次开发的程序功能集合。

通过 SDE 可以用传统的关系数据库对地理空间数据加以管理和处理，提供必要的空间关系运算和空间分析功能。通过 SDE 实现客户/服务器的分布计算模式，实现地理空间数据的透明访问、共享和互操作，从而建立真正意义上的分布式地理空间数据库。

SDE 一般采用三层体系结构（图 7-1）。在三层体系结构中，SDE 将客户端应用和空间数据库服务器隔离开来，用户访问数据完全通过 SDE，访问过程是透明的。SDE 服务完全独立，可以同时服务多个客户端，也可以为多个数据库提供连接的入口。使用不同类型空间数据的客户可以通过 SDE 将自身数据提交给 DBMS，由 DBMS 统一管理。同样，客户也可以通过 SDE 从 DBMS 中获取不同类型的空间数据，并转化成客户可以使用的方式。因此，从 SDE 体系结构上来看，相对于客户端来讲，SDE 是服务器，提供空间数据服务的接口，接受所有空间数据服务请求；相对于数据库服务器来讲，SDE 则是客户机，提供数据库访问接口，用于连接数据库和存取空间信息。

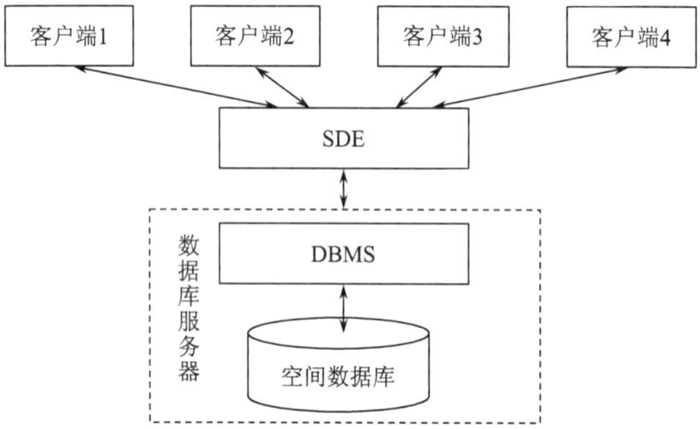

图 7-1　SDE 的三层体系结构

SDE 组织空间数据在关系数据库中的存储，也是空间数据的访问通道，关系数据库仅仅是存放空间数据的容器。

SDE 的优点包括以下几点。

（1）访问速度快。SDE 通常通过空间数据索引，构建高性能的解决方案，实现空间数据的快速访问。

（2）支持通用的关系数据库管理系统。大多数 SDE 都支持主流的 DBMS 管理地理空间数据。

（3）SDE 能够实现空间数据与属性数据的统一存储和无缝管理。传统的地理信息的存储方式是将空间数据与属性数据分别存储，空间数据因其复杂的数据结构，多以文件的形式保存，而属性数据多利用关系数据库存储。通过 SDE，则可以把空间数据与属性数据同时存储到数据库中，保证了更高的存储效率和数据完整性。

SDE 的缺点包括以下几点。

（1）空间操作和处理无法在数据库内核中实现。由于传统数据库功能的局限性，空间数据的操作和处理通常由 SDE 来实现。

（2）数据模型较为复杂，扩展 SQL 比较困难，不易实现数据共享与互操作。空间数据通常涉及点、多点、线、多线等类型，传统的 SQL 语句难以处理空间数据。

7.2　常用的空间数据库引擎

7.2.1　MapGIS SDE 和 MapGIS DataStore 介绍

MapGIS SDE 是中地数码科技有限公司开发的空间数据库引擎，使用 Microsoft SQL Server、Oracle、DB2、Informix、DM4、SyBase 等数据库有效地存储与管理空间数据。MapGIS SDE 是一个介于关系数据库管理系统和空间数据库之间的中间件，其作用是使关系数据库管理系统能存储、管理和快速检索空间数据。MapGIS SDE 体系结构如图 7-2 所示。

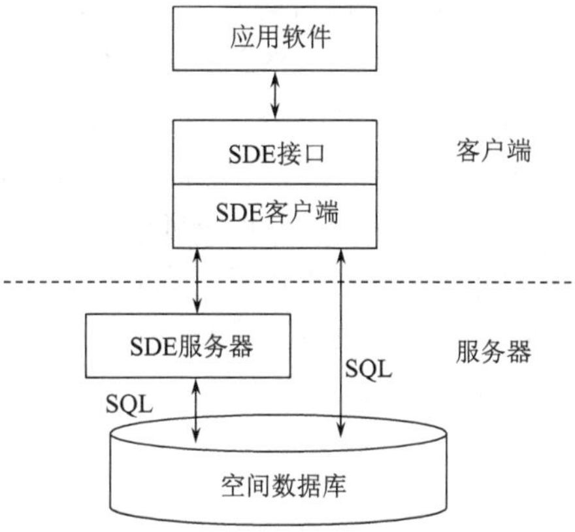

图 7-2　MapGIS SDE 体系结构

MapGIS SDE 分为服务器端和客户端，服务器端位于关系数据库管理系统之上，为客户提供空间数据的查询和分析服务。MapGIS SDE 客户端是应用软件的基础，为上层应用软件提供 SDE 接口。客户端对 SDE 所有功能的调用都是通过这个接口来完成的，SDE 接口提供给用户标准的空间查询和分析函数。MapGIS SDE 服务器执行客户端的请求，将客户端按照空间数据模型提出的请求转换成 SQL 请求，在服务器端执行所有空间搜索和数据提取工作，将满足空间和属性搜索条件的数据在服务器端缓冲存放并发回到客户端。在某些特殊应用中，客户端可以直接访问空间数据库，而不需要在服务器端安装 SDE 服务器，由 SDE 客户端直接把空间请求转换成 SQL 命令发送到 RDBMS 上，并解释返回的数据。这种客户端具备 SDE 服务器的大部分功能，是一种胖客户，但效率较高。

针对越来越海量、多样、频繁更新的地理大数据应用要求，传统的关系型数据库越来越无法胜任大数据时代的要求。MapGIS 在传统关系型空间数据库引擎 MapGIS SDE 的基础上，针对地理大数据的特点，构建了 MapGIS DataStore 分布式数据库引擎，其集成整合了多种开源分布式数据库和文件系统，分别用来存储和管理关系型数据、切片型数据、实时型数据和非结构化数据，形成针对地理大数据应用场景相关的解决方案。

7.2.2　SuperMap SDX+介绍

SuperMap SDX+是 SuperMap GIS 的空间数据库引擎，它为 SuperMap GIS 中的所有

产品提供访问空间数据的能力，是 SuperMap GIS 软件的重要组成部分。SuperMap SDX+采用先进的空间数据库存储技术、索引技术和查询技术，具有“空间-属性数据一体化”“矢量-栅格数据一体化”“空间信息-业务信息一体化”的集成式空间数据库管理能力。

SuperMap SDX＋包含数据库引擎、文件引擎、Web Service 数据引擎、内存数据引擎，支持多种数据源（图 7-3）。数据库引擎主要针对 Oracle、Oracle Spatial、SQL Server、Informix 等关系型数据库管理系统，以大型关系型数据库为存储容器，通过 SuperMap SDX+进行管理和操作，将空间数据和属性数据一体化存储到大型关系型数据库中。文件引擎主要包含 SDB+（是一种基于文件和数据库方式混合的空间数据组织方式）、UDB（是 SuperMap Objects 自定义格式中的文件型空间数据引擎）、SIT（为 SuperMap 定义的栅格数据类型）等引擎。Web 引擎可以直接访问网络要素服务（web feature service，WFS）、网络地图服务（web map service，WMS）、网络覆盖服务（web coverage service，WCS）等所提供的 Web 服务，这类引擎就是把网络上符合 OGC 标准的 Web 服务器，作为 SuperMap 的数据源来处理，通过它可以把网络发布的地图和数据与 SuperMap 的地图和数据完全结合，将 WFS 和 WMS 的应用融入 SuperMap 的技术体系中，拓展了 SuperMap 数据引擎的应用领域。SuperMap SDX+提供内存引擎，在内存中存放一部分数据，尽可能充分利用内存进行操作和处理，大大提升数据处理性能。

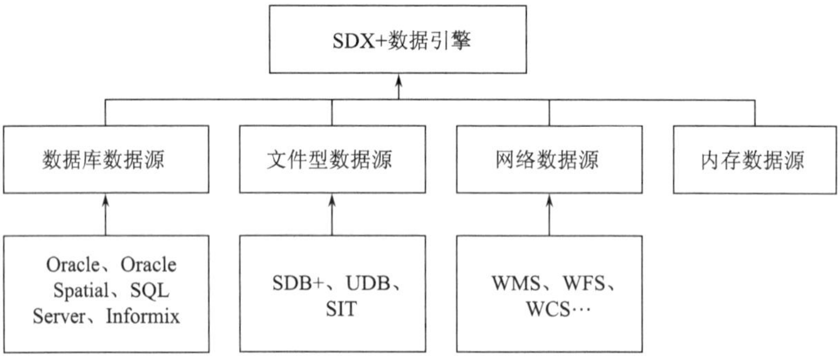

图 7-3　SuperMap SDX＋支持的数据源

7.2.3　ArcSDE 介绍

ArcSDE 是 ArcGIS 的空间数据库引擎。它以数据库为后台存储中心，是在关系数据库管理系统（RDBMS）中存储和管理多用户空间数据库的通路，为前端的 GIS 应用提供快速的空间数据访问。海量数据的快速读取和数据存储的安全高效是 ArcSDE 的重要特征。从空间数据管理的角度看，ArcSDE 是一个连续的空间数据模型，借助这一空间数据模型，可以实现用 RDBMS 管理空间数据。在 RDBMS 中融入空间数据后，ArcSDE 可以提供空间和非空间数据进行高效率操作的数据库服务。ArcSDE 采用的是客户/服务器体系结构，所以众多用户可以同时并发访问和操作同一数据。ArcSDE 还提供了应用程序接口，软件开发人员可将空间数据检索和分析功能集成到自己的应用工程中去。

ArcSDE 体系结构如图 7-4 所示。

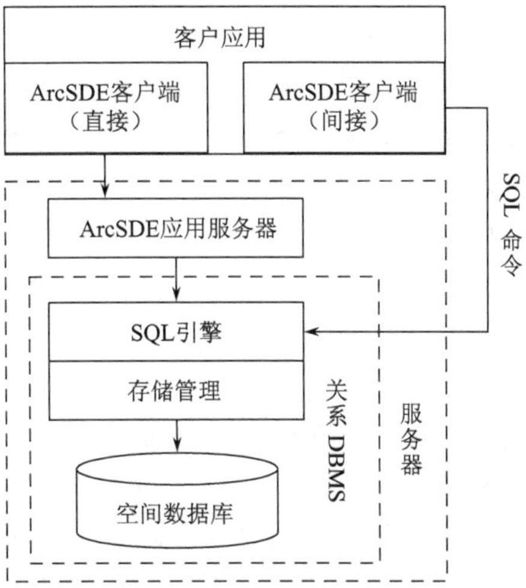

图 7-4　ArcSDE 体系结构

在服务器端，有 ArcSDE 空间数据库引擎（应用服务器）、RDBMS 的 SQL 引擎及其数据库存储管理系统。ArcSDE 通过 SQL 引擎执行空间数据的搜索，将满足空间和属性搜索条件的数据在服务器端缓冲存放并发回到客户端。ArcSDE 可以通过 SQL 引擎提取数据子集，其速度仅取决于数据子集的大小而与整个数据集大小无关，所以 ArcSDE 可以管理海量数据。

另外，ArcSDE 还提供了不通过 ArcSDE 应用服务器而直接访问空间数据库的连接机制，这样不需要在服务器端安装 ArcSDE 应用服务器。由客户端接口直接把空间请求转换成 SQL 命令发送到 RDBMS 上，并解释返回的数据。

ArcSDE 在服务器和客户端之间的数据传输采用异步缓冲机制：缓冲区收集一批数据，然后将整批数据发往客户端应用，而不是一次只发一条记录。在服务器端处理并缓冲的方法大大提高了网络传输效率。

ArcSDE 是在关系数据库管理系统中存储和管理多用户空间数据库的通路，主要功能与特点如下。

1. 高性能的 DBMS 通道

ArcSDE 是多种 DBMS 的通道。它本身并非一个关系数据库或数据存储模型，而是一个能在多种 DBMS 平台上提供高级的、高性能的 GIS 数据管理的接口。

2. 开放的 DBMS 支持

ArcSDE 允许在多种 DBMS（Oracle、Microsoft SQL Server、Informix 和 IBM DB2）中管理地理信息。

3. 支持多用户

ArcSDE 为用户提供大型空间数据库支持，并且支持多用户编辑。

4. 连续、可伸缩的数据库

ArcSDE 可以支持海量的空间数据库和任意数量的用户，直至 DBMS 的上限。

5. GIS 工作流和长事务处理

GIS 中的数据管理工作流，如多用户编辑、历史数据管理、签出/签入以及松散耦合的数据复制等都依赖于长事务处理和版本管理。ArcSDE 为 DBMS 提供了这种支持。

6. 丰富的地理信息数据模型

ArcSDE 保证了存储于 DBMS 中的矢量和栅格几何数据的高度完整性。这些数据包括：矢量和栅格几何图形、点、曲线、立体、多行栅格、拓扑、网络、注记、元数据、空间处理模型、地图、图层，等等。

7. 灵活地配置

ArcSDE 通道可以让用户在客户端应用程序内或跨网络、跨计算机地对应用服务器进行多种多层结构的配置。ArcSDE 支持 Windows、UNIX 和 Linux 等多种操作系统。

因为 ArcSDE 能够将几何数据和属性数据管理起来，从而使空间数据在逻辑上形成一个整体，所以 ArcSDE 简化了数据底层到具体应用的过程。但是，ArcSDE 没有显式地存储拓扑关系，从而使空间分析依赖于客户程序，对客户程序造成一定的负担。

7.3　基于 ArcSDE 的空间数据管理实例

7.3.1　基于 ArcSDE 的空间数据导入

ArcSDE 允许在多种 DBMS（Oracle、Microsoft SQL Server、Informix 和 IBM DB2）中管理地理信息。SQL Server 是由微软开发和推广的关系数据库管理系统，是最为广泛应用的 RDBMS 软件。以 Microsoft SQL Server 数据库为基础，作者设计了一个基于 ArcSDE 的空间数据管理实例。

（1）安装 Microsoft SQL Server，创建一个数据库，命名为“sde”（图 7-5）。

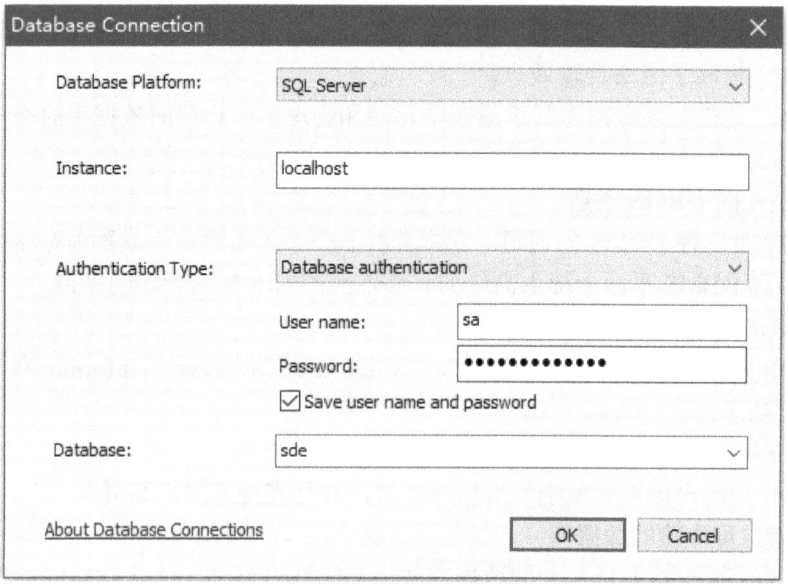

图 7-5　添加数据库连接

（2）安装 ArcSDE for Microsoft SQL Server。

（3）打开 ArcCatalog，单击【Add database connection】，然后输入登录名和密码，选择要导入数据的数据库“sde”。

（4）创建成功之后重命名为“China.sde”，用于存放基础地理数据（图 7-6）。

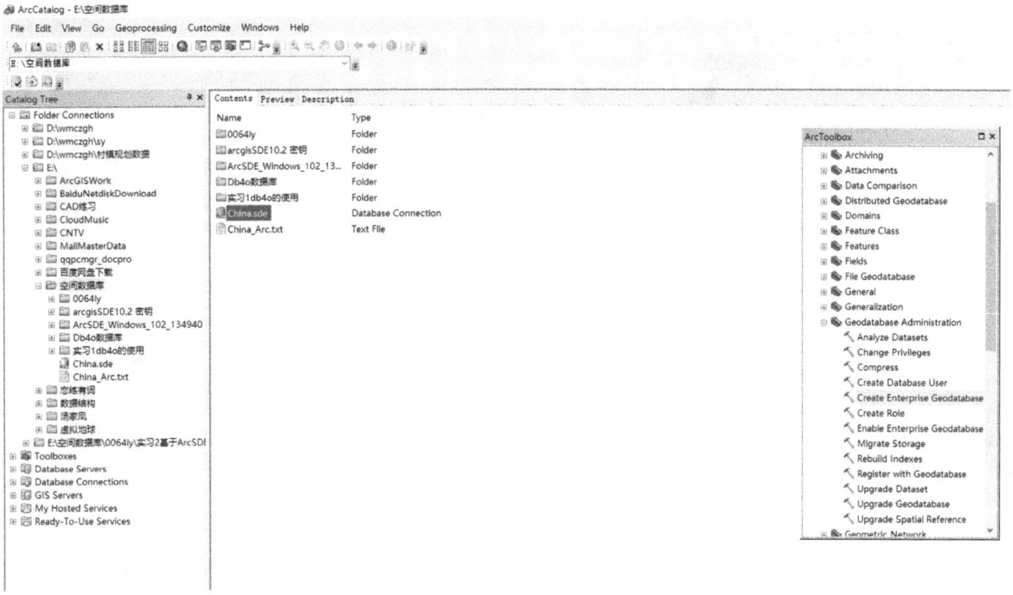

图 7-6　ArcSDE 实例重命名

（5）在 ArcSDE 实例中添加矢量数据。右键【China.sde】－【Import】－【Feature Class（mutiple）】（图 7-7）。

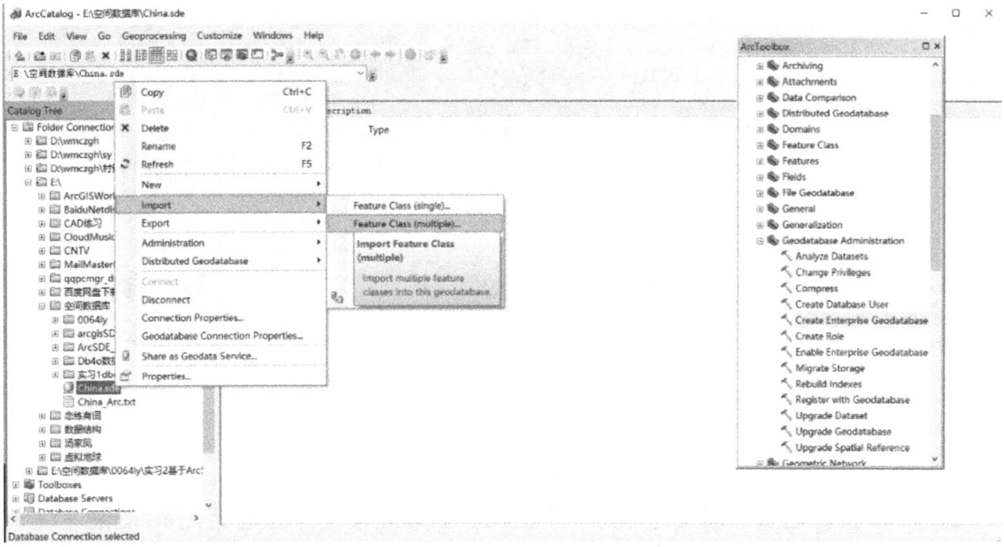

图 7-7　添加多个矢量数据

（6）将矢量数据加入数据库，添加成功后 ArcCatalog 和 SQL Server 中的结果如图 7-8 和图 7-9 所示。

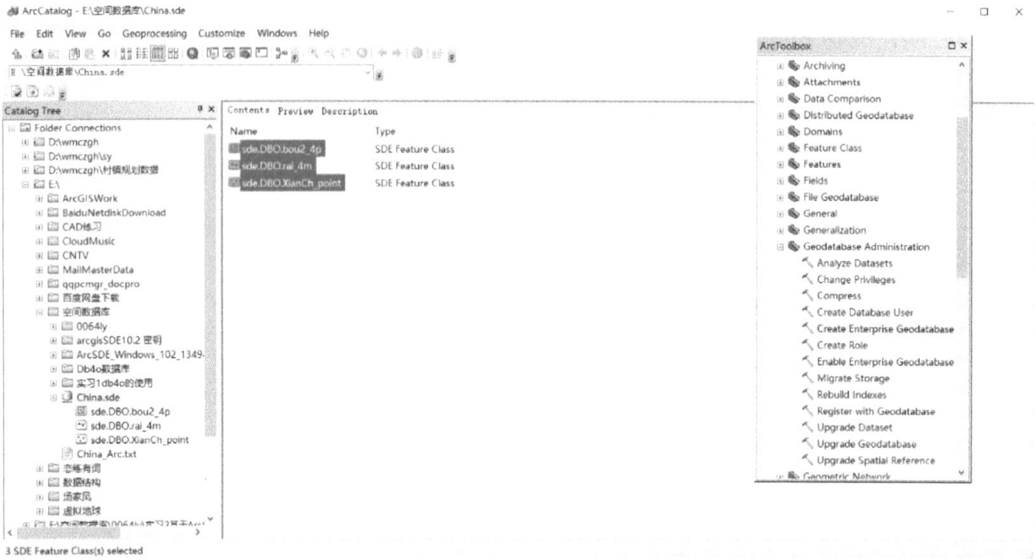

图 7-8　ArcCatalog 中导入数据后的结果

图 7-9　SQL Server 中导入数据后的结果

7.3.2　基于 ArcEngine 和 C#通过 ArcSDE 连接数据库

创建.sde 文件之后，该文件即为一个空间数据库连接文件。基于 ArcEngine 和 C#通过 ArcSDE 连接数据库，主要步骤如下。

1. 通过指定连接属性参数打开数据库

```
//server：数据库服务器名称；instance：SDE 的端口；user：SDE 的用户名；password：密码；database：数据库的名称；version：SDE 的版本
public IWorkspace OpenSdeWorkspaceByPropertySet(string server, string instance, string user, string password, string database, string version)
{
    IPropertySet Propset = new PropertySet();
    Propset.SetProperty("SERVER", server);
    Propset.SetProperty("INSTANCE", instance);
    Propset.SetProperty("USER", user);
    Propset.SetProperty("PASSWORD", password);
    Propset.SetProperty("DATABASE", database);
    Propset.SetProperty("VERSION", version);
    IWorkspaceFactory workspaceFactory = new SdeWorkspaceFactoryClass();
    return workspaceFactory.Open(Propset, 0);
}
```

2. 加载图层并显示

```
private void LoadLayer_Click(object sender, EventArgs e)
{
    //参数需要根据本地计算机的情况进行设置
    IWorkspace pWorkspace = OpenSdeWorkspaceByPropertySet("SJW-PC", "esri_sde", "sa", "123456", "gissde", "sde.Default");
    // 获取数据集
    IEnumDataset pEnumDataset = pWorkspace.get_Datasets(esriDatasetType.esriDTFeatureClass);
    pEnumDataset.Reset();
    IDataset pDataset = pEnumDataset.Next();
    // 遍历数据集
    while (pDataset != null)
    {
        IFeatureWorkspace pFeatureWorkspace = pWorkspace as IFeatureWorkspace;
        IFeatureClass pFeatureClass = pFeatureWorkspace.OpenFeatureClass(pDataset.Name);
        IFeatureLayer pFeatureLayer = new FeatureLayer();
        pFeatureLayer.FeatureClass = pFeatureClass;
        pFeatureLayer.Name = pFeatureClass.AliasName;
        axMapControl1.AddLayer(pFeatureLayer, 0);
```

```
            pDataset = pEnumDataset.Next();
        }
        // 刷新视图
        axMapControl1.ActiveView.Refresh();
    }
```

第 8 章　空间数据库系统体系结构

空间数据库系统是由空间数据库及其管理软件组成的系统。它是为适应空间数据处理需要而发展起来的一种较为理想的数据处理的核心机构。空间数据库系统的体系结构是指构成空间数据库的各组成部分。根据不同的角度或者层次，空间数据库系统结构也不相同。本章重点从功能、层次结构分析空间数据库系统的体系结构，以及从数据库应用开发人员、最终用户角度探讨空间数据库系统的体系结构。

从空间数据管理系统的功能方面来分析空间数据库系统的结构，一般来说，空间数据库系统应该具有以下功能：空间数据定义，空间数据操纵，空间数据库运行管理，空间数据组织、存储和管理，空间数据库的建立、维护和其他功能。

从层次结构的角度来分析空间数据库系统的结构，空间数据库系统可以由外至内分为四层：应用层、语言翻译处理层、空间数据存取层和空间数据存储层(应用层是最外层，空间数据存储层是最内层)。

从数据库应用开发人员角度看，空间数据库系统通常采用三级模式结构，是空间数据库系统的内部结构。

从数据库最终用户角度看，空间数据库系统的结构分为：集中式结构（又可以分为单用户数据库、主从式结构)、分布式结构、客户-服务器结构、浏览器-服务器结构和并行结构。

8.1　空间数据库系统的功能结构

空间数据库系统具有强大的数据操纵功能，而实现这些功能就需要相应的程序模块(图 8-1)。空间数据库系统的这些程序模块互相联系、互相依赖，共同完成空间数据库系统的复杂功能。

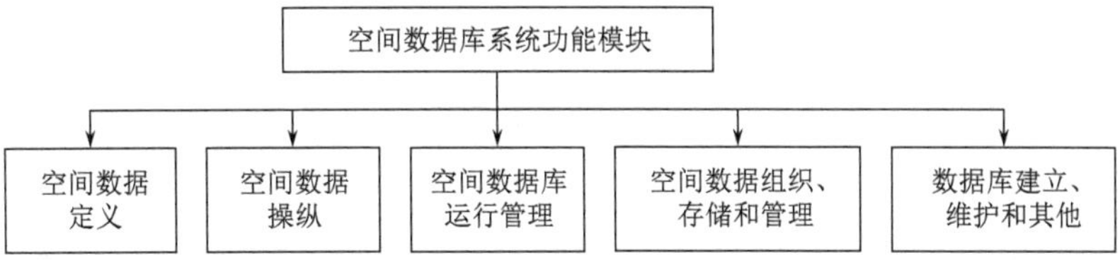

图 8-1　空间数据库系统的功能结构

（1）空间数据定义模块：包括数据定义语言翻译处理程序(包括外模式、模式、存储模式处理程序)、保密定义处理程序(如授权定义处理程序)、完整性约束定义处理程序等。这些程序接收相应的定义，进行语法、语义检查，把它们翻译为内部格式存储在数据字典中。数据定义语言翻译程序还根据模式定义负责建立数据库的框架，为空间数据的加载提供基础。

（2）空间数据操纵模块：包括数据操作语言处理程序、终端查询语言解释程序、数据存取程序、数据更新程序等。数据操作语言处理程序或终端查询语言解释程序对用户数据操纵请求进行语法、语义检查，由数据存取或更新程序完成对数据库的存取操作。

（3）空间数据库运行管理模块：包括系统初启程序，负责初始化数据库管理系统，建立数据库管理系统的系统缓冲区、系统工作区、打开数据字典等。还有安全性控制、完整性检查、并发控制、事务管理、运行日志管理等程序模块，它们在数据库运行过程中监视着对数据库的所有操作，控制管理数据库资源，处理多用户的并发操作等。它们一方面保证用户事务的正常运行及其原子性；另一方面保证数据库的安全和完整。

（4）空间数据组织、存储和管理模块：包括文件读写与维护程序、存取路径(如索引)管理程序、缓冲区管理程序(包括缓冲区读、写、淘汰模块)，这些程序负责维护数据库的数据和存取路径，提供有效的存取方法。

（5）数据库建立、维护和其他方面的程序模块：主要包括数据库的初始装入程序、转储程序、恢复程序、数据库重构程序、数据转换程序、通信程序等。

空间数据库管理系统的这些模块互相联系、互相依赖，共同完成空间数据库管理系统的复杂功能。DBMS 的这些模块之间存在一定的层次联系。

8.2　空间数据库系统的层次结构

空间数据库系统可以划分为若干层次。图 8-2 为空间数据库系统的层次结构，自上而下依次是应用层、语言翻译处理层、数据存取层、数据存储层。

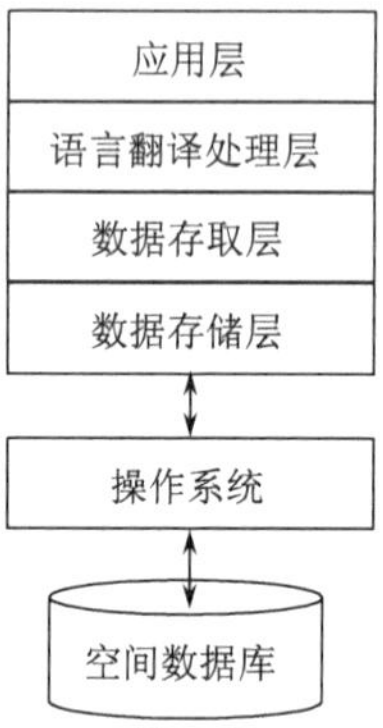

图 8-2　空间数据库系统的层次结构

操作系统是数据库管理系统的基础，它处理的对象是数据文件的物理块。执行物理文件的读写操作，保证数据库管理系统对数据逻辑上的读写真实地映射到物理文件上。操作系统提供的存取原语和基本的存取方法通常作为和数据库管理系统存储层的接口。

8.2.1　应用层

应用层是空间数据库系统与终端用户和应用程序的界面，负责处理各种数据库应用，如使用结构化查询语言 SQL 发出的事务请求或嵌入通用的程序设计语言的应用程序对空间数据库的请求。

8.2.2　语言翻译处理层

语言翻译处理层的任务就是把用户在这两种方式下提交给 DBMS 的数据库语句转换成对 DBMS 内层可执行的基本存取模块的调用序列。

数据库语言通常包括数据操纵语言（data manipulation language，DML）、数据库定义语言（data definition language，DDL）、数据库控制语言（data control language，DCL）三部分语句。DDL 语句处理相对独立和简单，DML 和 DCL 则较为复杂。

具体来说，对于 DDL 语句，语言翻译处理层首先把它翻译成内部表示，然后把它存储在系统的数据字典中。对于 DCL 语句的定义部分，如安全保密定义、存取权限定义、完整性约束条件定义等处理与 DDL 相同。在 RDBMS 中数据字典通常采用和普通数据同样的表示方式。数据字典包括关系定义表、属性表、视图表、视图属性表、视图表达式表、用户表、存取权限表等。

数据字典是 DML 语句处理、执行以及 DBMS 运行管理的基本依据。对于 DML 语句，语言翻译处理层的主要工作包括以下内容。

（1）对 DML 语句进行词法分析和语法分析，并把外部关系名、属性名转换为内部名。外部名便于用户记忆和使用，内部名则整齐统一。在符号名转换过程中需要存取数据字典。词法和语法分析通过后便生成语法分析树。

（2）根据数据字典中的内容进行查询检查，包括审核用户的存取权限和完整性检查。对于那些具有存取谓词的存取权限，可能与数据的值有关，则此时不能确定该语句是否能够被执行，于是还要生成相应的动作，以便运行时检查。完整性检查是查询检查的重要内容。例如，检查数据的类型、范围是否符合数据定义，实体的完整性约束，参照完整性约束等。

（3）对查询进行优化。从优化的内容角度看，查询优化又分为代数优化和非代数优化。代数优化主要依据关系代数的等价变换做一些逻辑变换；非代数优化主要根据数据读取、表连接方式、表连接顺序、排序等技术对查询进行优化。

8.2.3　数据存取层

数据存取层介于语言翻译处理层和数据存储层之间。它向上提供单元组合接口，即导航式的一次一个元组的存取操作；向下则以系统缓冲区的存储器接口作为实现基础。存取层的任务主要包括：

（1）提供一次一个元组的查找、插入、删除、修改等基本操作。

（2）提供元组查找所循的存取路径以及对存取路径的维护，如对索引记录的查找、插入、删除、修改等。

（3）对记录和存取路径的封锁、解锁操作。

（4）日志文件的登记和读取操作。

（5）其他辅助操作，如扫描、排序等。

8.2.4 数据存储层

数据存储层的主要功能是存储管理，包括缓冲区管理、内外存交换、外存管理。

系统缓冲区的设立是出于两方面的原因：一是它把存储层以上各系统成分和实际的外存设备隔离。外存设备的变更不会影响其他系统成分，使DBMS具有设备独立性。二是提高存取效率。DBMS利用系统缓冲区滞留数据。当存取层需要读取数据时存储子系统首先到系统缓冲区中查找。只有当缓冲区不存在该数据时才真正从外存读入该数据所在的页面。当存取层写回一元组到数据库中时，存储子系统并不把它立即写回外存，仅把该元组所在的缓冲区页面作一标志，表示可以释放。只有当该用户事务结束或结束缓冲区已满需要调入新页面时，才按一定的淘汰策略把缓冲区中已有释放标志的页面写回外存。这样可以减少内外存交换的次数，提高存取效率。系统缓冲区可由内存或虚存组成。由于内存空间紧张，缓冲区的大小、缓冲区内存和虚存部分的比例要精心设计。针对不同的应用和环境按一定的模型进行调整，既不能让缓冲区占据太大内存空间，也不能因空间太小而频频缺页调页，影响效率。缓冲区由控制信息和若干定长页面组成。缓冲区管理模块向上层提供的操作是缓冲区的读（ReadBuf)、写（WriteBuf)。缓冲区内部的管理操作有：查找页、申请页、淘汰页。缓冲区管理调用操作系统的操作有：读（Read)、写（Write)。

内存是计算机中重要的部件之一，它是与中央处理器（central processing unit，CPU）进行沟通的桥梁。计算机中所有程序的运行都是在内存中进行的，因此，内存的性能对计算机的影响非常大。内存也称为内存储器，其作用是用于暂时存放CPU中的运算数据及其与硬盘等外部存储器交换的数据。只要计算机在运行中，CPU就会把需要运算的数据调到内存中进行运算，当运算完成后CPU再将结果传送出来，内存的运行也决定了计算机的稳定运行。而外存为了扩大存储容量，在计算机中还配备了存储容量更大的磁盘存储器和光盘存储器，称为外存储器，简称外存。此类存储器一般断电后仍然能保存数据。常见的外存储器有硬盘、软盘、光盘、U盘等。CPU命令将硬盘数据读入内存，以处理计算，然后结果再返回内存，再保存到硬盘。因为硬盘是机械硬盘，存储读写速度太慢，不能匹配CPU处理数据速度。内存是电存储，它可以匹配CPU，相当于一个中转，内存提前读入硬盘数据存在自己的区域，再提供给CPU使用。

外存管理的主要任务则是为文件提供存储空间，其基本功能是对外存空间的分配和回收。外存管理可采用连续分配、链接分配、索引分配等方式。采用不同的分配方式，将形成不同的文件物理结构。连续分配方式是指创建文件时，分配一组连续的块。连续分配方式的优点是：顺序访问容易；顺序访问速度快；所需的磁盘寻道次数和寻道时间最少。连续分配方式的缺点是：要求有连续的存储空间；必须事先知道文件的长度；文件不能动态增长；不利于文件的插入和删除；反复增删文件后容易造成碎片。链接分配方式是指一个文件的信息存放在若干个不连续的物理块中，各块之间通过指针连接，前一个物理块指向下一个物理块。链接分配方式的优点主要包括：提高磁盘的空间利用率，不存在外部碎片问题；有利于文件的插入和删除；有利于文件的动态扩充。链接分配方式的缺点包括：存取速度慢，一般只适用于信息的顺序存取，不适于随机存取；查找某一块必须从头到尾沿着指针进行；如指针出错，则可靠性受影响；更多的寻道次数和寻道时间；链接指针占一定的空间。索引分配方式是指每个文件分配一个索引块，再把分配给该文件的所有盘块号都记录在该索引块中。索引分配方式优点包括：保持了链接结构的优点，又解决了其缺点；按块分配可以消除外部碎片；按大小可改变的分区分配可以提高局部性；索引分配支持顺序访问文件和直接访问文件，是普遍采用的一种方式；满足了文件动态增长、插入删除的要求；能充分利用外存空间。索引分配方式的缺点包括：较多的寻道次数和寻道空间；索引表本身带来了系统开销，如内外存空间、存取时间。

8.3　空间数据库系统的内部体系结构

8.3.1　三级模式和两级映像

数据库系统是数据密集型应用的核心，其体系结构受数据库运行所在的计算机系统的影响很大。虽然数据的存储结构不尽相同，但体系结构基本上都具有相同的特征，采用“三级模式和两级映像”（图 8-3）。数据库系统采用三级模式结构，这是数据库系统的内部结构。数据库系统设计员可在视图层、逻辑层和物理层对数据抽象，通过外模式、模式和内模式来描述不同层次上的数据特性。

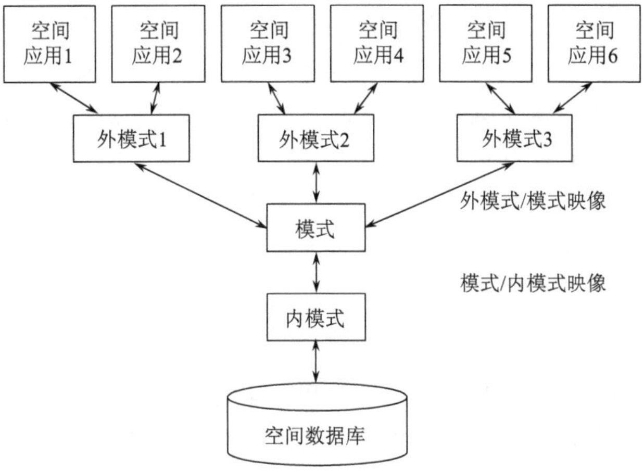

图 8-3　空间数据库系统三级模式和两级映像

数据库系统在三级模式之间提供了两级映像：模式/内模式映像、外模式/模式映像。这两级映像保证了数据库中的数据具有较高的物理独立性和逻辑独立性。数据独立性是指在某个层次上修改模式结构而不影响应用程序的能力，是数据库系统最基本的特征之一。由于数据库系统的数据独立性较高，采用数据库技术使得应用程序的维护工作量大大减轻。

8.3.2　模式

模式也称逻辑模式或概念模式，是数据库中全体数据的逻辑结构和特征的描述，是所有用户的公共数据视图。数据库模式即全局逻辑结构，是数据库的中心与关键，独立于数据库的其他层次。设计数据库模式结构时应首先确定数据库的逻辑模式。一个数据库只有一个模式。模式处于三级结构的中间层。定义模式时不仅要定义数据的逻辑结构，而且要定义数据之间的联系，定义与数据有关的安全性、完整性要求。

模式的一个具体值称为模式的一个实例，同一个模式可以有很多实例。模式反映的是数据库的结构及其联系，所以是相对稳定的；而实例反映的是数据库某一时刻的状态，所以是相对变动的。

8.3.3 外模式

外模式也称子模式或用户模式，是数据库用户（包括应用程序员和最终用户）使用的局部数据的逻辑结构和特征的描述。外模式是数据库用户的数据视图，是与某一应用有关的数据的逻辑表示。

外模式介于模式与应用之间，外模式通常是模式的子集。外模式定义在逻辑模式之上，独立于存储模式和存储设备。模式与外模式之间是一对多的关系。一个数据库可以有多个外模式，反映了不同用户的应用需求、看待数据的方式、对数据保密的要求。模式中的同一数据，在外模式中的结构、类型、长度、保密级别等都可以不同。

应用程序是在外模式描述的数据结构上编制的，依赖于特定的外模式，与数据库的模式和存储结构独立。不同的应用程序有时可以共用同一个外模式。数据库的外模式面向具体的应用程序，外模式与应用程序之间是一对多的关系。同一外模式也可以为某一用户的多个应用程序所使用，但一个应用程序只能使用一个外模式。当应用需求发生较大变化，相应外模式不能满足其视图要求时，该外模式就得做相应改动。因此，设计外模式时应充分考虑应用程序的扩充性。

外模式是保证数据库安全性的一个有力措施，每个用户只能看见和访问所对应的外模式中的数据。有了外模式后，程序员不必关心模式，程序员只与外模式发生联系，按外模式的结构存储和操作数据。

8.3.4 内模式

内模式也称存储模式，是数据物理结构和存储方式的描述，是数据在数据库内部的表示方式。内模式是数据库中全体数据的内部表示或底层描述，是数据库最低一级的描述。数据库的内模式依赖于它的全局逻辑结构，独立于数据库的用户视图（即外模式），独立于具体的存储设备。

内模式将全局逻辑结构中所定义的数据结构及其联系按照一定的物理存储策略进行组织，以达到较好的时间与空间效率。内模式描述了记录的存储方式（如顺序存储、按照 B 树结构存储、按 hash 方法存储等）、索引的组织方式、数据是否压缩存储、数据是否加密、数据存储记录的结构等内容。一个数据库只有一个内模式。

8.3.5 外模式/模式映像

对于每一个外模式，数据库系统都有一个外模式 / 模式映像，定义外模式与模式之间的对应关系。外模式 / 模式映像定义通常包含在各自外模式的描述中。

外模式 / 模式映像能够保证数据的逻辑独立性。当模式改变时，数据库管理员对外

模式 / 模式映像作相应改变，使外模式保持不变。应用程序是依据数据的外模式编写的，应用程序不必修改，保证了数据与程序的逻辑独立性，简称数据的逻辑独立性。

8.3.6　模式/内模式映像

模式 / 内模式映像定义了数据全局逻辑结构与存储结构之间的对应关系。例如，说明逻辑记录和字段在内部是如何表示的。数据库中模式 / 内模式映像是唯一的，该映像定义通常包含在模式描述中。

模式 / 内模式映像保证了数据的物理独立性。当数据库的存储结构改变时（如选用了另一种存储结构），数据库管理员修改模式 / 内模式映像，使模式保持不变，从而保证了应用程序不受影响。模式 / 内模式映像保证了数据与程序的物理独立性，简称数据的物理独立性。

数据库的两级映像能够保证数据库外模式的稳定性，从底层保证了应用程序的稳定性，除非应用需求本身发生变化，否则应用程序一般不需要修改。数据库的两级映像保证了数据与程序之间的独立性，使得数据的定义和描述可以从应用程序中分离出去。数据的存取由数据库管理系统管理，简化了应用程序的编制，大大减少了应用程序的维护和修改。

8.4　空间数据库系统的外部体系结构

8.4.1　集中式结构

集中式分为单用户结构和主从式结构。

单用户结构的整个数据库系统(应用程序、数据库管理系统、空间数据)装在一台计算机上，为一个用户独占，不同机器之间不能共享数据，数据冗余度大。单用户结构是早期的最简单的数据库系统（图 8-4）。例如，一个学校的各个部门都使用本部门的机器来管理本部门的数据，各个部门间的机器是相互独立的。因为不同部门之间不能共享数据，所以学校内部存在大量的冗余数据。

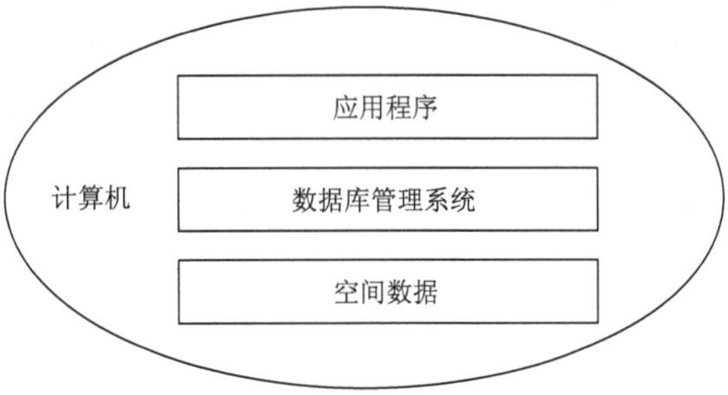

图 8-4　单用户结构

主从式结构也是一种集中式结构，它是以大型主机为中心，面向终端的多用户计算机系统。在这种结构中，以一台主机为核心，包括操作系统、应用程序、数据库管理系统、数据，都集中存放在主机上，所有的应用处理均由主机承担。各个用户通过主机的终端可同时或并发地存取数据，共享数据资源（图 8-5）。

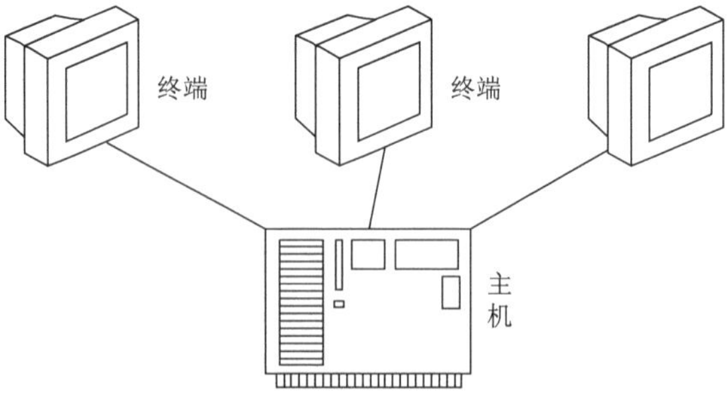

图 8-5　主从式结构

主从式结构的优点是结构简单，易于管理、控制与维护。主从式结构的缺点是当终端用户数目增加到一定程度后，主机的任务会过分繁重，成为瓶颈，使系统性能下降。因为是集中式管理，主机的任何错误都有可能导致整个系统的瘫痪。所以，这种结构对系统主机的性能要求比较高。

8.4.2　分布式结构

传统的数据管理模式是集中式的，但是对于大范围的专业应用系统，由于数据的分布不在一个站点上，数据的来源复杂，要求通过网络来管理和应用各种各样的地理空间数据。分布式空间数据库管理将空间数据库技术与计算机网络技术相结合，通过计算机网络，对借助通信线路互联的多个相关空间数据库进行数据与程序的分布式处理，以提高系统的协同能力与处理效率。分布式空间数据库系统面临的主要问题包括空间数据的分割、分布式查询、分布式并发控制(即协调在同一时间里访问同一数据库的用户的相互作用)。互联网的发展和分布式处理，使地理空间数据库具有网络连接能力。空间数据库向着分布式数据库方向发展，实现了分布式事务处理、透明存取、跨平台应用、异构网互联、多协议自动转换等功能，是空间数据管理的发展方向之一。

在实际应用中，一些大型企业和连锁店等经常是在物理位置上分布式存在的，单位中各个部门都维护着自身的数据，整个单位的信息被分解成若干信息分块。分布式数据库正是针对这种情形建立起来的信息桥梁，图 8-6 为分布式结构示意图。分布式数据库具有以下特点。

（1）数据的物理分布性。与集中式结构中所有数据存储在一台计算机上有所不同，数据库中的数据并不是集中存储在一台计算机上，而是分布在不同场地的多台计算机上。

（2）数据的逻辑整体性。虽然数据库物理地分布在计算机网络的不同节点上，但是分布式数据库中的数据在逻辑上相互关联，是一个整体，用户不必关心数据的物理位置。

（3）数据的分布独立性。系统的每个节点都具有独立性，可以有自己的数据库管理系统，也可以处理全局的应用。在用户看来，数据库是一个整体，用户不必关心数据在物理位置上分布的细节，不必关心数据副本的一致性，分布的实现完全由分布式数据库系统来完成。

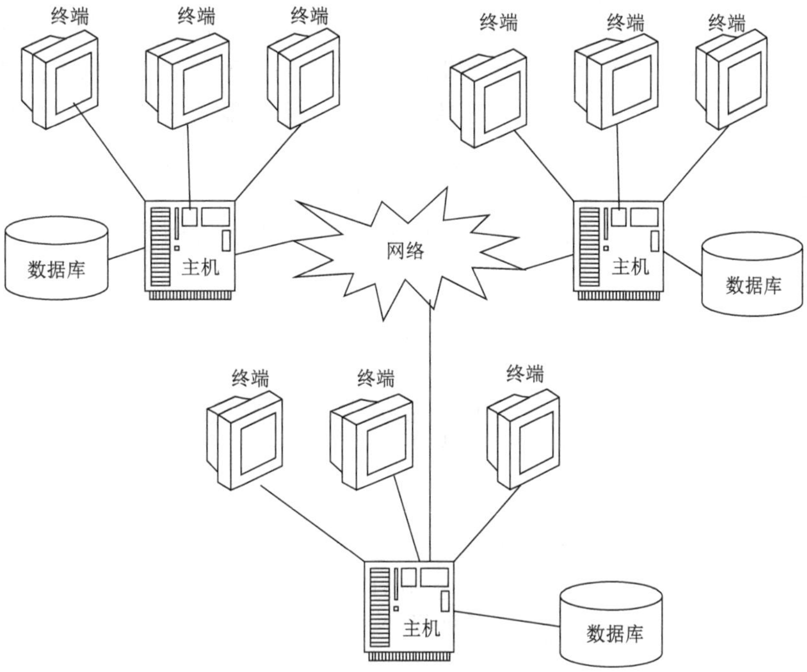

图 8-6　分布式结构示意图

（4）场地自治和协调。网络中的每个节点都可以独立处理本地数据库中的数据，执行局部应用，同时也可以通过网络通信系统执行全局应用。因此，分布式数据库系统适合于单位分散的部门，允许各个部门将其常用的数据存储在本地，实施就地存放本地使用，从而提高响应速度，降低通信费用。

（5）数据的冗余。在集中式数据库中，因为冗余数据浪费存储空间，并且容易造成各副本之间的不一致性，所以需要尽量减少数据的冗余度。分布式数据库系统通过增加适当的数据冗余，提高系统的可靠性和减少通信代价。例如，当某一场地出现故障时，系统可以对另一场地上的相同副本进行操作，不会因一处故障而造成整个系统的瘫痪。另外，可以根据距离选择离用户最近的数据副本进行操作，减少通信代价，改善整个系统的性能。

分布式数据库系统的优点：提高了资源的利用率；结构灵活易扩充；系统可靠不易瘫痪；费用低；能够适应地理上分散的公司、团体和组织对于数据库应用的需求。

分布式结构的缺点：使用数据冗余来提高处理效率；数据的分布存放给数据的处理、管理与维护带来困难；当用户需要经常访问远程数据时，系统效率会明显地受到网络传输的制约。

8.4.3　客户机/服务器结构

客户机/服务器结构也称为 C/S（client/server）结构（图 8-7）。它将数据库系统看作由两个非常简单的部分——客户机、服务器组成。服务器指数据库管理系统本身，客户机指在数据库管理系统上运行的各种应用程序，包括用户编写的应用程序和内置的应用程序。C/S 结构充分利用客户端和服务器两端硬件环境的优势，将任务合理分配到客户机和服务器，有效地降低了服务器的负荷。客户机和服务器常常处在相距很远的两台计算机上，客户机程序的任务是提供用户界面，建立同服务器的连接，将用户的要求提交给服务器程序，再将服务器程序返回的结果以特定的形式显示给用户，并完成数据的输入输出和验证等；服务器程序的任务是为多个用户管理和维护一个独立的数据库，接受客户机程序提出的服务请求，进行相应的处理，再将结果返回给客户机程序，并负责管理数据和系统的安全等。

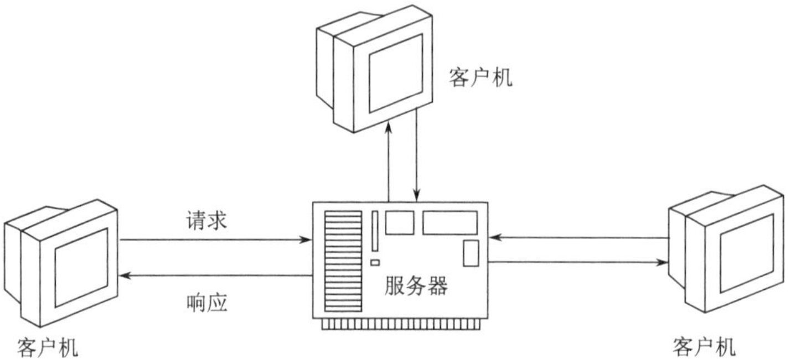

图 8-7　客户机/服务器结构

C/S 结构的主要优势体现在以下几个方面。

（1）C/S 结构能充分发挥服务器和客户机的处理能力。充分发挥客户机的处理能力，很多工作可以在客户端处理后再提交给服务器。客户端响应的速度较快。

（2）应用服务器运行数据负荷较轻。最简单的 C/S 体系结构的数据库应用由两部分组成，即客户应用程序和数据库服务器程序。如果服务器程序被启动，就随时等待响应客户程序发过来的请求；客户应用程序运行在用户自己的电脑上，对应于数据库服务器，当需要对数据库中的数据进行任何操作时，客户程序就自动地寻找服务器程序，并向其发出请求，服务器程序根据预定的规则作出应答，反馈结果，应用服务器运行负荷较轻。

（3）数据的存储管理功能较为透明。在数据库应用中，数据的存储管理功能，是由服务器程序和客户应用程序分别独立进行的。通常，一些通用的业务规则（如访问权限控制）会集中在服务器端实现。

C/S 结构的主要劣势体现在以下几个方面。

（1）客户端需要安装专用的客户端软件。首先，涉及安装的工作量。其次，任何一台电脑出问题，如硬件故障、病毒，都需要进行安装或者维护。最后，系统软件升级时，每一台客户机都需要重新安装，其维护成本较高。

（2）通信要求高。目前，大多数应用软件系统都是 C/S 形式的两层结构，这种结构中客户机和服务器直接相连，服务器要消耗资源用于处理与客户机的通信。当大量客户机同时提交数据请求时，服务器很有可能无法及时响应数据请求，导致系统运行效率降低甚至崩溃，而且客户机应用程序的分发和协调难以处理。

（3）维护代价高。传统的 C/S 结构的软件需要针对不同的操作系统开发不同版本的软件，由于产品的更新换代十分快速，代价高和低效率已经不能适应工作的需要。

8.4.4 浏览器/服务器结构

浏览器/服务器结构也称为 B/S（browser/server）结构，实质是一个三层结构的客户机/服务器体系（图 8-8）。该结构是一种以 Web 技术为基础的数据库应用系统体系结构。B/S 结构是 C/S 结构的一种改进，主要利用了不断成熟的 WWW 浏览器技术，用通用浏览器就实现了原来需要复杂专用软件才能实现的强大功能，并节约了开发成本，是一种全新的软件系统构造技术。第一层是客户端（即浏览器），只有简单的输入输出功能，处理极少部分的事务逻辑。因为客户不需要安装客户端，只要有浏览器就能上网浏览，所以它面向的是大范围的用户，界面设计得比较简单、通用。第二层是 Web 服务器，其扮演着信息传送的角色。当用户想要访问数据库时，就会首先向 Web 服务器发送请求，Web 服务器统一请求后会向数据库服务器发送访问数据库的请求，在关系数据库中这个请求通常是以 SQL 语句实现的。第三层是数据库服务器，它存放着大量的数据。当数据库服务器收到了 Web 服务器的请求后，会对请求进行处理，并将返回的结果发送给 Web 服务器，接下来，Web 服务器将收到的数据结果转换为 HTML 文本形式发送给浏览器。

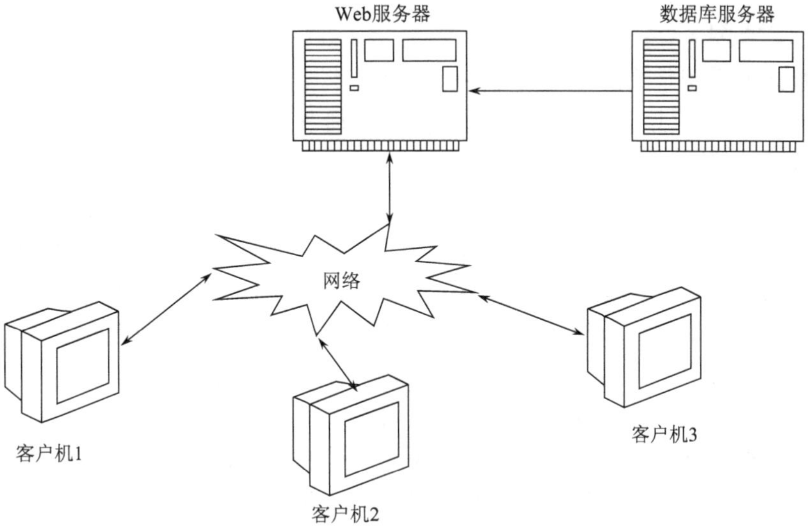

图 8-8　浏览器/服务器结构

在 B/S 结构的数据库系统中，作为客户端的浏览器并非直接与数据库相连，而是通过应用服务器(Web 服务器)与数据库进行交互。这样减少了与数据库服务器的连接数量，而且应用服务器(Web 服务器)分担了业务规则、数据访问、合法校验等工作，减轻了数据库服务器的负担。

B/S 结构的优点主要有以下几点。

（1）简化了客户端。客户端只要安装通用的浏览器软件即可，不需要安装其他应用软件。因此，只要有一台能上网的计算机就可以在任何地方进行操作，而不用安装专门的客户应用软件，节省了客户机的硬盘空间与内存，实现了客户端零维护。浏览器只处理一些简单的逻辑事务，负担小。

（2）简化了系统的开发和维护，使系统的扩展非常容易。系统的开发者无需再为不同级别的用户设计开发不同的应用程序，只需把所有的功能都实现在应用服务器(Web 服务器)上，并就不同的功能为各个级别的用户设置权限即可。

（3）浏览器和数据库服务器采用多对多的方式连接，因此适合在因特网中使用，有着很强大的信息共享性。此外，B/S 建立在因特网上，对网速要求不高。

（4）在 B/S 结构中，所有数据都集中存放在数据库服务器，所以不存在数据不一致现象。

（5）随着服务器负载的增加，可以平滑地增加服务器的个数并建立集群服务器系统，然后在各个服务器之间做负载均衡。

B/S 结构的缺点有以下几点。

（1）应用服务器(Web 服务器)端处理了系统的绝大部分事务逻辑，从而造成应用服务器运行负荷较重。

（2）页面需要不断地动态刷新，当用户增多时，网速会变慢。

（3）客户端浏览器功能简单，许多功能不能实现或实现起来比较困难。

8.4.5　并行结构

并行数据库系统是数据库技术与并行计算技术相结合的产物。并行数据库系统的目标是高性能、高可用性和可扩充性，通过多个处理节点并行执行数据库任务，提高整个数据库系统的性能。

高性能：并行数据库通过发挥多处理器的优势，从而提升数据库系统处理事务的响应时间。并行数据库系统的高性能可以从两个方面理解：一个是速度提升；一个是范围提升。速度提升是指通过并行处理，可以使用更少的时间完成更多的数据库事务。范围提升是指通过并行处理，在相同的处理时间内，可以完成更多的数据库事务。

高可用性：可用性指标关注的是并行数据库系统的健壮性，也就是当并行处理节点中的一个节点或多个节点部分失效或完全失效时，整个系统对外持续响应的能力。高可用性可以同时在硬件和软件两个方面提供保障。在硬件方面，通过冗余的处理节点、存储设备、网络链路等硬件措施，保证系统中某节点部分或完全失效时，其他的硬件设备可以接受其处理，对外提供持续服务。在软件方面，通过状态监控与跟踪、互相备份、日志等技术手段，保证当前系统中某节点部分或完全失效时，由它所进行的处理或由它所掌控的资源可以无损失或基本无损失地转移到其他节点，并由其他节点继续对外提供服务。

可扩充性：可扩充性是指并行数据库系统通过增加处理节点或者硬件资源（处理器、内存等），使其可以平滑地或线性地扩展其整体处理能力的特性。

从硬件结构来看，根据处理机与磁盘及内存的相互关系可以将并行计算机分为三种基本的架构：共享内存（shared-memory，SM）、共享磁盘（shared-disk，SD）、无共享（shared-nothing，SN）（图 8-9）。

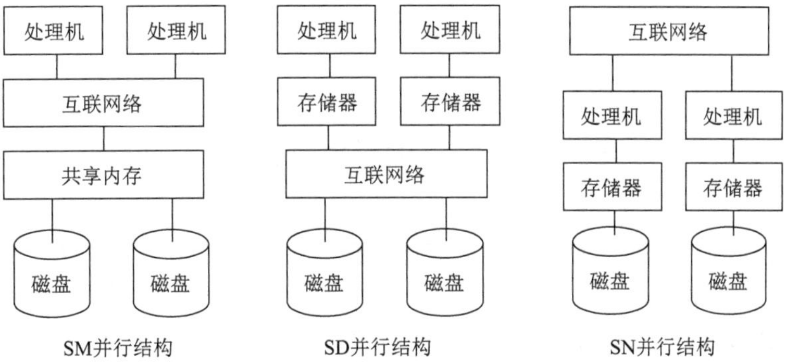

图 8-9　并行结构的体系结构

SM 并行结构由多个处理机、一个共享内存和多个磁盘存储器构成。多处理机和共享内存由高速通信网络连接，每个处理机可以直接存取一个或多个磁盘。在该结构中，共同执行一个任务的多个数据库构件通过共享内存来交换信息与数据。数据库中的数据划分在多个局部磁盘上，并可以为所有处理机访问。这种结构因为使用了共享的内存，所以可以基于系统的实际负荷来动态地给系统中的各个处理器分配任务，从而可以很好地实现负荷均衡。SM 并行结构具有实现简单、负载均衡等优点。但是，SM 并行结构存在硬件之间互联复杂、可扩充性差、可用性差等缺点。

SD 并行结构由多个具有独立内存的处理机和多个磁盘构成。每个处理机都可以读写任何磁盘。多个处理机和磁盘存储器由高速通信网络连接。SD 并行结构具有成本低、可扩充性好、可用性强、容易从单处理机系统迁移以及负载均衡等优点。SD 并行结构的一个明显不足是多个处理器可以使用系统中的全部磁盘进行存储。因此，当处理器增加时可能会导致磁盘被多个处理器使用而使磁盘的性能明显地下降。此外，多个处理器可能同时对同一磁盘存储位置进行访问和修改，最终导致数据的一致性无法保障。因此，在 SD 并行结构中需要对各个处理器的并发访问进行全局控制与管理，这会带来额外的通信开销。

SN 并行结构由多个处理节点构成。每个处理节点具有自己独立的处理机、内存和磁盘存储器。多个处理机节点由高速通信网络连接。SN 并行结构中，每一个节点都可以视为分布式数据库系统中的局部场地，因此，分布式数据库设计中的多数设计思路，如数据库分片、分布事务管理和分布查询处理等，都可以借鉴。SN 并行结构成本较低，能最大限度地减少共享资源，具有极佳的可伸缩性，通过在多个节点上复制数据又可实现高可用性。该方案的不足在于难以实现节点负载的均衡。

第 9 章　空间数据索引

随着各类数据的爆炸式增长，海量数据的相关研究也开始备受关注。海量数据是指巨大的、浩瀚的数据。目前，数据量已经从 TB 级别跃升到 PB、EB 乃至 ZB 级别。随着信息化程度的提高，人们无不在充分感受数据应用带来的巨大变化。现在，在许多行业中都需要操作海量数据。在这个信息爆炸的“大数据时代”，在对海量数据的分析过程中，要求能够高速有效地对数据进行处理。因此，对数据的查询提出了很高的要求。海量数据查询技术即海量数据检索技术，提供对数据进行检索，方便用户快速有效地找到需要的数据。由于数据量很大，如果未能构建一种有效的查询手段，会导致查询的速度变慢，影响系统的使用性能，从而成为整个系统的性能瓶颈。随着技术的发展，海量数据查询的应用技术也得到了迅速的发展。

9.1 索引概述

9.1.1 索引的概念

由于计算机的存储器分为内存、外存两种，访问内存和外存一次所花费的时间一般为 30~40ns 和 8~10ms，可以看出两者相差 10 万倍以上。虽然现在有“内存数据库”的相关概念，但绝大多数资料是存储在外存磁盘上的，如果对磁盘上资料的位置不加以记录和组织，每查询一个数据项就要扫描整个数据文件，这种访问磁盘的代价会严重影响系统的效率。因此，系统的设计者必须将资料在磁盘上的位置加以记录和组织。通过在内存中的一些计算来取代对磁盘漫无目的地访问，才能提高系统的效率。随着大数据时代的到来，索引对于数据处理的效率是至关重要的。

索引是对数据库的数据进行排序的一种结构，使用索引可快速访问数据库中的特定信息。数据库索引就像是一本书的目录一样，当我们想查看书中感兴趣的内容时，通过查看书的目录去快速查找到对应的内容，而不是一字一句地找我们感兴趣的内容。索引的一个主要目的就是加快检索数据库中数据，协助信息搜索者尽快找到符合限制条件的数据。创建索引可以大大加快数据的检索速度，提高系统的性能。具体来说，创建索引所带来的好处有以下几点：第一，使用索引能够使得数据的检索速度极度地加快，这也是创建索引的一个最主要的原因。第二，通过创建出唯一性索引，有效地保证了数据库表当中，每一行数据的唯一性。第三，创建索引能够加速表和表之间的连接，尤其是在实现数据的参照完整性方面有着非常特别的意义。第四，使用索引，能够在查询的过程中使用优化隐藏器，提高系统的性能。第五，创建索引，在使用分组和排序子句进行数据检索的时候，可以有效减少查询过程中分组和排序的时间。

当然，索引也不是越多越好。第一，创建索引和维护索引要耗费时间，这种时间随着数据量的增加而增加。第二，索引需要占用物理空间。第三，当对表中的数据进行增加、删除和修改的时候，索引也要动态地维护，这样就降低了数据的维护速度。

由于索引能够加快查询的速度，数据库管理系统一般都提供了索引功能。在常规的属性数据查询中，B 树、B+树、哈希索引得到了较为广泛的应用。

9.1.2　B 树索引

1. B 树的定义

B 树是一种平衡的多路查找树，在数据库文件组织中得到广泛应用。一棵 m 阶的 B 树，或是空树，或是满足以下条件的 m 叉树：

（1）树中每个结点最多有 m 棵子树。

（2）若根结点不是叶子结点，则至少有两棵子树。

（3）除根结点外的所有非终端结点至少有 $\lceil m/2 \rceil$ 棵子树。

（4）所有的非终端结点包含信息（$n, A_0, K_1, A_1, \cdots, K_n, A_n$）。其中，$K_i$ 为关键字且有序；A_i 为指向子树根结点的指针，A_i 所指子树中所有结点的关键字均小于 K_{i+1} 而大于 K_i；n（$\lceil m/2 \rceil - 1 \leqslant n \leqslant m-1$）为关键字的个数。

（5）所有叶子结点都出现在同一层次上，即所有空的指针出现在同一层上。

2. B 树基本操作算法

1）B 树的查找

把根结点读出来，在根结点所包含的关键字 K_1，⋯，K_j 中查找给定的关键字值（当结点包含的关键字不多时，就用顺序检索；当结点包含的关键字数目较多时，可以用二分检索），如果找到关键字值，则检索成功；否则，确定要查找的关键字值是在某个 K_i 和 K_{i+1} 之间，于是取 p_i 所指向的结点继续查找；如果 p_i 指向外部结点，表示检索失败。

2）B 树的插入

B 树的生成也是从空树起，逐个插入关键字获得。但由于 B 树结点中的关键字个数必须有 $n \geqslant \lceil m/2 \rceil - 1$，每次插入一个关键字不是在树中添加一个叶结点，而是先在最底层的某个终端结点中添加一个关键字。若该结点的关键字个数不超过 $m-1$，则插入完成，否则要产生结点“分裂”。

3）B 树的删除

若在 B 树上删除一个关键字，则首先应该找到该关键字所在的结点，并从中删除。做删除操作分为两种情况：一种情况是删除结点为 B 树的不处在最后一层的结点；另一种情况是删除结点为 B 树最后一层的结点。

如果该结点不处在最后一层，假设用 K_i 表示，则只需要找到指针 A_i 所指子树中最小的一个关键字代替 K_i，同时将该最小的关键字删除即可。

如果该结点为最后一层的非终端结点，有下列三种可能：

第一种：如果被删关键字所在结点中的关键字数目不小于 $\lceil m/2 \rceil$，则只需从该结点删除该关键字 K_i 及相应的指针 A_i。

第二种：如果被删关键字所在结点中的关键字数目等于 $\lceil m/2 \rceil - 1$，而与该结点相邻的右兄弟结点（或者左兄弟）中的关键字数目大于 $\lceil m/2 \rceil - 1$，只需将该兄弟结点中的最小（或者最大）的关键字上移到双亲结点中，然后将双亲结点中小于（或者大于）且紧靠该上移关键字的关键字移动到被删关键字所在的结点中。

第三种：如果被删除关键字所在的结点和其相邻的兄弟结点中的关键字数目都正好等于$\lceil m/2 \rceil - 1$，假设其有右兄弟结点，且其右兄弟结点是由双亲结点中的指针 A_i 所指，则需要在删除该关键字的同时，将剩余的关键字和指针连同双亲结点中的 K_i 一起合并到右兄弟结点中。

9.1.3　B+树索引

1. B+树的定义

B+树是 B 树的一种变种，对 B+进行任何插入、删除都必须满足 B 树的定义。B+和 B 树的差异在于：

（1）有 n 棵子树的结点包含 n 个关键字，B+树中每个结点中关键字个数 n 的取值范围为$\lfloor m/2 \rfloor \leqslant n \leqslant m$。

（2）所有的叶结点中包含了全部关键字的信息及指向含有这些关键字记录的指针，且叶结点本身依关键字的大小自小到大顺序链接。

（3）所有的非终端结点可以看成索引部分，结点中仅含有其子树中的最大或最小关键字。

2. B+树基本操作算法

1）B+树的查找

在 B+树中，所有非终端结点都相当于终端结点的索引，而所有的关键字都存放在终端结点中，所有在从根结点出发做查找操作时，如果非终端结点上的关键字恰好等于给定值，此时并不算查找完成，而是要继续向下直到叶子结点。B+树的查找操作，无论查找成功与否，每次都走了一条从根结点到叶子结点的路径。

2）B+树的插入

在 B+树中插入关键字时，需要注意以下几点：插入操作全部在叶子结点上进行，且不能破坏关键字自小而大的顺序。由于 B+树中各结点中存储的关键字的个数有明确的范围，做插入操作可能会出现结点中关键字个数超过阶数的情况，此时需要将该结点进行“分裂”。B+树中做插入关键字的操作，有以下三种情况。

第一种：若被插入关键字所在的结点，其含有关键字数目小于阶数 M，则直接插入结束。

第二种：若被插入关键字所在的结点，其含有关键字数目等于阶数 M，则需要将该结点分裂为两个结点，一个结点包含$\lfloor m/2 \rfloor$个关键字，另一个结点包含$\lceil m/2 \rceil$个关键字。同时，将$\lceil m/2 \rceil$关键字上移至其双亲结点。假设其双亲结点中包含的关键字个数小于 M，则插入操作完成。

第三种：在第二种情况下，如果上移操作导致其双亲结点中关键字个数大于 M，则应继续分裂其双亲结点。

此外，如果插入的关键字比当前结点中的最大值还大，破坏了 B+树中从根结点到当前结点的所有索引值，此时需要及时修正，修正后再做其他操作。

3）B+树的删除

在 B+树中删除关键字时，有以下三种情况。

第一种：找到存储有该关键字所在的结点时，由于该结点中关键字个数大于$\lfloor m/2 \rfloor$，做删除操作不会破坏 B+树，可以直接删除。

第二种：当删除某结点中最大或者最小的关键字时，会涉及更改其双亲结点一直到根结点中所有索引值的更改。

第三种：删除该关键字，会导致当前结点中关键字个数小于$\lfloor m/2 \rfloor$，若其兄弟结点中含有多余的关键字，可以从兄弟结点中借关键字完成删除操作。

9.1.4 B*树索引

B*树是 B+树的变体，是在 B+树的非根和非叶子结点再增加指向兄弟的指针。B*树定义了非叶子结点关键字个数至少为(2/3) • M，即块的最低使用率为 2/3（代替 B+树的 1/2）。

B*树的分裂操作：当一个结点满时，如果它的下一个兄弟结点未满，那么将一部分数据移到兄弟结点中，再在原结点插入关键字，最后修改父结点中兄弟结点的关键字（因为兄弟结点的关键字范围改变了）；如果兄弟也满了，则在原结点与兄弟结点之间增加新结点，并各复制 1/3 的数据到新结点，最后在父结点增加新结点的指针。

B*树分配新结点的概率比 B+树要低，因为 B*树中，当一个结点满了之后并不是直接就创建新的结点，而是先去判断兄弟结点满了没有；如果兄弟结点没有满，则向兄弟结点中转移数据，否则分配新的结点。所以 B*树的空间利用率比 B+树要高，空间使用率更高。

9.1.5 哈希索引

哈希索引可以通过关键字直接找到数据的存储位置，不需要进行任何的比较，其查找的效率相较于前面所介绍的查找算法是更高的。哈希索引的建立和函数类似，首先把函数中的 x 用查找记录时使用的关键字来代替。然后，将关键字的值代入一个公式中，就可以求出一个值，用这个值来表示记录存储的哈希地址，即哈希地址=f(关键字的值)。哈希地址只是表示在查找表中的存储位置，而不是实际的物理存储位置。f() 是一个函数，通过这个函数可以快速求出该关键字对应的数据的哈希地址，称为“哈希函数”。利用哈希函数会使对一个数据序列的访问过程更加迅速有效。通过哈希函数，数据元素将被更快地定位。常用的哈希函数有以下几种。

1）直接寻址法

取关键字或关键字的某个线性函数值为哈希地址，即 H(key)=key 或 H(key) = a×key + b，其中，a 和 b 为常数（这种哈希函数称为自身函数）。例如，关键码集合为{100，200，300，400，600，800，900}，选取哈希函数为 Hash(key)=key/100，则存储结构（哈希表）如表 9-1 所示。

表 9-1 直接寻址法计算哈希地址

0	1	2	3	4	5	6	7	8	9
	100	200	300	400		600		800	900

2）除留余数法

取关键字被某个不大于哈希表表长 m 的数 p 除后所得的余数为哈希地址，即 $H(\text{key}) = \text{key MOD } p$（$p \leqslant m$）。除留余数法不仅可以对关键字直接取模，也可在折叠、平方取中等运算之后取模。对 p 的选择很重要，一般取素数或 m，若 p 选得不好，容易产生冲突。

3）数字分析法

如果关键字由多位字符或者数字组成，就可以考虑抽取其中的两位或者多位作为该关键字对应的哈希地址。在取法上尽量选择变化较多的位，避免冲突发生。例如，有一组（如 80 个）关键码（图 9-1），其样式如下：

	1	2	7	0	5	2	4
	1	2	9	1	4	8	7
	1	2	8	2	6	9	6
	1	2	8	5	2	7	0
	1	2	8	6	3	0	5
	1	2	9	8	0	5	8
	1	2	7	9	6	7	1
	1	2	7	3	9	1	9
位号：	①	②	③	④	⑤	⑥	⑦

图 9-1 数字分析法示意图

通过分析关键字的构成，很明显可以看到关键字的第 1、2 位均是“1”和“2”，第 3 位也只有“7、8、9”。因此，这几位不能用，余下四位分布较均匀，可作为哈希地址选用。所以，为了避免冲突，可以从第 4 位到第 7 位中，任意选取两位作为其哈希地址。若哈希地址取两位（因元素仅 80 个），则可取这四位中的任意两位组合成哈希地址，也可以取其中两位与其他两位叠加求和后，取后两位作为哈希地址。

4）平方取中法

取关键字平方后的中间几位作为哈希地址。例如，关键字序列为{417, 419, 421}，对各个关键字进行平方后的结果为{173889, 175561, 177241}，则可以取中间的两位{38, 55, 72}作为其哈希地址。

5）折叠法

将关键字分割成位数相同的几部分，最后一部分位数可以不同，然后取这几部分的叠加和（去除进位）作为哈希地址。在对关键字进行折叠时有两种方式：一种是移位折叠；另一种是间界折叠。移位折叠法是将各部分的最后一位对齐相加。间界折叠法是从一端向另一端沿分割界来回折叠后，最后一位对齐相加。例如，对于数字 42896751，移位折叠和间界折叠法示意如图 9-2 所示。

分割方式：42|896|751

(a) 移位折叠	(b) 间界折叠
751	751
896	698
+ 42	+ 42
1689	1491

图 9-2　移位折叠和间界折叠法示意

6）随机数法

选择一随机函数，取关键字作为随机函数的种子生成随机值作为哈希地址。随机数法通常用于关键字长度不同的场合。这里的随机函数其实是伪随机函数，每个 key 都对应的是固定的 H（key）。

在选择构建哈希函数方法的时候，需要根据实际查找表的情况采取适当的方法。通常考虑的因素有以下几方面。

（1）关键字的长度。如果长度不等，就选用随机数法。如果关键字位数较多，就选用折叠法或者数字分析法；反之，如果位数较少，可以考虑平方取中法。

（2）哈希表的大小。如果大小已知，可以选用除留余数法。

（3）关键字的分布情况。

（4）查找表的查找频率。

（5）计算哈希函数所需的时间。

对于哈希表的建立，需要选取合适的哈希函数，但是对于无法避免的冲突，需要采取适当的措施去处理。通常处理冲突的方法有以下几种。

（1）开放定址法。开放定址法的公式为 H（key）= (H(key) + d_i) MOD m，i=1, 2, ⋯, k($k \leqslant m-1$)。其中，H(key)为哈希函数。m 为散列表长。d_i 为增量序列，可有下列三种取法：

第一种：d_i = 1, 2, 3, ⋯, $m-1$，称为线性探测法。

例如，关键码集为 {47，7，29，11，16，92，22，8，3}，设哈希表表长 m=11，哈希函数为 Hash(key)=key mod 11。使用线性探测法处理冲突，建立的哈希表如表 9-2 所示。

表 9-2　线性探测法处理冲突

0	1	2	3	4	5	6	7	8	9	10
11	22		47	92	16	3	7	29	8	

在表 9-2 中，47、7、11、16、92 均是由哈希函数得到的没有冲突的哈希地址；Hash(29)=7，哈希地址有冲突，需寻找下一个空的哈希地址：由 H_1=(Hash(29)+1) mod 11 =8，哈希地址 8 为空，因此将 29 存入。另外，22、8、3 同样在哈希地址上有冲突，也是由线性探测法找到空的哈希地址的，其中 3 还连续移动了三次。

线性探测法的优点：只要哈希表未被填满，就保证能找到一个空地址单元存放有冲突的元素。线性探测法的缺点：可能使第 i 个哈希地址的同义词存入第 $i+1$ 个哈希地址，这样本应存入第 $i+1$ 个哈希地址的元素变成了第 $i+2$ 个哈希地址的同义词……因此，可能出现很多元素在相邻的哈希地址上“堆积”起来的现象，大大降低了查找效率。采用二次探测法或伪随机探测法，可以改善“堆积”问题。

第二种：$d_i = 1^2, -1^2, 2^2, -2^2, 3^2, \cdots, \pm k^2, (k \leqslant m/2)$，称为二次探测法。例如，关键码集为{47，7，29，11，16，92，22，8，3}，设哈希表表长 m=11，哈希函数为 Hash(key)= key mod 11。使用二次探测法处理冲突，建立的哈希表如表 9-3 所示。

表 9-3　二次探测法处理冲突

0	1	2	3	4	5	6	7	8	9	10
11	22	3	47	92	16	0	7	29	8	

使用二次探测法，关键字 3 的冲突处理与线性探测法有所不同。Hash(3)=3，哈希地址上有冲突，由 H_1=(Hash(3)+1^2) mod 11=4，仍然冲突；H_2=(Hash(3)−1^2) mod 11=2，找到空的哈希地址，则可以存入。

第三种：d_i=伪随机数序列，称伪随机探测法。伪随机探测法是每次加上一个随机数，直到探测到空闲位置结束。

（2）链地址法。链地址法，也称为拉链法，其基本思想是将具有相同哈希地址的记录链成一个单链表，m 个哈希地址就设 m 个单链表，然后用一个数组将 m 个单链表的表头指针存储起来，形成一个动态的结构。例如，设{47, 7, 29, 11, 16, 92, 22, 8, 3, 50, 37, 89, 10}的哈希函数为 Hash(key)=key mod 11，用拉链法处理冲突，建表如图 9-3 所示。有冲突的元素可以插在表尾，也可以插在表头。

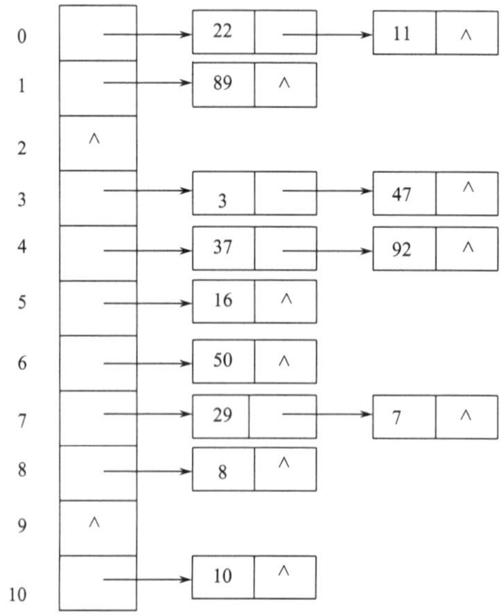

图 9-3　链地址法处理冲突

（3）再散列法。再散列法的公式为 $H_i = RH_i(\text{key}), i = 1, 2, \cdots, k$。$RH_i$ 均是不同的散列函数，即在同义词产生地址冲突时计算另一个散列函数地址，直到冲突不再发生。这种方法不易产生“聚集”，但增加了计算时间。

（4）建立一个公共溢出区。除设立哈希基本表外，另设立一个溢出向量表。所有关键字和基本表中关键字为同义词的记录，不管它们由哈希函数得到的地址是什么，一旦发生冲突，都填入溢出表。

哈希索引的优点：文件随机存放，记录不需进行排序；插入、删除方便，存取速度快，不需要索引区，节省存储空间。哈希索引的缺点：不能进行顺序存取，只能按关键字随机存取，且询问方式限于简单询问，并且在经过多次的插入、删除之后，也可能造成文件结构不合理。

9.2　空间数据索引概述

虽然 B 树、B+树、哈希等索引技术在存储一维数据的数据库中得到了广泛的应用，但是上述索引技术都是针对属性数据设计的，并不适用于空间数据。由于空间数据库中的数据量很大，空间数据库查询所费时间和流程一般要比关系数据库大，特别是查询语句的条件谓词中包含一些对空间数据操作的函数，计算这些函数的开销远比数值或字符串的要大。如果用顺序扫描的方法查询，则效率非常低。在空间数据库的研究领域，空间索引技术无疑是其中一个非常重要的研究热点，它的发展直接决定了空间数据的检索和管理效率。因此，为了提高查询效率，采用空间索引是十分必要的。

空间数据索引就是指依据空间对象的位置和形状或空间对象之间的某种空间关系按一定的顺序排列的一种数据结构，其中包含空间对象的概要信息，如对象的标识、外接矩形及指向空间对象实体的指针（兰小机和刘德儿，2020）。空间索引技术是一种有效提高空间数据检索操作和查询操作效率的方法。高效的空间索引应该满足以下要求。

（1）动态性。空间索引为了适应在数据库中随意添加或删除空间数据对象的操作后引起的变化，应该满足动态性的需求。

（2）多级存储管理。多级存储应该有效整合并应用于空间索引方法中。

（3）支持多空间算子。空间索引不能为了一种空间操作的效率，而忽略了其他的操作效率。

（4）输入数据和插入顺序的独立。输入的空间数据类型和插入空间数据的顺序不能影响空间索引的执行效率。

（5）简单性。空间索引技术应该保持简单性。因为复杂的空间索引方法通常会导致错误，而使得空间索引技术的强壮性变弱。

（6）可伸缩性。当数据库发展时，空间索引应该能有效地适应它。

（7）时间和时空有效性。空间索引的操作效率要快，而且应该尽可能少地占用空间。

（8）最小影响。当空间索引技术和数据库系统融合时，应当使对现存系统造成的影响降到最低。

作为一种辅助性的空间数据结构，空间索引介于空间操作算法和空间对象之间，它通过筛选作用，大量与特定空间操作无关的空间对象被排除，从而提高空间操作的速度和效率。构造一个高性能的空间索引系统要解决几个主要问题：高速查询，即在大资料量的条件下能进行实时查询；高度扩展性，即可以无限扩展索引区域；地理元素变化时，能够很快更新空间索引；不受坐标系或投影变换的直接影响。

空间索引性能的优劣直接影响空间数据库和地理信息系统的整体性能，它是空间数据库和地理信息系统的一项关键技术。

尽管有许多特定的数据结构和算法用来完成空间索引，但基本原理相似，即采用分割原理，把查询空间划分为若干区域（通常为矩形或多边形），并且这些资料可唯一标识。目前，有两种分割方法：一种是规则区域或单元包含空间分割方法；另一种是基于对象的分割方法。规则分割方法是将地理空间按照规则或半规则方式分割，分割单元间接地与地理对象相关联，地理要素的几何部分可能被分割到几个相邻的单元中，这时地理对象的描述保持完整，而空间索引单元只存储对象的位置参考信息。在基于对象的分割方法中，索引空间的分割直接由地理对象来确定，索引单元包括地理对象的最小外接矩形。

目前，比较有代表性的空间索引有：实体范围索引、网格索引、基于二叉查找树的空间索引、四叉树索引、R 树索引、R+树索引、R*树索引、CELL 树索引、GiST 树索引等。

9.3　实体范围索引

9.3.1　实体范围索引的概念

实体范围索引在记录每个空间实体的坐标时，记录包围每个空间实体外接矩形的最大和最小坐标。这种方法没有建立真正的空间索引文件，而是在存储空间实体的数据文件中增加了外接矩形的最大和最小坐标，它主要依靠空间计算来进行判别。图 9-4 为一个实体范围索引的实例。

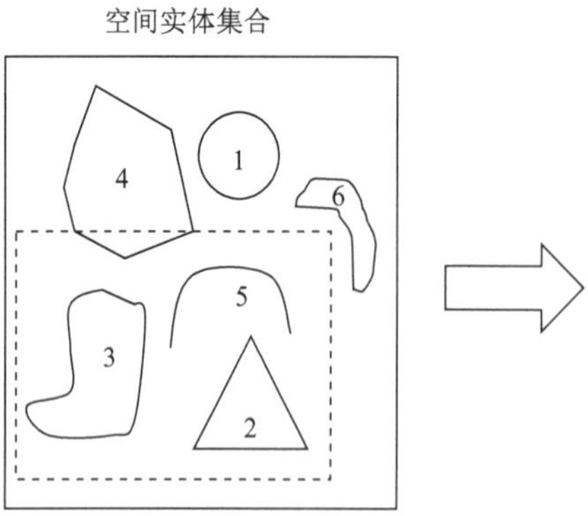

ID	X_{max}	X_{min}	Y_{max}	Y_{min}
1	…	…	…	…
2	…	…	…	…
3	…	…	…	…
⋮	⋮	⋮	⋮	⋮

图 9-4　实体范围索引实例

9.3.2　实体范围索引的基本操作算法

1. 基于实体范围索引的查询操作

在检索空间实体时，根据空间实体的最大最小范围，预先排除那些没有落入检索窗口内的空间实体，仅对那些外接矩形和检索窗口有交集的空间实体作进一步的判断，最后检索出真正和窗口有交集的空间实体。例如，在图 9-4 中，首先，空间实体 1 的外接矩形和检索窗口不相交，需要把空间实体 1 排除掉。其次，空间实体 2、3 和 5 的外接矩形完全在检索窗口的内部，空间实体 2、3 和 5 必然和检索窗口有交集。但是，空间实体 4 和 6 的外接矩形和检索窗口有部分重叠，需要对空间实体 4 和 6 作进一步的判断。最后，通过精确运算，计算得到空间实体 2、3、4、5 和检索窗口有交集。

2. 基于实体范围索引的插入操作

在插入空间实体的时候，同时需要计算出空间实体的最小外接矩形，并记录空间实体最小外接矩形的最大和最小坐标。

3. 基于实体范围索引的删除操作

在删除空间实体的时候，同时需要删除空间实体以及空间实体的最小外接矩形对应的记录。

9.3.3　实体范围索引的算法评价

（1）使用实体范围索引，在查询时仍需要对整个数据文件的空间对象进行检索，只是某些对象可以通过矩形范围予以直接判别，而有些对象需要进行复杂的计算才能判别。

（2）虽然使用实体范围索引仍然需要花费大量的时间，但是随着计算机处理速度的加快，这种索引在一定程度上能满足查询的效率要求。

9.4　网 格 索 引

9.4.1　网格索引的概念

网格索引是将研究区域用横竖线条划分成大小相等或不等的网格，每一个网格相当于一个桶（bucket），记录每一个网格所关联的空间实体。当用户进行空间查询时，首先计算出用户查询对象所在网格。然后，在该网格中快速查询所选空间实体，这样一来就大大地加速了空间实体的查询速度。网格索引算法大致分为三类：基于固定网格划分的空间索引、多层次网格的空间索引、自适应层次网格空间索引。

1. 基于固定网格划分的空间索引

基于固定网格划分的空间索引将一幅地图分割成 $x \cdot y$ 的固定网格，为落入每个网格内的地图目标建立索引，从而达到快速检索的目的。该算法的特点是网格大小固定，并且只有一级网格，优点是操作简单，在涉及的数据量不大、不需要进行复杂操作时具有一定的适应性。

2. 多层次网格的空间索引

基于多层次网格的空间索引算法是将一幅地图分割成若干大小相同的小块，将与该小块关联的空间对象存入该小块对应的存储区域中。根据需要可以将小块划分成更小的块，建立多级索引。

该算法的优点是检索的效率比较高，相比于纯粹的网格索引减少了特定的比较次数。但是，网格划分的精细程度无法保证最优。对处于网格边缘的对象没有一个很好的解决办法，没有考虑空间对象的水平与垂直分布对网格划分的影响。

3. 自适应层次网格空间索引

自适应层次网格空间索引的网格大小由各具体的空间对象的外接矩形决定，避免了网格索引中网格划分的人为影响。

自适应层次网格空间索引的优点是网格划分稳定自动，以各空间对象的外接矩形的大小作为划分依据，避免了重复存储，在存储效率上有一定改善。自适应层次网格空间索引的缺点是算法实现复杂，建立索引前，必须知道各空间对象外接矩形的长、宽，按其面积大小排序；建立索引后，进行插入或删除操作时，涉及的地图目标的外接矩形面积若不是原有面积大小，则需要重新进行排序，效率反而会下降。

图 9-5 为一个多层次网格索引的实例，其中包含了 3 个空间对象。在图 9-5 中，第一级网格是把整个空间等分为 4 份，分别是 A、B、C、D 区域；第二级网格是把整个空间等分为 16 份，每一个网格均是第一级网格中每个网格面积的 1/4，第二级网格的编号分别是 1、2、3、4、5、6、7、8、9、10、11、12、13、14、15、16。在对地理空间划分之后，分别建立每一级网格所关联的空间对象。

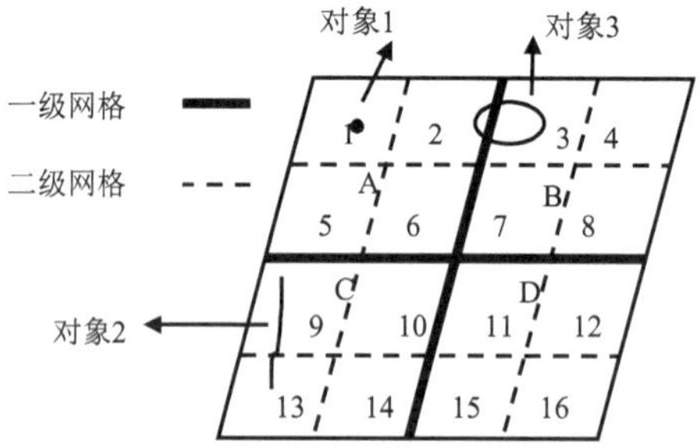

一级网格	
A	对象1，对象3
B	对象3
C	对象2

二级网格	
1	对象1
2	对象3
3	对象3
9	对象2
13	对象2

图 9-5　网格索引实例

9.4.2　网格索引的基本操作算法

1. 网格索引的查询操作

此过程分为粗略查询和精确查询。首先，检索出那些被查询区域所覆盖并且包含空间对象的网格，这一步实现粗略查询。然后，在粗略查询所得到的结果集中进行精确查询，确定所有满足查询条件的记录。

2. 网格索引的插入操作

当插入空间对象时，首先，要根据每个网格的大小，按照规则计算出要插入的空间对象所要跨越的网格，同时要计算出空间对象的网格编码。然后，在那些网格对应的桶数据结构中记录该空间对象的数据项。

3. 网格索引的删除操作

执行该操作首先要计算空间对象所在的网格，然后在那些网格对应的桶数据结构中删除空间对象对应的索引记录。

9.4.3　网格索引的算法评价

（1）网格索引实现比较简单。网格索引结构的操作也比较简单，不需要进行复杂的计算，根据空间对象的空间坐标就可以进行查找。

（2）要进行空间网格的划分，就需要提前知道空间数据区域的大小。如果空间数据区域的范围不固定或者会随着时间的变化不断变化，那么，每次变化就需要更改整个索引，这样的操作开销大。

（3）网格的大小制约和影响其他指标。网格越大，网格索引表的记录数就会越少，每个网格的平均实体数及最大实体数也会越多。反之，网格越小，网格索引表中的记录数就会越多，但每个网格的平均实体数和最大实体数也会相对变少。

（4）对于一个固定的空间数据区域，网格的划分并没有确定的标准，需要针对数据分布的特点，根据实施者的经验，选择适当大小的网格划分，从而实现性能的最优化。

（5）使用网格索引进行数据检索时，所划分的格网数不能太多，否则，索引表本身太大，不利于数据的索引和检索。

9.5　基于二叉查找树的空间索引

二叉查找树 (binary search tree，BST)是一种基于二叉树的动态检索结构。二叉查找树的定义为：二叉查找树或者是一棵空树，或者是具有下列性质的二叉树：每个结点都有一个作为检索依据的关键码，所有结点的关键码互不相同；如果存在左子树，则左子树上所有结点的关键码都小于根结点的关键码；如果存在右子树，则右子树上所有结点的关键码都大于根结点的关键码；左子树和右子树也是二叉查找树。目前，基于二叉查找树的空间索引技术主要有 KD 树（k-dimensional tree）、KDB 树（k-dimensional B-tree）和 BSP 树（binary space partitioning tree）。

9.5.1　KD 树索引

KD 树是 k（$k \geqslant 2$）维的二叉查找树，是二叉查找树在多维空间的扩展，主要用于索引多属性的数据或多维点数据。KD 树每一个结点表示 k 维空间的一个点，并且树的每一层都根据这一层的分辨器做出分枝决策。KD 树的第 i 层的分辨器定义为 $i \bmod k$（树的根结点所在层为第 0 层，根结点孩子所在层为第 1 层，依次递增）。KD 树或者是一棵空树，或者是一棵具有下列性质的二叉树。

（1）若它的左子树不空，则左子树上所有结点的第 d 维的值均小于它根结点的第 d

维的值（其中，d 为根结点的分辨器值）。

（2）若它的右子树不空，则右子树的所有结点的第 d 维的值均大于它根结点的第 d 维的值（其中，d 为根结点的分辨器值）。

（3）左右子树也分别为 KD 树。

图 9-6 为一棵 KD 树的示意图，其中，图 9-6（a）为 KD 树平面图，图 9-6（b）为 KD 树层次结构图。图 9-6（a）中的虚线为查询框。

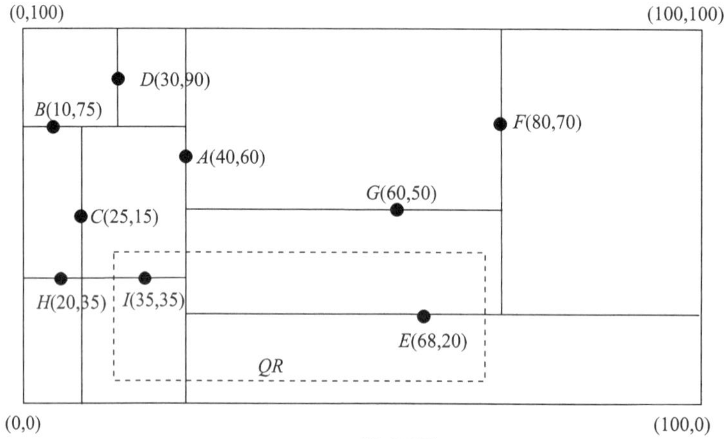

(a) KD树平面图

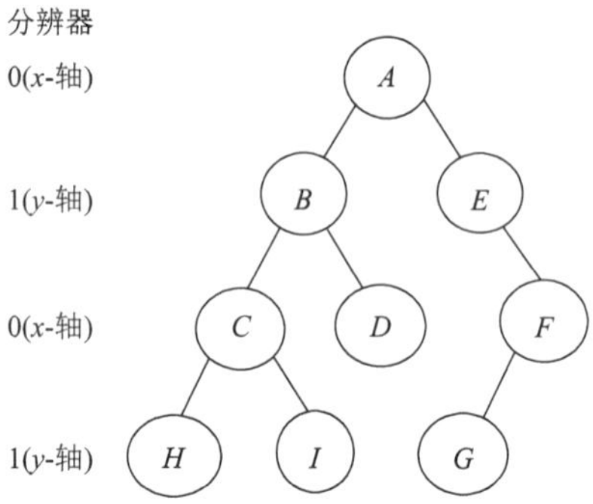

(b) KD树层次结构图

图 9-6　一棵 KD 树示意图

1. KD 树的查找

对于点的精确匹配查找，KD 树的查找过程中，在分枝决策时需要考虑分辨器的值。例如，要在图 9-6 的 KD 树中查找点 $P(80, 70)$。首先，将 P 点坐标与根结点 $A(40, 60)$比较，如匹配则检索成功。由于 P 与根结点 A 不相等，则必须比较 P 与 A 的 x 维的值（x 为 A 的分辨器），由于 80>40，由此进入 A 的右子树进行查找；比较 P 与 $E(68, 20)$的 y 维的值（y 为 E 的分辨器），由于 70>20，由此进入 E 的右子树进行查找；比较 P 与 F 的坐标，匹配，检索成功。

区域查找与点的匹配查找过程类似，不同的是查找路径往往有多条。例如，在图 9-6

中，查找落入矩形 QR 中的所有点，有两条查找路径：$A \to B \to C \to I$；$A \to E$。查找结果为 I 与 E。

2. KD 树的插入

向 KD 树中插入一个新结点，插入的原则是若 KD 树为空，则插入结点为新的根结点，否则继续在其左子树或右子树中查找，直到某个叶子结点的左子树或右子树空，插入结点作为一个新的叶子结点并成为该叶子结点的左孩子或右孩子。

图 9-6 中 KD 树是点 A、B、C、D、E、F、G、H、I 依次插入的结果。当插入 A 时，由于 KD 树为空，因此 A 成为根结点；插入 B 时，先查找到结点 A，因为 B 的 x 维的值比 A 小，所以，B 成为 A 的左孩子点，依此类推。

3. KD 树的删除

因为 KD 树中有分辨器参与分枝决策，删除一个结点时必须不违背 KD 树的原则。删除过程大致如下：先找到要删除的结点（设为 N，并设 N 的分辨器的值为 d)，然后分三种情况处理。

（1）如果 N 没有孩子结点，则将其父结点中指向 N 的指针域置空（如果 N 的父结点存在的话)，并删除该结点。

（2）如果结点 N 有右孩子，则从其右子树中找到第 d 维值最小的结点（设为 N_1）来代替结点 N，再以与删除 N 相同的方法删除 N_1。

（3）如果结点 N 只有左孩子，则从其左子树中找到第 d 维值最大的结点（设为 N_2）来代替结点 N，再以与删除 N 相同的方法删除 N_2。

图 9-7 中，以删除结点 E 为例进行说明。在图 9-7（a）中，结点 E 的边框用虚线表示。因为结点 E 有右孩子，并且 G 的 x 维值最小，所以 E 与 G 互换[图 9-7（b）]。最后，将 F 指向 E 的指针置空，删除 E 即可[图 9-7（c）]。

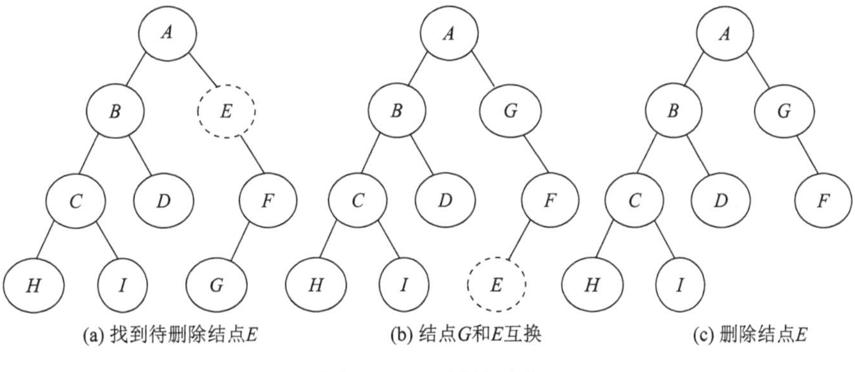

图 9-7　KD 树的删除

从以上的介绍可知，KD 树是二叉查找树在多维空间的扩展。对于精确的点匹配查找，它继承了二叉查找树的优点。但是，当删除 KD 树的中间结点时，处理过程特别复杂，时间开销很大。此外，KD 树平衡化也是一个非常复杂的过程。KD 树是为索引空间点或多属性数据而提出的，如果索引非点状空间目标，则必须采用目标近似与映射的方法，即先将任意空间目标用其 MBR 近似表示，并将其 MBR 映射为 $2k$ 维空间的点进行索引。例如，对于二维空间矩形<x_1,y_1,x_2,y_2>，可以变换为四维空间的点，再用 KD 树索引，称为 4D 树。显然，经过目标映射，*k* 维空间目标间的空间关系（如邻近关系）不再保持，对于区域而言，查找效率非常低。

9.5.2　KDB 树索引

KDB 树是一个用于划分 *k* 维搜索空间的树形结构，KDB 树的目的是提供平衡 KD 树的搜索效率，同时提供 B 树面向块的存储来优化外部内存的访问。KDB 树通过在某个维度元素的比较将空间划分为两个子空间，空间划分使用和 KD 树相同的方式。使用某个维度的一个点，其他值要么小于要么大于当前值，分别分到左边和右边的划分平面上。

KDB 树包括两种类型的页：区域页面（非叶结点）和点页面（叶结点）。区域页面是(region, child)对的集合，包含边界区域的描述和该区域指向子页面的指针。点页面是(point, location)对的集合。对于数据库而言，location 可能指向数据库记录的索引，对于 *k* 维空间中的点，可以被看成该空间中的点坐标。图 9-8 为一棵 KDB 树示意图。

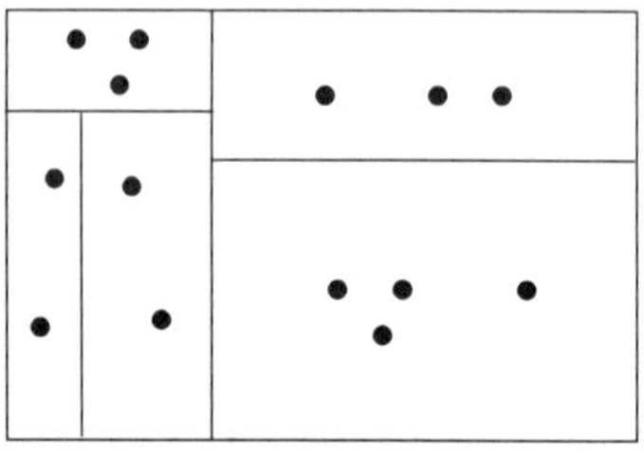

(a) KDB树平面图

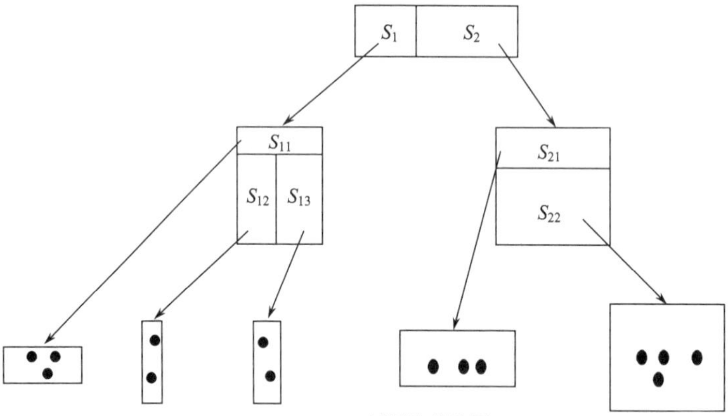

(b) KDB树层次结构图

图 9-8　一棵 KDB 树示意图

1. KDB 树的查询操作

KDB 树中的查询是所有轴上的区间范围搜索。区间的集合被称为查询区域。在 *k* 维空间中，查询区域被视为整个 *k* 维空间中的一些子空间的边界。查询的过程如下。

第一步：如果树的根是空，终止，否则让页是根。

第二步：如果页是点页，返回(region, child)对中在查询区域中的所有点。

第三步：页面是区域页面，对所有和查询区域交叉的(region, child)对，设置页面为其子页面，递归执行步骤二。

2.　KDB 树的插入操作

当向 KDB 树插入元素时，如果导致结点的规模超过它的最优规模，页面就会溢出。因为 KDB 树的目的是优化外部内存访问，当结点的规模超过外部内存页大小时，一个页被认为是溢出。通过插入和删除操作，KDB 树保持以下属性。

（1）该图是一个多叉树，区域页面指向子页面，并且不能为空，点页面是叶子结点。

（2）对于所有查询，到达叶结点的路径长度是相同的。

（3）如果根结点是区域页面，区域的联合是整个搜索空间。

（4）当一个区域页面的(region, child)对的孩子也是一个区域页面时，所有孩子区域的联合就是该页面。

（5）如果孩子是一个点页面，孩子中所有点必须被该区域包含。

3. KDB 树的删除操作

如果对存储的使用没有最小数量的要求，KDB 树的删除是非常简单的。使用一个精确匹配查询去找到(point, location)对，然后移除记录。

综上所述，KDB 树兼有 KD 树和 B 树的特性，是 B 树向多维空间发展的一种形式。KDB 树是以 B 树的方式进行插入和删除，是完全平衡的，且可以进行局部重组。KDB 树对于多维空间中的点进行索引，具有较好的动态特性，删除和增加地理要素可以很方便地实现。KDB 树的缺点是不直接支持占据一定空间范围的地理要素，如二维空间中的线和面。

9.5.3　BSP 树索引

BSP 树的基本思想是基于这样一个事实：任何平面都可以将空间分割成两个半空间。所有位于这个平面一侧的点定义了一个半空间，位于另一侧的点定义了另一个半空间。此外，在任何半空间中有一个平面，它会进一步将此半空间分割为更小的两个子空间。我们可以使用多边形列表将这一过程一直进行下去，将子空间分割得越来越小，直到构造成一个二叉树。在这个树中，一个进行分割的多边形被存储在树的结点，所有位于子空间中的多边形都在相应的子树上。当然，这一规则适用于树中每一个结点。图 9-9 为一棵 BSP 树示意图。

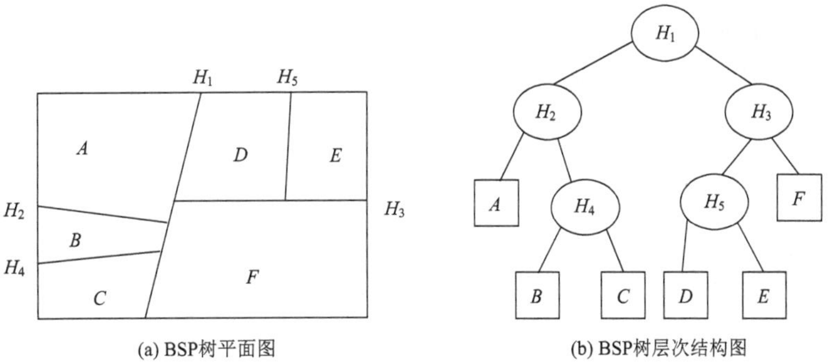

图 9-9　一棵 BSP 树示意图

1. BSP 树的划分

首先，要产生一个根结点，整个区域被定义为 BSP 树的根。对于要处理的一组空间对象，选择一个平面，将该对象分成两组。如果某个对象与该平面相交，则用这个平面将这个对象分成两个对象。每一组对象作为该结点的孩子。然后，分别对两组对象用相同的方法，直到满足终止条件为止（如每个结点仅能包含一个对象）。一般来说，选择的平面尽量不要把同一个对象拆分成两个。

需要指出的是，因为对同样的多边形往往可以找到多个有效的二叉分割，所以 BSP 树不是唯一的。

2. BSP 树优缺点

与八叉树剖分相比，BSP 树具有内存耗费小、剖分方式灵活、产生的无效区域较小的优点；且对于大部分场景来说，BSP 树较八叉树更为平衡。BSP 树能很好地与空间对象的分布情况相适应，但一般而言，BSP 树深度较大，对各种操作均有不利影响。

9.6 四叉树索引

9.6.1 四叉树索引的概念

四叉树索引就是递归地对地理空间进行四分，直到自行设定的终止条件，最终形成一棵有层次的四叉树。根据索引是否有冗余，四叉树索引可以分为常规四叉树索引和改进的四叉树索引。

图 9-10 为常规四叉树示意图。其中，图 9-10（a）为四叉树平面图，图 9-10（b）为一棵常规四叉树的层次结构图。在图 9-10 中，空间对象都存储在叶子结点上，中间结点以及根结点不存储地理空间对象。

常规四叉树对于区域查询效率比较高。但是，常规四叉树索引存在着以下几个缺点。

（1）空间实体只能存储在叶子结点中，中间结点以及根结点不能存储空间实体信息，随着空间对象的不断插入，最终会导致四叉树的层次比较深，在进行空间对象查询的时候效率会比较低下。

（2）同一个对象可能被多个区域所关联，相应地存储在多个结点上，这样就导致了索引存储空间的浪费。例如，在图 9-10 中，“3”所代表的对象，分别存储在 NW 和 SW 区域，这样，就存在索引的冗余。

（3）由于地理空间对象可能分布不均衡，这样会导致常规四叉树生成一棵极为不平衡的树，也会造成树结构的不平衡以及存储空间的浪费。

改进的四叉树是将空间对象存储在完全包含它的最小矩形结点中，不存储在它的父结点中，每个地理实体只在树中存储一次，避免存储空间的浪费。对于图 9-10（a）中空间对象，改进的四叉树结构如图 9-11 所示。

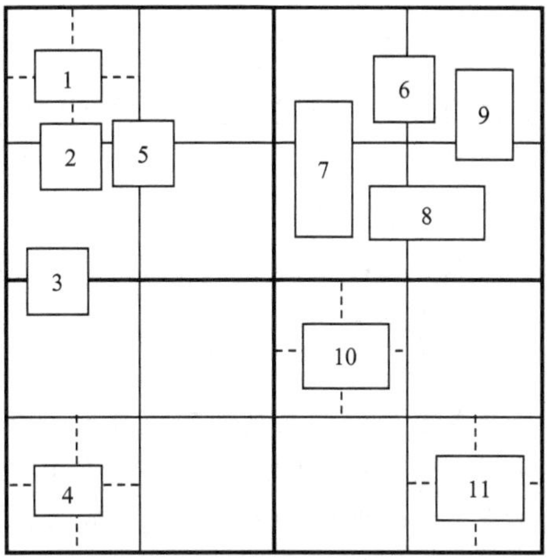

(a) 四叉树平面图

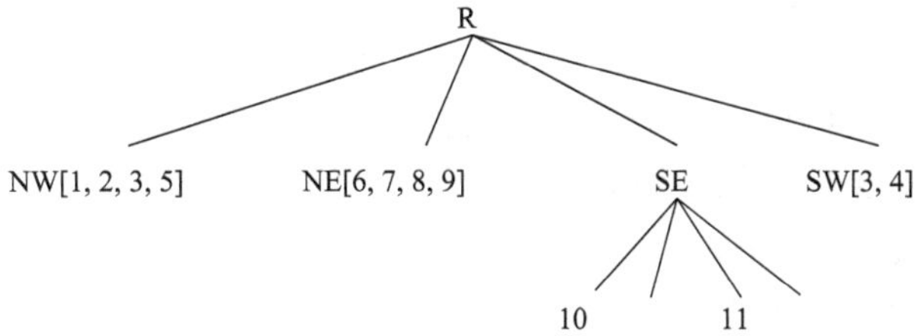

(b) 四叉树层次结构图

图 9-10　常规四叉树示意图

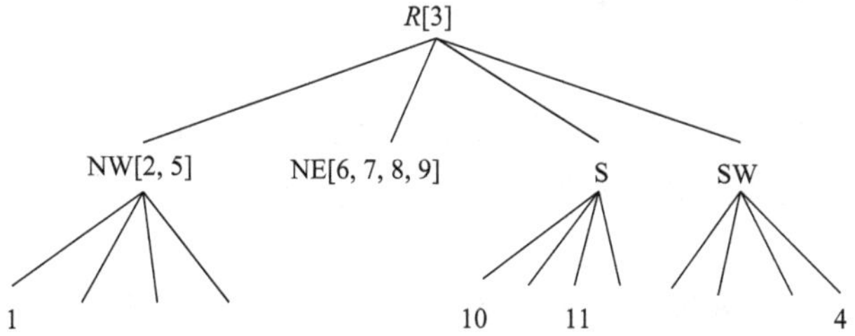

图 9-11　改进的四叉树结构

在图 9-11 中，可以分析得到：空间对象 3 跨越了两个区域，要被一个最小区域完全包含，就只能是根结点所代表的区域；空间对象 2 跨越了两个区域，空间对象 5 跨越了四个区域，要被一个最小区域完全包含，就只能是 NW 区域；空间对象 6、7、8、9 分别跨越了两个区域，要被一个最小区域完全包含，就只能是 NE 区域。在改进的四叉树中，递归地对地理空间进行四分，如果对象与一个区域四分的划分线相交，则这个对象就归属于这个区域，或者直到不再划分了，那就属于这个不再划分的区域。这棵四叉树中，对象的标识不再仅仅存储在叶子结点上，而是每个结点都有可能存储，这样也就避免了索引冗余。同时，每个结点存储本结点所在的地理范围。

9.6.2　改进的四叉树索引的基本操作算法

以改进的四叉树索引为例，重点阐述其查询、插入和删除操作。

1. 四叉树索引的查询操作

四叉树索引的一种简单的检索步骤如下。

第一，从四叉树的根结点开始，把根结点所关联的对象标识都加到一个列表里。

第二，比较此矩形范围与根结点的四个子结点（或者称子区域）是否有交集（相交或者包含），如果有，则把相应的区域所关联的对象标识加到列表集合中，如果没有，则以下这棵子树上的所有结点都不会被加入到列表集合中。

第三，对以上过程进行递归，直到树的叶子结点终止，返回列表。

第四，从列表中根据标识一一取出对象，先判断对象的最小外接矩形与矩形有无交集，如果有，则进行下面的精确几何判断；如果没有，则不再考虑此图元。

2. 四叉树索引的插入操作

插入一个对象，需要递归地对地理空间进行四分，如果对象与一个区域四分的划分线相交，则这个对象就归属于这个区域，或者直到不再划分了，那就属于这个不再划分的区域。然后，将对象插入相应的区域。

3. 四叉树索引的删除操作

对于对象的删除，首先需要找到该对象所在的结点。然后，从结点所在的列表中删除该对象。

9.6.3　四叉树索引的算法评价

（1）常规四叉树索引比较简单，当空间数据对象分布比较均匀时，具有比较高的空间数据插入和查询效率。

（2）改进的四叉树索引解决了空间对象的索引冗余，具有较好的性能。

（3）建立四叉树空间索引，需要预先知道空间对象分布的范围，因而不能满足空间数据的动态要求。

（4）一旦四叉树索引建立后，树的层次即被固定，无法根据数据空间对象数目的变化来调整树高，可调节性差。

9.7　R 树索引

9.7.1　R 树索引的概念

R 树是目前流行的空间索引技术，它是一种由中间结点和叶子结点组成的高度平衡的树，是 B 树在多维空间的扩展，也是一种平衡树。R 树在叶结点中包含指向实际数据对象的指针，并能保证至少 50%的有效空间存储利用率。R 树是一种完全动态的空间索引数据结构，插入、删除和查询可以同时进行，并且不需要周期性的索引重组。

R 树利用空间实体的外接矩形来建立空间索引。R 树空间索引不仅利用单个实体的外接矩形，还将空间位置相近的实体的外接矩形重新组织为一个更大的虚拟矩形。R 树空间索引就是按包含实体的矩形来确定的，树的层次表达了分辨率信息，每个实体与 R

树的结点相联系。由于虚拟矩形允许再划分，还必须建立不同层次矩形的相互关系：SX(上层虚拟矩形标识符，下层虚拟矩形标识符)。

R 树中的非叶子结点代表一个划分的空间区域，即一个矩形空间区域。R 树中每个非叶子结点都由若干个(p，MBR)数据对组成。其中，MBR 为包含其对应孩子的最小边界矩形；p 为指向其对应该子结点的指针。R 树中的叶子结点包含的矩形区域对应空间对象的 MBR。叶子结点则由若干个(OI，MBR)数据对组成，其中，MBR 为包含对应的空间对象的最小外接矩形；OI 为空间对象的标号。通过该标号可以得到对应空间对象的详细信息。

R 树索引采用空间聚集的方式把相邻近的空间实体划分到一起，组成更高一级的结点。在更高一级又根据这些结点的最小外接矩形进行聚集，划分形成更高一级的结点，直到所有的实体组成一个根结点。这样的结构明显可以优化空间查询性能：空间查询在树形结构中自根向叶子进行，从而节省掉对无关实体的查询比较。R 树采用的特殊插入和删除算法可以保证树的动态平衡性，平衡的树可以使结点分布尽量均匀，在数据任意方向上进行搜索的时间都会大致相同。

图 9-12 为一棵 R 树示意图。其中，图 9-12（a）为 R 树平面示意图，图 9-12（b）为 R 树层次结构图。

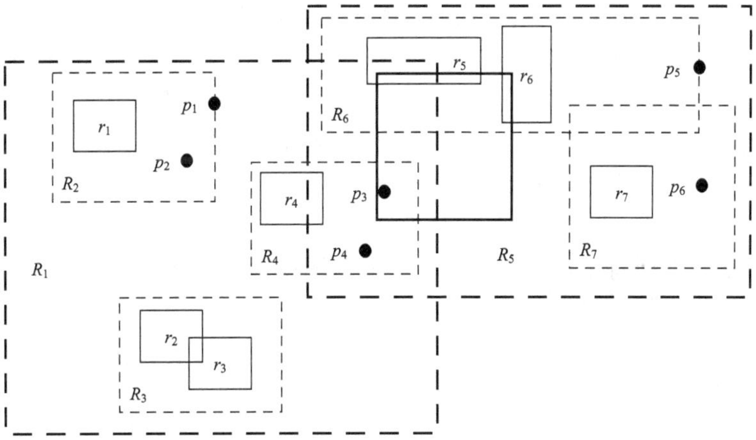

（a）R树平面示意图

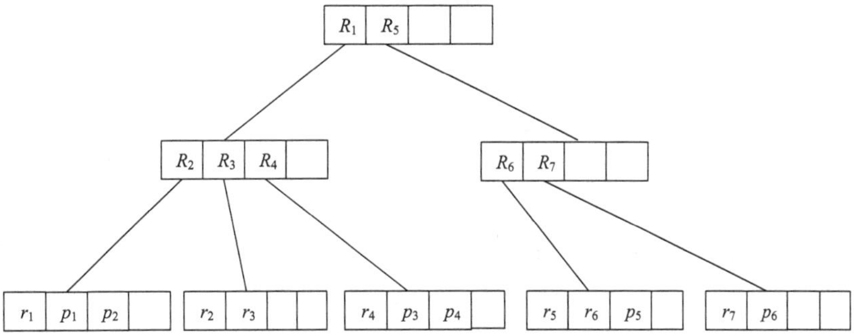

（b）R树层次结构图

图 9-12　一棵 R 树示意图

需要指出的是，R 树构造矩形的原则是：矩形之间尽可能少重叠；矩形尽可能包含更多的空间对象；矩形可以嵌套，即矩形中可以包括更小的矩形。

9.7.2 R 树的基本操作算法

1. 树的查找操作

从根结点开始执行查找操作，如果根结点 R 为叶子结点就依次判断叶子结点的每个数据项所对应的最小外接矩形是否与查找区域相交，如果相交则将该数据项放到结果集中，否则如果结点 R 不是叶子结点，那么就遍历结点 R 的每个索引项，判断每个索引项对应的子树对应的索引空间是否与查找区域相交，若相交则在该棵子树所对应索引空间递归调用 R 树的查找操作。以图 9-12 为例，对查找过程进行说明。在图 9-12 中，黑色粗线框为待查找的范围。

（1）从根结点开始，比较各目录矩形是否与待查找范围 rf 相交，因为 R_1、R_5 都与 rf 相交，所以与 R_1、R_5 相对应的子树都有可能包含求解目标，需要在这两棵子树中进行查找。

（2）比较 rf 与 R_1 对应的子树根结点的各索引项的目录矩形，只有 R_4 与 rf 相交，进一步比较 R_4 对应的子树根结点（为叶结点）的各数据项的目标矩形，得出候选目标 p_3，因为 p_3 为点，所以 p_3 一定是求解目标。

（3）比较 rf 与 R_5 对应的子树根结点的各索引项的目录矩形，只有 R_6 与 rf 相交，进一步比较 R_6 对应的子树根结点（为叶结点）的各数据项的目标矩形，得出候选目标为 r_5 和 r_6。同样，进一步对 r_5 和 r_6 的空间坐标与 rf 进行比较，才能确认其是否为解。

从上述查找中可以分析得到，由于 R 树允许兄弟结点之间相互重叠，对于精确匹配查询 R 树不能保证唯一的搜索路径。

2. R 树的插入操作

从根结点开始，在所有子树中按照“最小覆盖面积”的原则找出最适合的子树，对这棵子树递归执行操作搜索最合适的插入位置，直至叶子结点。如果叶子结点的数据项未满，则直接插入该叶子结点，并从下向上调整父结点对应的索引目录直至根结点。否则，需要执行分裂操作。

3. R 树的删除操作

执行删除操作首先需要找到存放该目标的叶子结点，然后删除对应的数据项，若删除操作造成叶子结点下溢，则把该叶子结点删除，并将该叶子结点上的其他数据项重新插入 R 树中。同时，从调整过的结点开始，依次向上更新其目录矩形直至根结点。如果删除结点造成其叶子结点下溢，则做同样的处理。

9.7.3 R 树的算法评价

（1）R 树继承了 B 树的优点，自动平衡，且空间利用率较高，适用于外存存储。

（2）R 树是一种完全动态的索引结构，可以同时进行索引的多个基本操作。

（3）R 树具有很强的灵活性与可调节性，建树过程中无需预知整个空间对象所在的空间范围，同时具有较高的执行效率。

（4）R 树的索引目录矩形可以重叠，这种重叠可以使 R 树保持较高的空间利用率和保持树的平衡。但是，过多的重叠可能会造成查询效率的降低，最坏的情况是对某一空间对象的查询可能会造成对整个树的搜索，当然在实际数据集中这种情况很少出现。

（5）随着索引数据量的增加，R 树的高度及中间结点的重叠率会增加，从而导致遍历时间增加和查询效率下降。

（6）在动态构建 R 树时，有可能会产生大量不包含空间目标的索引空间，造成存储空间的浪费，产生无效的遍历。

9.8　R+树索引

9.8.1　R+树的特点

R+树的数据结构与 R 树的数据结构相同。R+树与 R 树的区别在于：R+树对结点中数据项与索引项的存储数目没有严格的要求；R+树要求中间结点所对应的目录矩形不能重叠；R+树中多个叶子结点会重复存储一个空间对象。但是，对于被分割的下层虚拟矩形或实体外接矩形，还要增加关系表达：DECOMP（原矩形标识符，分割后矩形 1 的标识符，分割后矩形 2 的标识符）。

图 9-13 为一棵 R+树示意图。其中，图 9-13（a）为 R+树平面示意图，图 9-13（b）为 R+树层次结构图。

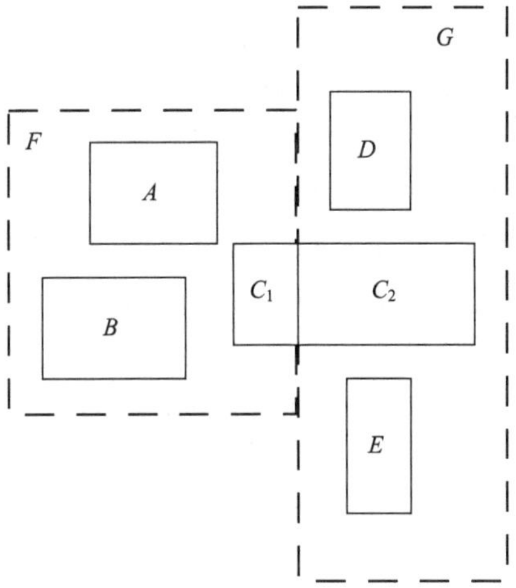

(a) R+树平面示意图

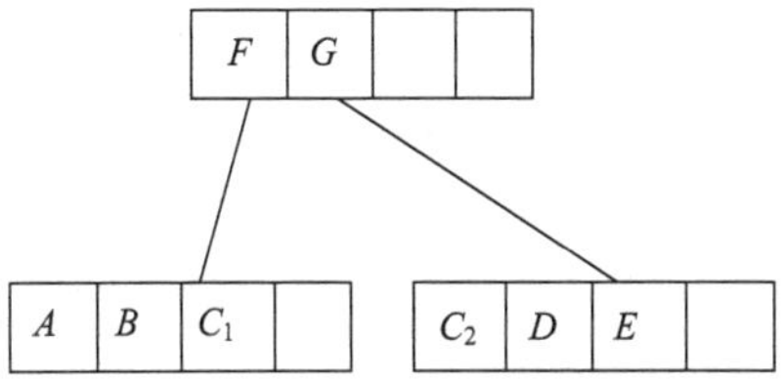

(b) R+树层次结构图

图 9-13　一棵 R+树示意图

9.8.2　R+树的基本操作算法

1. R+树的查找操作

R+树的查找算法与 R 树类似，其基本思路是：从 R+树的根结点 rt 执行查找操作，如果根结点 rt 是叶子结点，那么，就对 rt 结点的每一个数据项是否与查询窗口相交进行判断，如果相交就放入结果集中。如果根结点 rt 不是叶子结点，那么，遍历结点 rt 的每一个索引项。当这个索引项的最小外接矩形与查询窗口有相交或者包含关系时，对该索引项递归调用 R+树的查找方法，但是，此时的查询窗口调整为 rt 与该索引项的最小外接矩形的交集。

2. R+树的插入操作

在 R+树的插入操作中，多个叶子结点可能都会存储同一个空间对象，在造成结点上溢情况的时候，需要进行结点分裂。结点分裂可能向上传播也可能向下传播。R+树插入操作的基本思路是：从 R+树的根结点 rt 执行插入操作，如果根结点 rt 是叶子结点，那么，就对结点 rt 的数据项中添加待插入的数据对象，如果此时造成溢出，就调用 R+树的结点分裂算法解决这个问题。如果根结点 rt 不是叶子结点，那么，遍历结点 rt 的每一个索引项，当这个索引项的最小外接矩形与待插入数据对象的最小外接矩形有相交或者包含关系的时候，对该索引项递归调用。

3. R+树的分裂算法

R+树的结点分裂算法的基本思路是：首先，将待分裂结点的索引项分为两组，并创建两个新结点 n_1 和 n_2，使两个新结点分别对应两组索引项形成的最小外接矩形与待分裂结点的最小外接矩形的交集。然后，对待分裂结点中的所有索引项进行判断，如果某一索引项完全包含于新结点 n_1 或 n_2 形成的最小外接矩形中，就将该索引项插入对应的结点上去。否则，如果待分裂结点是叶子结点，就将该索引项同时插入两组索引项对应的结点 n_1 和 n_2 中去；如果待分裂结点不是叶子结点，就将划分该索引项所指的结点所得到的两个新结点分别插入对应的两个结点 n_1 和 n_2 中。最后，如果待分裂结点是根结点，就再创建一个新结点作为根结点，使两个新结点 n_1 和 n_2 作为其子结点；否则在待分裂结点的父结点中删除待删除结点，然后插入这两个新结点 n_1 和 n_2，如果此时造成上溢，那么对这个父结点也调用结点分裂算法。

4. R+树的删除操作

由于一个数据对象可能同时被存储在多个叶子结点中，R+树在执行删除操作时必须在所有的叶子结点中都删除这个数据对象的记录。其算法基本思路是：从 R+树的根结点 rt 执行删除操作，如果根结点 rt 是叶子结点，那么，就在结点 rt 的数据项中删除待删除的数据对象的记录；如果根结点 rt 不是叶子结点，那么，遍历结点 rt 的每一个索引项，当这个索引项的最小外接矩形与待删除数据对象的最小外接矩形有相交或者包含关系的时候，对该索引项递归调用 R+树的删除方法。

9.8.3　R+树的算法评价

（1）R+树的中间结点目录矩形没有重叠，因此对于点查询来说，查找路径只有一条。对于区域查询来说，其搜索分支数可以减少。虽然 R+树克服了 R 树中结点空间之间相互重叠的问题，但也带来了叶结点的冗余，而且随着数据库内容的增加，冗余有递增的趋势，难以控制。

（2）R+树的结点分裂操作复杂，且可能向上或向下蔓延，导致结点分裂的增加及目标的多次重复存储，这样不仅存储空间的开销大，而且树的深度也随之增加，影响查询性能。

（3）R+树多次执行删除操作后，其空间利用率就会下降。因此，应该采用周期性的结构重组或者其他的有效策略来保证空间利用率。

（4）与 R 树相比，通常在空间对象较小时，R+树的性能优于 R 树，而在空间对象较大时，R+树的性能比 R 树略差。

9.9　R*树索引

9.9.1　R*树的特点

1990 年，Beckmann 等提出了最佳动态 R 树的变种——R*树。与 R 树一样，R*树也允许矩形有重叠。但是，R*树构造，不仅考虑了索引空间的“面积”，还考虑了索引空间的重叠。R*树在结构上与 R 树完全相同，在树的构建操作、插入操作、删除操作、检索操作算法上也大致类似，区别是如何选择插入路径、如何分裂结点和如何强制重新插入三点。

1. 选择插入的路径

在选择插入路径的时候，R*树的考虑因素包括面积和目录矩形的重叠情况。假设在R*树中的结点所有数据项分别表示为 $E_1,E_2,\cdots,E_n$，对于每一对数据项 E_i 和 E_j（$i\neq j$），首先计算它们的重叠值。

R*树的选择插入路径的基本思路是：从根结点 rt 开始进行判断，如果根结点 rt 是叶子结点，则选择根结点 rt 作为合适的插入路径；否则对其孩子结点进行这样的判断：如果它的孩子结点为叶子结点，那么，按照插入数据项后其目录矩形的增长的重叠值、目录矩形的增长的面积值、目录矩形对应的面积值最小的参考顺序选择合适的索引项；若其孩子结点并不是叶子结点，那么，就按照插入新数据项后其目录矩形的面积对应的增长值、目录矩形对应的面积中最小的优先参考顺序选择合适的索引项。选择出合适的索引项后，对其索引项递归调用该方法找到正确的插入路径。

2. 结点的分裂

R*树考虑了三个“优势值”的计算方法，分别是：

（1）面积就是第一组数据项的面积与第二组数据项的面积的相加所得到的数值。

（2）边的长度和就是第一组数据项的最小外接矩形的长度和与第二组数据项的最小外接矩形的长度之和相加所得到的数值。

（3）重叠值就是第一组数据项与第二组数据项的重叠部分形成的最小外接矩形的面积。

其结点分裂算法的基本思路是：将 M+1 个数据项在每一个空间轴上分别按照低值和高值进行排序，计算出所有边的长度之和，然后在边的长度之和最小的情况下所对应的空间轴上，选择造成重叠最小的划分方法。假如重叠最小的划分方法多于一种，那么就选择面积最小的划分方法将 M+1 个数据项分为两组。

3. 强制重新插入

R*树相对于 R 树最重要的改进在于它的强制重新插入机制，即如果结点溢出，则把一些对象从结点中取出，再强制重新插入索引中。R*树采取强制重新插入的操作来动态获得结构重组。强制重新插入的思路是：如果新空间对象的位置不是根结点而且没有运行过重新插入操作，那么，就执行重新插入操作，否则执行分裂操作。

具体的强制重新插入算法的基本思路是：对于结点 N 的 M+1 项，计算各项的 MBR 中心与 N 的 MBR 中心的距离；按降序排列这些项；从 N 中移去前 P 项；将前 P 项依次重新插入 R*树中。

上述三个方面在一定程度上扩大了重新组织数据时所应考虑的空间数据的范围，因此，R*树的性能通常高于 R 树，但是 R*树的算法复杂度高于 R 树。

9.9.2 R*树的算法评价

（1）R*树中引入了强制插入的概念，即当一个结点在插入过程中发生了溢出，并不急于进行分裂，而是保留结点中最相邻的一部分的 MBR，其余的按照插入算法重新插入。

（2）R*树的构造过程时间开销有所增加，其检索性能和空间利用率都得到了较大的提高。也就是说，R*树以增加少量的构造时间开销换取了更高的查询性能。

（3）R*树中仍然存在多路径查找的情况，制约了 R*树的性能。

9.10 CELL 树索引

考虑 R 树和 R+树在插入、删除和空间搜索效率两方面难以兼顾，CELL 树索引被提出。它在空间划分时不再采用矩形作为划分的基本单位，而是采用凸多边形来作为划分的基本单位，子空间不再相互覆盖。CELL 树的磁盘访问次数相对较少，由于磁盘访问次数是影响空间索引性能的关键指标。CELL 树是比较优秀的空间索引方法。图 9-14 为 CELL 树结构示意图。

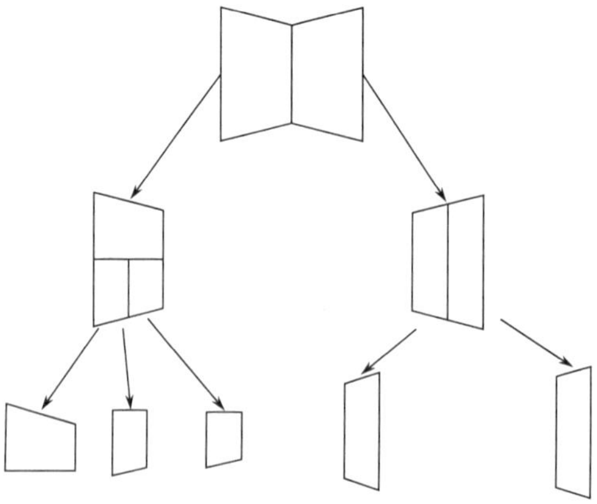

图 9-14 CELL 树结构示意图

CELL 树克服了 R 树和 R+树空间索引的主要缺点（建立空间索引时易受实体方位的限制），当空间数据层发生旋转或投影变换后，索引区域不需要重新建立。但是，CELL 树存在凸多边形索引区域划分困难、需要数据记录凸多边形区域等缺点。

9.11　GiST 树索引

美国威斯康星大学的 Hellerstein 于 1995 年在 VLDB（Very Large Data Bases）国际会议上首先提出 GiST（generalized search trees），称为通用搜索树。GiST 树抽象出树索引结构的基本特征，并为插入、删除和搜索提供“模板”算法。GiST 树的核心思想是一个对象关系 DBMS 可以支持多个模板算法，因此，使得高级数据库用户实现特定的索引结构更容易（如 R 树及其变形），而不需要改动任何系统代码。实现扩充比从头实现新的索引算法花费更少。

许多特殊的搜索树都可以通过 GiST 树实现。可以说，GiST 树统一了所有不同的树结构，它是特殊搜索树的模板。GiST 树向用户提供一组函数接口，这些接口需要用户来实现，再注册到数据库系统中。这组函数既反映了用户自定义类型的结构和特点，也反映了用户自定义类型对 GiST 树的基本操作。

GiST 树是一棵平衡树，它提供了一些模板算法用于遍历、删除、修改、分裂、合并。与其他搜索树类似，叶结点存储（key，ptr）对，key 是索引关键字；ptr 是指针，指向包含记录的数据块在磁盘上的地址。内部结点包含（p，ptr）对，p 是一个逻辑谓词，它描述用户要查找的数据是否在 ptr 所指向的子树中。GiST 的所有叶结点用链表连接起来。

GiST 树具有如下特性。

（1）根结点至少有两个子女。

（2）每个内部结点包含的子女数记为 N，$kM \leqslant N \leqslant M$。其中，$k$ 为最小填充因子。实际上，每个 GiST 树结点包含 N 个(p，ptr)对，p 是一个抽象谓词；ptr 是一个指针，它指向一棵子树，子树的叶结点中包含符合谓词 p 的记录。每个(p，ptr)对称为一个索引项（entry）。在 GiST 中所有结点大小相同，最多包含 M 个索引项。如果结点中含有少于 M 个索引项，则其余的位置空缺，以便其他的索引项插入 GiST 中。

（3）对于叶结点上的每一个索引项 E=(key，ptr)，key 中存放记录的关键字；ptr 指向真实的记录。

（4）所有的叶结点都处在同一层。叶结点所处的这一层规定为 0 层，叶结点的父亲所处的一层是 1 层，以此递推，子女所处的层数等于父亲所处层数减 1。

GiST 树本身提供了一系列操作算法：插入算法（Insert）、分裂算法（Split）、删除算法（Delete）、搜索算法（Search）。GiST 树的平衡特性由它的插入算法、分裂算法、删除算法保证。搜索算法是输入一个谓词 q，然后对树进行搜索，返回满足谓词 q 的所有记录。插入算法是在 GiST 树中选择一个合适的位置，将(key，ptr)插入 GiST 中。删除算法是将(key，ptr)从 GiST 中删除。

9.12 基于 Hilbert 曲线的空间索引

9.12.1 空间填充曲线概述

空间填充曲线（space-filling curve）是一条连续曲线，自身没有任何交叉，通过将数据空间划分成大小相同的网格，再根据一定的方法将这些网格编码，每个网格指定一个唯一的编码，并在一定程度上保持空间邻近性，即相邻网格的标号也相邻，一个空间对象由一组网格组成。通过使用空间填充曲线对空间实体数据集进行降维处理，映射到一维空间进行编码。然后，就可以重复利用已有的 B 树索引、Hash 索引等技术针对一维空间进行查询。

而根据不同的排列规则，可以得到不同的空间填充曲线。常用的空间填充曲线有 Z 曲线、Hilbert 曲线等。图 9-15 展示了一阶、二阶和三阶 Z 曲线。在图 9-15 中，首先，将空间划分成网格。然后，Z 曲线赋予了每个网格唯一的编号。空间对象可以用与其相交的网格来近似表示，实现将空间对象从高维空间映射到一维空间。

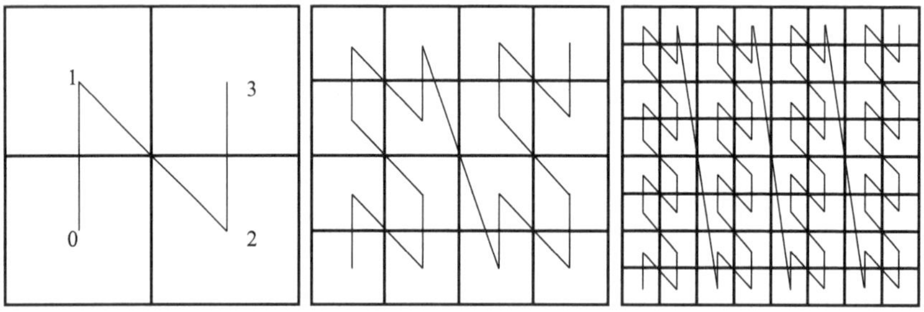

(a) 一阶Z曲线　(b) 二阶Z曲线　(c) 三阶Z曲线

图 9-15　Z 曲线

空间填充曲线的目的是在空间网格的基础上降低空间维度，以便在顺序读取的磁盘上存取信息。理想的空间填充曲线是在多维空间中聚集的空间实体，经过填充曲线编码后，在一维空间中仍然是聚集的。Z 曲线和 Hilbert 曲线有一些共同特点：填充曲线值邻近的网格，其空间位置通常也相对邻近；任何一种空间排列都不能完全保证二维数据空间关系的维护，从而导致编号相邻，但是空间位置可能很远的情况。Z 曲线和 Hilbert 曲线的不同点在于：Hilbert 曲线的数据聚集特性更优，Z 曲线的数据聚集特性较差；Hilbert 曲线的映射过程较复杂，Z 曲线的映射过程较简单。

9.12.2 Hilbert 曲线简介

Hilbert 曲线由德国数学家 David Hilbert 于 1891 年提出，是一种能填充满一个平面正方形的分形曲线，它用一个线性序列来填充空间。由于 Hilbert 曲线是一种分形图形，它可以画得无限复杂。Hilbert 曲线的初始图元是正方形，在迭代生成的过程中，不断细化出小的正方形，图中的线段其实是用于连接各正方形的连线。Hilbert 曲线的特点是蜿蜒曲折，能经过平面上某一正方形区域内所有的点，是一条连续而又不可导的曲线。

对于 Hilbert 空间填充曲线，标准的平面是一个 $2^n \times 2^n$ 的网格平面。如果平面是不规则图形，则可以先把平面补充成 $2^n \times 2^n$ 的网格平面，然后再编码。填充 $2^n \times 2^n$ 平面的 Hilbert 曲线称为 n 阶 Hilbert 曲线。图 9-16 展示了一阶、二阶和三阶 Hilbert 曲线。

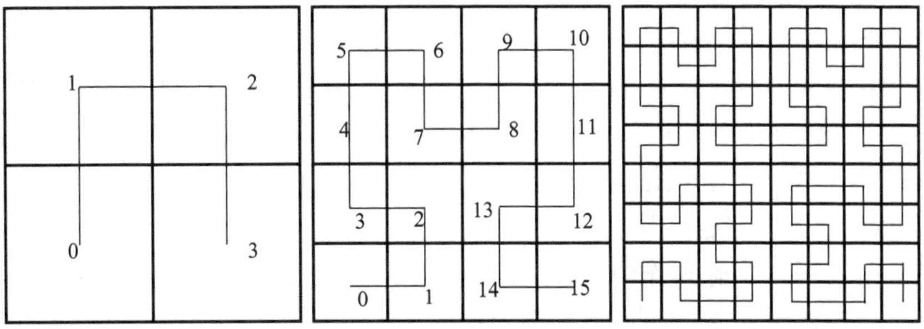

(a) 一阶Hilbert曲线　(b) 二阶Hilbert曲线　(c) 三阶Hilbert曲线

图 9-16　Hilbert 曲线

由图 9-16 可知，Hilbert 曲线依据自身空间填充曲线的特性，可以线性地贯穿二维或者更高维度每个离散单元，并且仅仅穿过一次，同时对每个离散单元进行线性排序和编码，该编码作为该单元的唯一标识。此外，因为 Hilbert 编码没有出现大步幅的跳转，所以 Hilbert 空间排列的聚集性能较好，即 Hilbert 曲线上相邻的点，在原始空间上一定相邻。因此，Hilbert 曲线能够将高维空间中没有良好顺序的数据映射到一维空间，经过这样的编码方式，空间上相邻的对象会邻近存储在一块，能够降低输入/输出的时间，提高内存中数据处理效率。

9.12.3　Hilbert R 树

Hilbert 曲线经过空间对象的最小外接矩形的中心，根据其坐标可以计算出该对象的一个值，称作 Hilbert 编码。通过这种编码可以将多维数据映射到一维空间中去，从而减少对磁盘的访问。Hilbert R 树的基本思想是：用 Hilbert 曲线编码计算每一个空间对象的最小外接矩形的中心坐标的 Hilbert 值，使其作为编码值。再根据 Hilbert 值按照递增的顺序将编码值对应的空间对象逐个插入一棵特别的 R 树中构建一棵 Hilbert R 树。Hilbert R 树的非叶子结点由若干个数据对组成，其中，每个数据对由一个所有子结点构成的最小外接矩形、指向 1 个子结点的指针、指向父结点的指针以及所有子结点中最大的 Hilbert 值构成。Hilbert R 树的叶子结点也是由若干个数据对组成的，每个数据对是由一个空间对象形成的最小外接矩形、指向空间对象的指针、指向父结点的指针与数据项对应的 Hilbert 值四部分组成。

1. Hilbert R 树的基本操作算法

1）Hilbert R 树的查找操作

给定查找矩形区域 W，执行查找操作。首先，从根结点 rt 开始计算是否存在查询区域 W 与根结点 rt 的索引目录有交叉关系或者根结点 rt 的索引目录完全包含于查询区域 W 的情况，如果不是，则结果集为空，结束查找操作。否则，判断 Hilbert R 树的根结点 rt

是否为叶子结点，如果结点 rt 是叶子结点，对叶子结点中的每个数据项是否包含于查找矩形区域 W 进行判断，如果是，则将结果放入结果集中。如果结点 rt 不是叶子结点，则对该结点的每个子结点递归调用 Hilbert R 树的查找方法。

2）Hilbert R 树的插入操作

给定一个空间对象，要插入 Hilbert R 树中，首先，要计算待插入的空间对象的最小外接矩形的中心坐标对应的 Hilbert 值，并将该值与 Hilbert R 树上的所有的 Hilbert 值进行比较，确定正确的位置结点 M，在结点 M 中执行 R 树的插入操作。然后，从结点 M 处依次向上更新结点的 Hilbert 值和索引目录直至 Hilbert R 树的根结点。

3）Hilbert R 树的删除操作

在 Hilbert R 树的删除操作中，首先，要计算出待删除空间对象所位于的结点 M。然后，在结点 M 中调用 R 树的删除操作方法删除空间对象。最后，从调整过的结点开始依次向上更新结点的 Hilbert 值和索引目录直至 Hilbert R 树的根结点。

2. Hilbert R 树的算法评价

（1）通过 Hilbert R 树得到的 R 树的叶子结点，其最小外接矩形比较小，形状更加规则。

（2）通过 Hilbert R 树，提高了构建 R 树的速度，有效地减少了与外存交互的频率，同时可以进行并行处理。

（3）Hilbert R 树对点空间对象分布不均匀的情况操作效率高。

第 10 章　空间数据库设计

数据库是整个软件应用的基础，数据库设计在整个软件开发过程中具有举足轻重的作用。数据库设计的好坏直接影响系统的运行性能。良好的数据库设计对于一个高性能的应用程序非常重要，就像一个发动机对于一辆车的重要性一样。空间数据库设计是根据具体地理空间数据库应用目的和工程，在一个特定的应用环境中，确定能被一定的空间数据库管理系统接受的最优数据模型、处理模式、存储结构和存取方法，实现对应用系统有效的管理，满足用户信息要求和处理要求。空间数据库设计是开展空间应用的基础和关键。

10.1　空间数据库设计概述

数据库设计的基本任务是根据用户的信息需求、处理需求和数据库的支持环境(包括硬件、操作系统和 DBMS)，设计出数据库模式(包括外模式、逻辑模式和内模式)及其典型的应用程序。

现在，数据库已用于各类应用系统，如管理信息系统（management information system，MIS）、决策支持系统（decision-making support system，DSS）、办公自动化系统（office automation system，OAS）等。

数据库把信息系统中大量的数据按一定的模型组织起来，提供存储、检索、更新、维护数据的功能，使信息系统可以方便、及时、准确地从数据库中获得所需的数据和信息。

一个信息系统的各个部分能否紧密地结合在一起以及如何结合，关键在数据库。数据库设计是信息系统开发和建设的重要组成部分，数据库设计的好坏直接影响着整个信息系统的效率和质量。

数据库应用系统（database application system，DBAS）是在数据库管理系统支持下建立的计算机应用系统。由于 DBAS 主要是一个软件系统，软件工程的思想、方法、工具也同样适用于 DBAS 的开发和建设。在软件工程中，软件系统生存周期（软件从开发、投入运行，直到停止使用的整个时期）包括：需求分析、软件设计、程序编码、软件测试、软件维护（图 10-1）。

需求分析也称为软件需求分析、系统需求分析或需求分析工程等，是系统开发的前期阶段，主要明确系统要实现的目标与任务要求，明确系统的需求。需求分析是开发人员经过深入细致的调研和分析，准确理解用户和项目的功能、性能、可靠性等具体要求，将用户非形式的需求表述转化为完整的需求定义，从而确定系统必须做什么的过程。

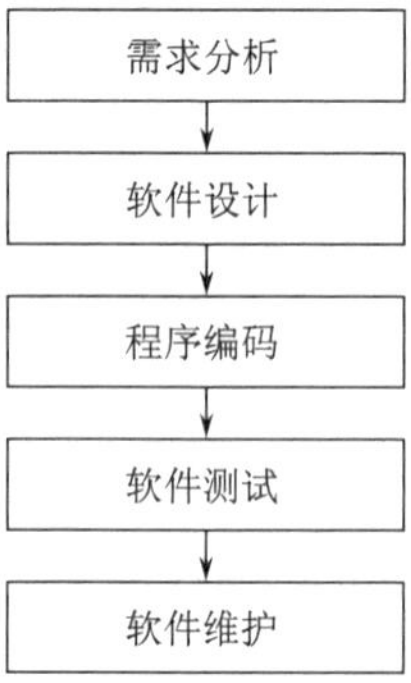

图 10-1　软件系统生存周期

软件设计是从软件需求规格说明书出发，根据需求分析阶段确定的功能设计软件系统的整体结构，划分功能模块确定每个模块的实现算法以及编写具体的代码，形成软件的具体设计方案。这一阶段需要对每个模块完成的功能进行具体的、结构化的过程描述，包括数据结构与算法、实施的功能和使用数据之间的关系等。为了描述数据和算法，通常可以采用伪代码、流程图、N-S 图（盒图）等表示方法。

程序编码是软件开发的核心环节，是将软件设计的结果转换成计算机可运行的程序代码。具体选择何种程序设计语言作为软件系统的开发语言，需要考虑多个因素，包括语言是否有丰富的、调用方便的图形图像处理函数，开发人员对语言的熟悉程度，语言的可移植性，编译程序的效率等。在程序的编制过程中，为了保证程序质量，必须要制定统一、符合标准的编写规范，从而使编写的程序源代码具有正确性、可读性、可移植性、结构性和高效性等。

软件测试的目的是发现软件在整个设计过程中存在的问题并加以纠正，从而得到高质量的软件。软件测试包括单元测试、组装测试、确认测试、系统测试等。单元测试是针对程序模块(软件设计的最小单位)来进行正确性检验的测试工作。组装测试是在单元测试的基础上，将所有模块按照概要设计要求组装成子系统或系统。确认测试是在模拟的环境下，运用黑盒测试的方法，验证被测软件是否满足需求规格说明书列出的需求。系统测试是在所有单元、集成测试后，对系统的功能及性能的总体测试。在测试过程中需要建立详细的测试计划并严格按照测试计划进行测试，以减少测试的随意性。测试的方法主要有白盒测试和黑盒测试两种。白盒测试又称结构测试、透明盒测试、逻辑驱动测试或基于代码的测试。“白盒”指盒子是可视的，即清楚盒子内部的东西以及里面是如何运作的。“白盒法”全面了解程序内部逻辑结构、对所有逻辑路径进行测试。在使用白盒测试时，测试者必须检查程序的内部结构，从检查程序的逻辑着手，得出测试数据。黑盒测试也称功能测试，它是通过测试来检测每个功能是否都能正常使用。在测试中，把程序看作一个不能打开的黑盒子，在完全不考虑程序内部结构和内部特性的情况下，对程序接口进行测试，它只检查程序功能是否按照需求规格说明书的规定正常使用，程序是否能适当地接收输入数据而产生正确的输出信息。黑盒测试着眼于程序外部结构，不考虑内部逻辑结构，主要针对软件界面和软件功能进行测试。

软件维护是软件系统生存周期中持续时间最长的阶段。在软件开发完成并投入使用后，由于多方面的原因，软件不能继续适应用户的要求。如果要延续软件的使用寿命，就必须对软件进行维护。软件的维护包括纠错性维护和改进性维护两个方面。

空间数据库设计也大致对应软件系统生存周期。空间数据库的规范设计法就是比照软件开发过程，提出各种设计准则和规程方法及步骤。按照规范设计法，空间数据库设计划分为六个阶段：需求分析、概念结构设计、逻辑结构设计、物理结构设计、数据库实施、数据库运行和维护（图 10-2）。

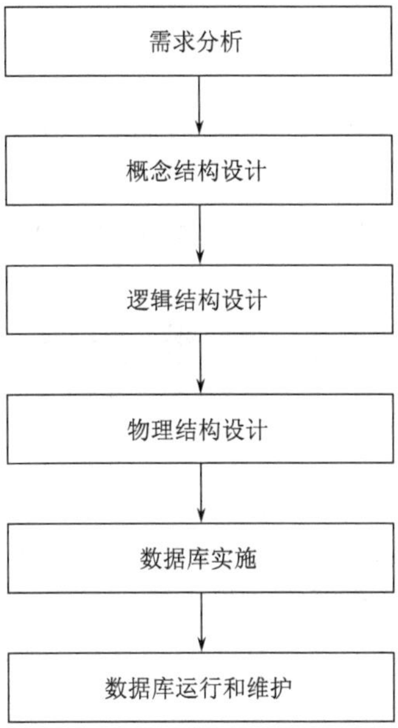

图 10-2　空间数据库设计过程

空间数据库设计的特点包括以下几点。

（1）各个阶段都是将数据的结构特性与数据的行为特性结合设计。结构特性与数据库状态有关，即与数据模型所反映的实体及其实体间的联系的静态特性有关，它决定数据库系统的信息内容。行为特性与数据库状态转换有关，即改变实体及其特性的操作，它决定数据库系统的功能，是关于事务处理等应用程序的设计。

（2）各个阶段都按数据的结构和行为两方面叙述设计内容、设计方法、设计描述。

不同阶段的空间数据库结构设计形成空间数据库各级模式（图 10-3）。需求分析阶段，主要综合各个用户的应用需求。概念设计阶段形成独立于机器，独立于各个 DBMS 产品的概念模式，即 E-R 图。逻辑设计阶段是将 E-R 图转换成具体的数据库产品支持的数据模型，如关系模型，形成数据库逻辑模式，然后根据用户处理的要求、安全性的考虑，在基本表的基础上再建立必要的视图，形成数据的外模式。物理设计阶段是根据 DBMS 的特点和处理的需要，进行物理存储安排，建立索引，形成数据库内模式。

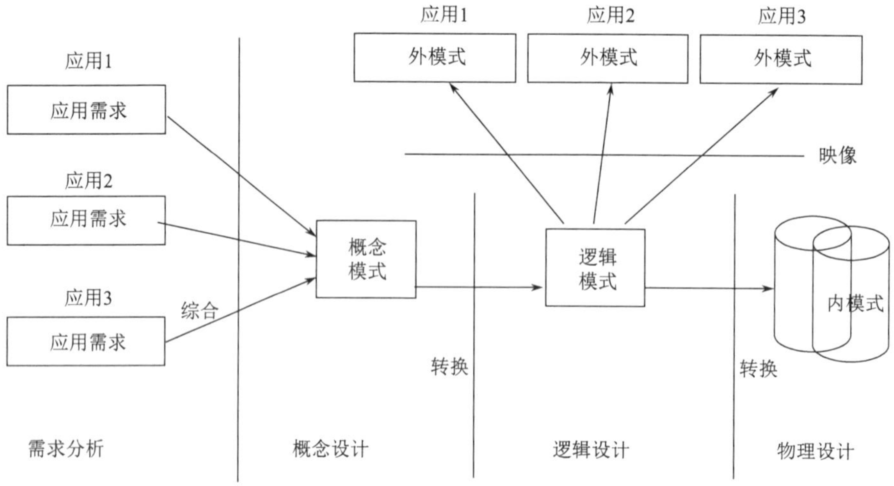

图 10-3　数据库设计阶段的模式

10.2 需求分析

10.2.1　需求分析的任务

需求分析简单地说就是分析用户的需求。它是空间数据库设计的起点，需求分析结果是否准确反映用户的实际需求，将直接影响后面各阶段的设计，并影响设计结果是否合理和实用。空间数据库需求分析是从现存系统开始的。现存系统可能是一个手工系统，也可能是一个计算机系统。通过对现有系统的调查和分析，进一步设计符合用户需求的空间数据库系统。

需求分析的任务是通过详细调查现实世界要处理的对象，充分了解原系统的工作概况，明确用户的各种需求，在此基础上确定新系统的功能。新系统必须充分考虑今后可能的扩充和改变，不能仅按当前应用需求来设计数据库。

需求分析调查的重点是“数据”和“处理”两个方面，通过调查、收集与分析，获得用户对数据库的如下要求。

（1）信息要求。指用户需要从数据库中获得信息的内容与性质。由信息要求可以导出数据要求，即在数据库中需要存储哪些数据。

（2）处理要求。指用户要求完成的数据处理功能，对处理性能的要求。

（3）安全性要求。了解用户对数据库中存放的信息的安全保密要求，即哪些信息是需要保密的，哪些信息是不需要保密的。

（4）完整性要求。需要充分了解空间数据库中存放的信息满足的约束条件，以及数据库中正确的信息。

需求分析的难点在于：由于用户通常缺少计算机知识，无法准确地表达自己的需求，需求往往不断变化。另外，设计人员缺少用户的专业知识，不易理解用户的真正需求，甚至有可能误解用户的需求。此外，新的软硬件的出现也往往会使需求发生变化。因此，设计人员必须采用有效的方法，与用户不断地交流，才能逐步确定用户的实际需求。

需求分析通常由数据库设计人员和用户双方共同收集信息需求和处理需求，通过仔细分析，将这些需求按一定的规范要求以用户和设计人员都能理解和接受的文档形式确定下来。需求分析通常包含以下几个步骤（图 10-4）。

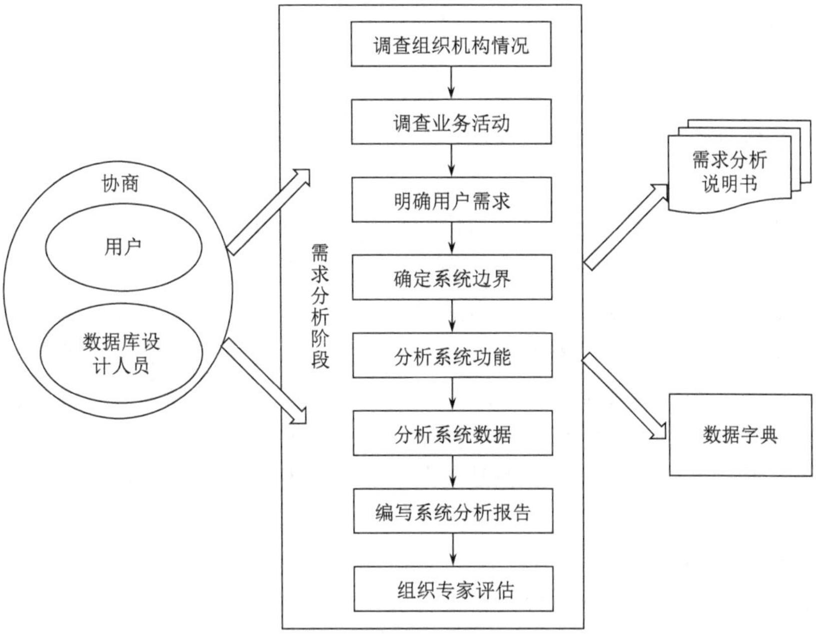

图 10-4　需求分析过程

（1）调查组织机构情况。系统分析组织机构由哪些部门组成，各部门的职责是什么，为分析信息流程做准备。

（2）调查业务活动。重点调查各部门输入和使用的数据、加工处理这些数据的方法、输出的信息，以及输出的部门和格式等。在调查活动的同时，注意收集各种资料，如报表、单据、档案、合同等，特别需要了解报表之间的关系，以及各数据项的含义等。

（3）明确用户需求。在熟悉业务活动的基础上，协助用户明确对新系统的各种要求，包括信息要求、处理要求、安全性与完整性要求。

（4）确定系统边界。对前面的调查结果进行初步分析，确定哪些功能由计算机完成或将来准备让计算机完成，哪些活动由人工完成。由计算机完成的功能就是新系统应该实现的功能。

（5）分析系统功能。重点确定系统应具有哪些功能，需要完成哪些任务。在分析系统功能时，设计人员和用户需要反复协商、确定、备案。数据库设计人员应尽量满足用户的要求，但是不能随便承诺用户不合理或无法实现的要求。

（6）分析系统数据。着重分析需要存储哪些数据，涉及哪些实体集、实体的属性集、实体集间的联系。在此基础上，分析数据是否有矛盾，用户对数据的处理要求是什么，需要完成什么样的处理要求，响应时间是多少，对系统的安全性要求、完整性要求。

（7）编写系统分析报告。重点包含系统概况、系统功能说明、设计阶段划分、可行性分析、系统软硬件环境要求、结构图表、数据图表等内容。

（8）组织专家评估。由主管部门和专家评价、审批。

10.2.2　需求分析的方法

在调查过程中，根据不同的问题和条件，可采用的调查方法很多。常用的调查方法包括以下几点。

（1）跟班作业。跟班作业法是数据库设计人员亲自参加业务工作，通过从事或者观察组织的业务管理来调查系统的数据需求。该方法对用户的需求把握比较准确，但是比较费时。

（2）开调查会。开调查会是通过与用户座谈来了解业务活动情况及用户需求。开调查会需要制订详细的计划，以使调查工作有明确的目的性。

（3）请专人介绍。请专人介绍是请业务熟练的专家或用户介绍业务知识、业务活动和数据管理等情况，从而进行需求调查的一种方法。该方法有利于数据库需求分析人员尽快、准确地了解现存系统及其存在的问题、改进措施，确认目标系统的数据需求。

（4）问卷调查。问卷调查法是通过特别设计的问卷来收集用户的想法、意见以及基本信息。研究者利用这种控制式的测量对所研究的问题进行度量，搜集到可靠的资料，从而调查数据库需求。

（5）查阅记录。查阅记录是指查阅与原系统有关的数据记录。数据库设计人员阅读、分析现存系统的开发、运行维护和问题报告等记录，是了解现存系统的一个快捷方法。

对于不同的人员，需求调查的策略也可以不同。对高层负责人的调查，一般采用个别交谈方式，先给一份详细的调查提纲，以便有所准备；对中层管理人员的调查，可采用开座谈会、个别交谈、发调查表、查阅记录的调查方式；对基层业务人员的调查，主要采用发调查表、个别交谈或跟班作业的调查方式。

调查了解用户的需求后，还需要进一步分析和抽象用户的需求，使之转换为后续各设计阶段可用的形式。在众多分析和表达用户需求的方法中，结构化分析(structured analysis，SA)是一种简单实用的方法。SA 方法采用自顶向下、逐层分解、逐步求精的方式分析系统，用数据流图（data flow diagram，DFD）、数据字典描述系统。

DFD 从数据流动、传递和加工处理的角度，以图形方式表达数据和处理过程的关系，是系统分析人员与用户进行交流的手段和系统设计的主要依据之一。DFD 有四种组成元素：数据流、加工、数据存储(文件)、数据流的源或目标。数据流表示数据的流动情况；加工表示对数据的加工处理过程；数据存储在数据流图中起着保存数据的作用；数据流的源或目标表示图中出现数据的始发点或终止点。DFD 处理过程中的处理逻辑常借助判定表或判定树来描述。DFD 中的数据流、数据存储则借助数据字典来描述。

10.2.3　数据字典

数据字典是关于数据库中数据的描述，即元数据，而不是数据本身。数据字典有助于这些数据的进一步管理和控制，为设计人员和数据库管理员在数据库设计、实现和运行阶段控制有关数据提供依据。数据字典是指对数据的数据项、数据结构、数据流、数据存储、处理过程等进行定义和描述，其目的是对数据流程图中的各个元素做出详细的说明。简而言之，数据字典是描述数据的信息集合，是对系统中使用的所有数据元素的定义的集合。数据字典是进行详细的数据收集和数据分析所获得的主要结果，在数据库设计中占有很重要的地位。数据字典通过对数据项和数据结构的定义来描述数据流、数据存储的逻辑内容，主要包括五个部分。

（1）数据项是不可再分的数据单位，是数据的最小组成单位。对数据项的描述通常包括以下内容：数据项描述={数据项名，别名，数据项含义说明，数据类型，长度，取值范围及含义，与其他数据项的逻辑关系}。其中，数据项名是数据项的名称；如果数据项有多个名称，则需要给出别名；数据项含义说明用于阐述数据项的含义和用途；数据类型用于说明数据项的数据类型，如数值型、字符型、日期型、布尔类型等；长度用于说明数据项的长度，如字节数、位数等；取值范围及含义说明数据项的取值范围及含义，如性别的取值范围为{“男”，“女”}；与其他数据项的逻辑关系说明与该数据项有关的数据流图、数据字典元素等。取值范围及含义、与其他数据项的逻辑关系定义了数据的完整性约束条件。在数据库设计中，数据项可以作为基本表和视图属性的设计依据，也可以作为应用程序常量或者变量的设计依据。

（2）数据结构反映了数据之间的组合关系。一个数据结构可以由若干个数据项组成，也可以由若干个数据结构组成，或由若干个数据项和数据结构混合组成。对数据结构的描述通常包括以下内容：数据结构描述={数据结构名，别名，数据结构含义说明，组成:{数据项或数据结构}，相关元素}。其中，数据结构名表示数据结构的名称；如果数据结构有多个名称，则需要给出别名；数据结构含义说明用于阐述数据结构的含义和用途；组成用于说明数据结构是由哪些数据项或者数据结构组成的；相关元素说明与该数据结构有关的数据流图、数据字典元素等。组成、相关元素构成了数据完整性约束条件。在数据库设计中，数据结构可以用基本表和视图来实现。

（3）数据流是数据结构在系统内传输的路径。对数据流的描述通常包括以下内容：数据流描述={数据流名，数据流含义说明，数据流来源，数据流去向，组成:{数据结构}，平均流量，高峰期流量，相关元素}。其中，数据流名表示数据流的名称；数据流含义说明用于阐述数据流产生的原因和结果；数据流来源说明该数据流来自哪个过程；数据流去向说明该数据流将到哪个过程去；组成说明数据流是由哪些数据结构组成的；平均流量是指在单位时间里的传输次数；高峰期流量是指在高峰时期的数据流量；相关元素说明与该数据流有关的数据流图、数据字典元素等。在数据库设计中，数据流通常可以用视图等来实现。

（4）数据存储是数据结构停留或保存的地方，是数据流的来源和去向。对数据存储的描述通常包括以下内容：数据存储描述={数据存储名，数据存储说明，编号，流入的数据流，流出的数据流，组成:{数据结构}，数据量，存取方式}。其中，数据存储名表示数据存储的名称；数据存储说明用于阐述需要存放的数据；编号用于给出数据存储的编号；流入的数据流用于说明进入该数据存储的数据流；流出的数据流用于说明从该数据存储出去的数据流；组成用于说明该数据存储是由哪些数据结构组成的；数据量说明每次存取多少数据；存取方式是指采用顺序检索或随机检索等方法。在数据库设计中，数据存储通常可以用基本表来实现。

（5）处理过程也称处理逻辑，可以用判定表(树)来描述。处理过程主要说明该处理过程的功能及处理要求，即该处理过程用来做什么、处理频度要求和响应时间要求等。对处理过程描述通常包括以下内容：处理过程描述={处理过程名，处理过程说明，输入:{数据流}，输出:{数据流}，处理逻辑:{简要说明}}。其中，处理过程名给出处理过程的名称；处理过程说明用于阐述处理过程及其功能；输入用于说明进入该处理过程的数据流；输出用于说明离开该处理过程的数据流；处理逻辑用于说明该处理的逻辑顺序。在数据库设计中，处理过程通常与应用程序模块形成一一对应关系。

10.3　概念结构设计

10.3.1　概念结构设计概述

概念结构设计是将需求分析得到的用户需求抽象为信息结构的过程。概念结构是独立于任何一种数据模型的信息结构，是各种数据模型的共同基础，它比逻辑模型更独立于机器、更抽象，从而更稳定。因此，概念结构设计是整个数据库设计的关键。

概念结构的主要特点包括以下几点。

（1）概念模型是对现实世界的一个真实模型，能真实地、充分地反映现实世界的事物及其联系，能满足用户对数据的处理要求。

（2）概念模型应易于理解。概念模型的一个重要目的是方便人员之间进行交流，所以概念模型应该易于理解。

（3）概念模型应易于更改。当应用环境和应用要求改变时，容易对概念模型进行修改和扩充。

（4）概念模型应易于向关系模型、网状模型、层次模型、面向对象模型等各种数据模型转换。

概念结构设计有四类方法。

（1）自顶向下。首先定义全局概念结构的框架，然后逐步细化。

（2）自底向上。首先定义各局部应用的概念结构，然后将它们集成起来，得到全局概念结构。

（3）逐步扩张。逐步扩张法是一种从核心到外围的渐进式设计方法。首先，明确系统中最关键、最核心的实体及其关系，构建出最基础的概念模型。然后，以核心结构为基础，逐步添加与之相关的其他实体和关系，从而不断扩大模型的覆盖范围。在扩展过程中，不断调整和优化已定义的结构，确保新加入的实体与核心结构保持一致性和完整性；通过多次迭代和扩展，最终生成一个完整的、能够全面反映系统需求的概念模型。

（4）混合策略。将自顶向下和自底向上相结合，首先用自顶向下策略设计一个全局概念结构的框架，然后以全局概念结构框架为骨架，集成由自底向上策略设计的各局部概念结构。

在上述四种方法中，最常用的概念结构设计策略是自底向上方法，即自顶向下进行需求分析，自底向上设计概念结构。在概念结构设计中，目前最常用的和比较成熟的是

E-R 模型方法。

10.3.2　基本 E-R 图设计

基于 E-R 模型，自底向上方法设计概念结构一般分为三个步骤：第一，数据抽象，设计分 E-R 图。第二，合并各分 E-R 图，设计初步 E-R 图。第三，优化初步 E-R 图，设计基本 E-R 图（图 10-5）。

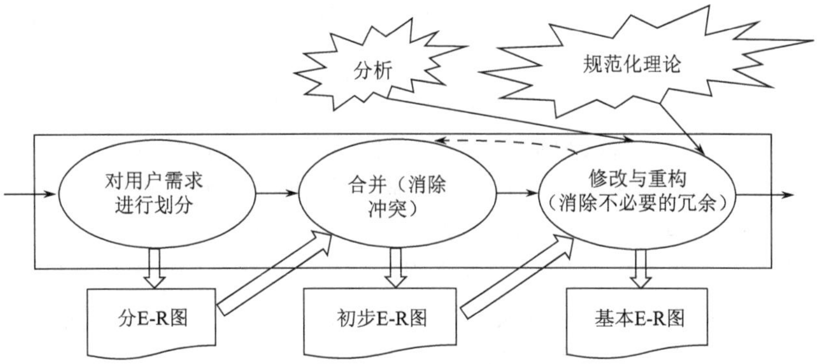

图 10-5　基本 E-R 图生成过程

数据抽象是概念设计的第一步，是从现实世界的对象中抽取人们关心的特性，忽略非本质的细节，用各种概念精确地描述这些特性，组成某种模型。一个数据库一般是由多个对象组成的，对象之间有多种联系，分类、聚集和概括是三种重要的联系形式。分 E-R 图的设计过程：确定各分 E-R 图的范围(也称选择局部应用)；定义实体型；定义联系。

1. 设计分 E-R 图

在用户需求分析的基础上，将用户需求划分为若干部分，其划分方式一般有以下两种：①根据对象的组织机构对其进行自然划分。例如，设计一个物流企业数据库。物流企业有行政部门、财务部门、市场部门、仓储部门、运输部门等，各部门对数据库的处理要求明显不同，因此，可以为它们分别设计分 E-R 图。②根据数据库提供的服务种类进行划分，使得每一种服务所使用的数据明显地不同于其他种类，从而为每一类服务设计一个局部 E-R 图。一个城市管理综合数据库可以按提供的服务分为以下一些类：供水、供电、供气等。

在分 E-R 图设计中，需要定义组成 E-R 图的实体、属性和联系。

（1）定义实体型。每一个局部分 E-R 图都包括了一些实体型，定义实体型就是从选定的局部范围中的用户需求出发，确定每一个实体型、属性和主键。实体型与属性是 E-R 图设计中的基本单位，但实体与属性之间没有明确的区分标准。在具体的应用环境中，常常对实体和属性已经作了大体的自然的划分。例如，在数据字典中，“数据结构”“数据流”“数据存储”都是若干属性有意义的聚合，体现了这种划分，可以先从这些内容出发确定实体型和属性，再进行必要的调整。为了简化 E-R 图的处置，现实世界中的事物凡能作为属性对待的，应尽量作为属性。下面两条准则，用以区分实体和属性，可在设计 E-R 图时参考。

准则一：属性不可再分。作为“属性”，不能再用其他属性进行描述，而实体需要进一步用属性描述。例如，“河流”由编号、名称、长度等属性描述，根据本条准则，“河流”只能作为实体，不能作为属性。

准则二：“属性”不能与其他实体具有联系，要发生联系的只能是实体。例如，如果“城市等级”没有需要进一步描述的特性，则将“城市等级”作为城市实体的一个属性；如果不同的“城市等级”有不同的公共资源、不同的市场资源，则将“城市等级”作为一个实体更合适。

确定实体型和属性之后，还需对以下三个方面作详细描述：①给实体型(集)和属性命名。例如，河流实体包含河流唯一标识符、河流名称、河流长度等属性。②确定实体标识，即实体集的主键。例如，对于河流实体，河流唯一标识符可以作为河流实体的主键。③保证主键中的属性不出现空值，即主键非空值原则。

（2）定义联系。在 E-R 图中，“联系”用于刻画实体集之间的关联。检查两(多)个实体集之间、实体集内部是否具有联系，确定联系的类型。在定义实体间的联系时要尽量消去冗余的联系。为每一个联系命名，确定每个联系是否存在属性。

2. 设计初步 E-R 图

在设计好的各分 E-R 图的基础上，将所有分 E-R 图综合成一个系统的总的初步 E-R 图。对于分 E-R 图的集成，主要有两种集成方式：一次集成和逐步集成。

一次集成：一次集成通常用于分 E-R 图比较简单的情况，一次集成多个分 E-R 图。图 10-6（a）为分 E-R 图的一次集成示意图。

逐步集成：逐步集成是用累加的方式一次集成两个分 E-R 图。逐步集成的方式最为常用。图 10-6（b）为分 E-R 图的逐步集成示意图。

在合并各分 E-R 图的时候，需要注意解决各个分 E-R 图之间的冲突。合并分 E-R 图包含三个步骤：确定公共实体类型；合并各分 E-R 图；检查并消除冲突。

首先，确定公共实体类型。公共实体类型是多个局部 E-R 图综合集成的基础，因此，必须首先确定局部 E-R 图之间的公共实体型。一般，仅根据实体型名称和主键来认定公共实体型，即把同名实体型作为一个候选的公共实体型；把具有相同主键的实体型也作为一个候选的公共实体型。

其次，合并各分 E-R 图。一般采用逐步合并的方式，首先将两个具有公共实体型的分 E-R 图进行合并，然后每次将一个新的、与前面已合并的 E-R 图和具有公共实体型的分 E-R 图合并起来，这样即可最终获得全局的初步 E-R 图。

最后，检查并消除冲突。检查并消除冲突是集成全局的初步 E-R 图过程中最关键的工作。对于一个复杂的大的系统，可能有很多分 E-R 图，而这些局部分 E-R 图通常又是由不同的人员设计完成的，这就可能存在对现实世界的同一对象给予不同的描述。例如，有的设计者将对象作为实体型看待，有的设计者则将对象作为联系或属性看待。即使每个设计者都将其表示成实体型，但实体型的命名、主键的选择都可能不一样。这些不一致的描述，称为冲突。冲突通常可分为三种类型：属性冲突、命名冲突、结构冲突。

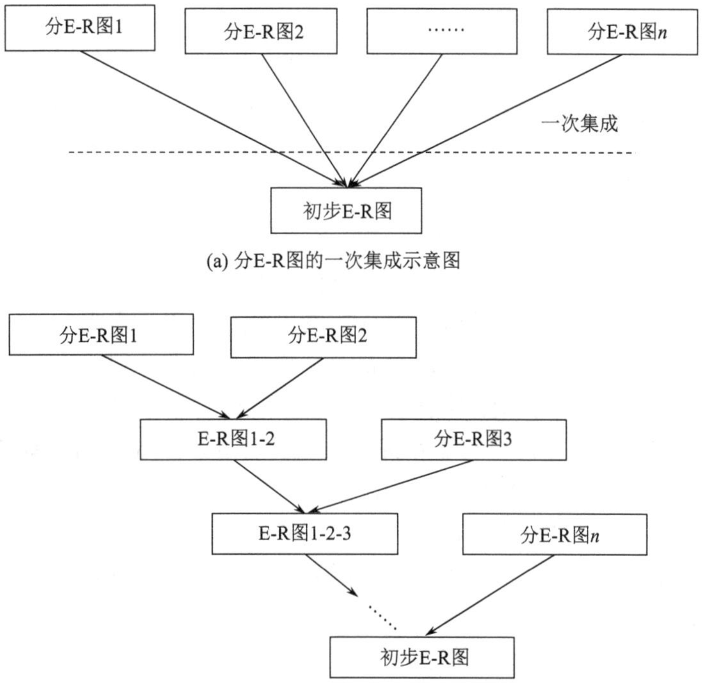

(a) 分E-R图的一次集成示意图

(b) 分E-R图的逐步集成示意图

图 10-6　分 E-R 图的两种集成方式

属性冲突包含属性域的冲突、属性取值单位冲突。属性域的冲突包含属性的类型、取值范围或取值集合不同。例如，在一个分 E-R 图中，土地利用类型的取值集合为（耕地、草地、林地）；在另一个分 E-R 图中，土地利用类型的取值集合为（耕地、草地、林地、建设用地）。属性取值单位冲突也时常发生。例如，长度的单位分别采用千米、米、厘米。对于属性冲突，通常由各设计人员讨论协商加以解决。

命名冲突可能发生在实体、联系一级上，也可能发生在属性一级上，其中，属性的命名冲突更为常见。命名冲突包含同名异义、异名同义。其中，同名异义是不同意义的对象具有相同的名字；异名同义是同一意义的对象具有不同的名字。例如，街道的别称包含街路、胡同、街巷、巷弄等。对于命名冲突，通常由各设计人员讨论协商加以解决。

结构冲突也是一类常见的冲突。常见的结构冲突包括：同一对象在不同应用中具有不同的抽象、同一实体在不同 E-R 图中属性组成不完全相同、实体之间的联系在不同局部应用中呈现不同的类型。例如，城市等级在某应用中是实体，在另一应用中则抽象为属性，这就表现为同一对象在不同应用中的不同抽象。对于此类结构冲突，按介绍的确定实体和属性的准则，把属性变实体或把实体变属性。对于同一实体在不同 E-R 图中属性组成(属性个数和排列次序)不完全相同的结构冲突，该实体取各局部分 E-R 图中属性的并，再适当调整属性的次序。实体之间的联系在不同的局部视图中也可能呈现不同的类型。例如，实体集 A 和 B 在某一分 E-R 图中是 $m:n$ 联系，在另一分 E-R 图中又是 $1:n$ 联系。又如，在某一分 E-R 图中 A 与 B 发生联系，而在另一分 E-R 图中 A、B、C 三者之间有联系。对于此类结构冲突，根据应用的语义对联系的类型进行综合或调整。

3. 设计基本 E-R 图

将各个分 E-R 图合并以后就得到了一个初步的全局 E-R 图，它可能存在冗余的数据和冗余的联系等。冗余的数据是指可由基本数据导出的数据，冗余的联系是指可由其他联系导出的联系。冗余的数据和联系容易破坏数据库的完整性，给数据库维护带来困难，因此，应检查冗余并消除。消除冗余主要采用分析的方法，即以数据字典和数据流图为依据，根据数据字典中关于数据项之间逻辑关系的说明来检查和消除冗余。除分析的方法外，还可应用规范化理论来发现和消除冗余的联系。消除冗余后的初步 E-R 图称为基本 E-R 图。

一个好的全局基本 E-R 图，不仅能全面、准确地反映用户需求，还应该满足如下条件：实体型的个数尽可能少；实体型所含属性个数尽可能少；实体型之间无冗余联系。

通过实体型的合并，可以减少实体类型的个数。合并不是指前面的"公共实体型"的分 E-R 图的合并，而是指两个有联系的实体型的合并。例如，两个具有 1∶1 联系的实体型通常可以合并成一个实体型。又如，对于具有相同主键的两个实体型，如果经常需要同时处理它们，则也可以将它们合并，但可能产生大量的空值。合并实体型也可以提高处理效率，因为涉及多个实体集的信息需要连接运算才能获得，而连接运算的开销比选择运算的开销大。

在设计基本 E-R 图时，应尽可能消除实体中的冗余属性，以减少实体型所含属性个数。通常在各个分 E-R 图中是不允许冗余属性存在的，但在合并为全局的初步 E-R 图以后，可能产生全局范围的冗余属性。例如，在某城市的数据库设计中，一个分 E-R 图中具有城市各区的人口数，而另一个分 E-R 图中具有城市总人口数，则这两个分 E-R 图自身都没有冗余，但合并为一个全局 E-R 图时，"城市总人口数"就成为冗余属性，因此可以考虑将其删除。

在设计基本 E-R 图时，应尽可能消除冗余的联系，以减少实体型之间的联系。分析方法和规范化理论方法是用于消除冗余的两种常用的方法。

分析方法以数据字典和数据流图为依据，根据数据字典中关于数据项之间逻辑关系的说明来消除冗余。但是，如果是为了提高效率，人为地保留了一些冗余数据，则应把数据字典中数据关联的说明作为完整性约束条件。

规范化理论也常用于发现和消除冗余的联系，主要借助于函数依赖的概念消除冗余联系，步骤如下。

（1）确定全局 E-R 图中实体型间的数据依赖，用实体型的码之间的函数依赖来表示，于是得到函数依赖集 F_L。

（2）求 F_L 的最小覆盖 G_L，差集为 $D=F_L-G_L$。

（3）逐一考察 D 中的函数依赖，确定是否是冗余的联系，若是就把它去掉。

需要指出的是：并不是所有的冗余数据与冗余联系都必须被消除，有时为了提高效率不得不以冗余信息作为代价。

当一个关系中的所有分量都是不可分的数据项时，该关系是规范化的。关系按其规范化程度从低到高可分为：第一范式（first normal form，1NF）、第二范式（second normal form，2NF）、第三范式（third normal form，3NF）、巴斯-科德范式（Boyce-Codd normal form，BCNF）、第四范式（fourth normal form，4NF）。规范化程度较高者必是较低者的子集。图 10-7 为各级范式之间的关系。关系规范化的目的是解决关系模式中存在的数据冗余、插入和删除异常、更新烦琐等问题，其基本思想是消除数据依赖中的不合适部分，使各关系模式达到某种程度的分离，使一个关系描述一个概念、一个实体或实体间的一种联系。

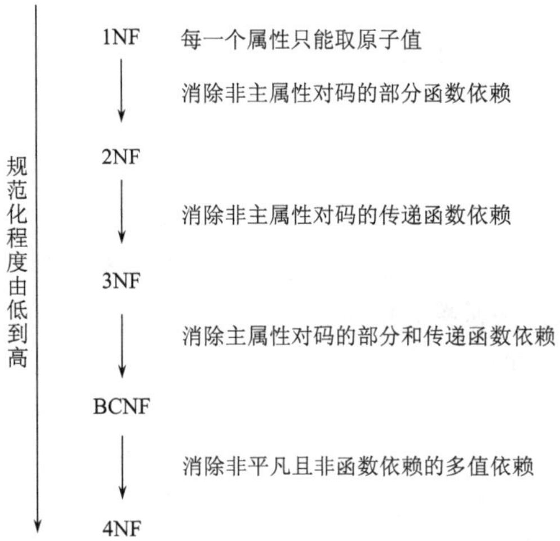

图 10-7　各级范式之间的关系

10.4　逻辑结构设计

10.4.1　逻辑结构设计目标

逻辑结构设计的目标是从概念结构得到与选用的具体 DBMS 支持的数据模型相符合的，而且在功能、约束和扩张性等方面均满足用户需求的数据库逻辑结构。

逻辑结构设计的步骤如图 10-8 所示。

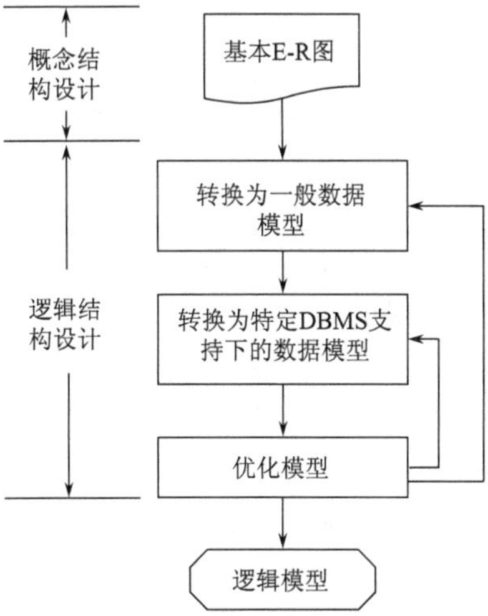

图 10-8　逻辑结构设计的步骤

（1）将概念结构转换为一般的关系、网状、层次、面向对象模型。

（2）将转换来的关系、网状、层次、面向对象模型向特定 DBMS 支持下的数据模型转换。

（3）对数据模型进行优化。

因为现在流行的商品化 DBMS 都是关系数据库管理系统，所以，重点介绍将全局的基本 E-R 图向关系数据模型转换的原则与方法。

10.4.2　关系数据库逻辑设计过程

关系模型的逻辑结构是一组关系模式的集合。E-R 图是由实体、实体的属性和实体之间的联系三个要素组成的。关系数据库逻辑设计的步骤如下。

1. 将概念模型转换为关系模式的集合

一个实体型转换为一个关系模式，关系模式的属性转换为实体型的属性，关系模式的码转换为实体型的码。

联系可以分为一对一（1∶1）、一对多（1∶n）和多对多（m∶n）。一个 1∶1 联系可以不转换为一个独立的关系模式，该联系可以与任意一端实体型转换来的关系模式合并，在该端关系模式中添加另一端关系模式的码以及联系自身的属性。一个 1∶n 联系也可以不转换为一个独立的关系模式，该联系可以与多端实体型转换来的关系模式合并，在多端关系模式中添加一端关系模式的码以及联系自身的属性。每个 m∶n 联系必须转换为一个独立的关系模式，关系模式的属性等于相联系的各实体型的码和联系自身的属性，关系模式的码等于相联系的各实体型的码的组合。

2. 运用关系数据理论对关系数据库模式进行规范化处理

数据库逻辑设计的结果不是唯一的。得到初步数据模型后，还应该适当地修改、调整数据模型的结构，以进一步提高数据库应用系统的性能，这就是数据模型的优化。关系数据模型的优化通常以规范化理论为指导，首先确定规范化级别，然后实施规范化分解。

（1）确定数据依赖(集)，用数据依赖分析和表示数据项之间的联系。根据数据规范化理论，依次找出每个关系模式内部各属性之间的数据依赖，不同关系模式的属性(外码和主码)之间的数据依赖。

（2）对各个关系模式之间的数据依赖进行极小化处理，消除冗余的联系。例如，在图 10-9（a）中，因为数量 N_3 是每个区街道数量之和，所以“组成 3”联系和“数量 N_3”属性都是冗余的，可以消除掉，图 10-9（b）是消除掉冗余联系和属性的结果。

（3）按照数据依赖的理论对关系模式逐一进行分析，考查是否存在部分函数依赖、传递函数依赖、多值依赖等，确定各关系模式的范式级别。

（4）按照需求分析阶段得到的处理要求，分析这些模式对于这样的环境是否合适，确定是否要对某些模式进行合并或分解。需要指出的是，并不是规范化程度越高的关系就越优。当一个应用的查询中经常涉及两个或多个关系模式的属性时，系统必须经常地进行连接运算，而连接运算的代价是相当高的，可以说关系模型低效的主要原因就是做连接运算引起的。因此在这种情况下，第二范式甚至第一范式也许是最好的。

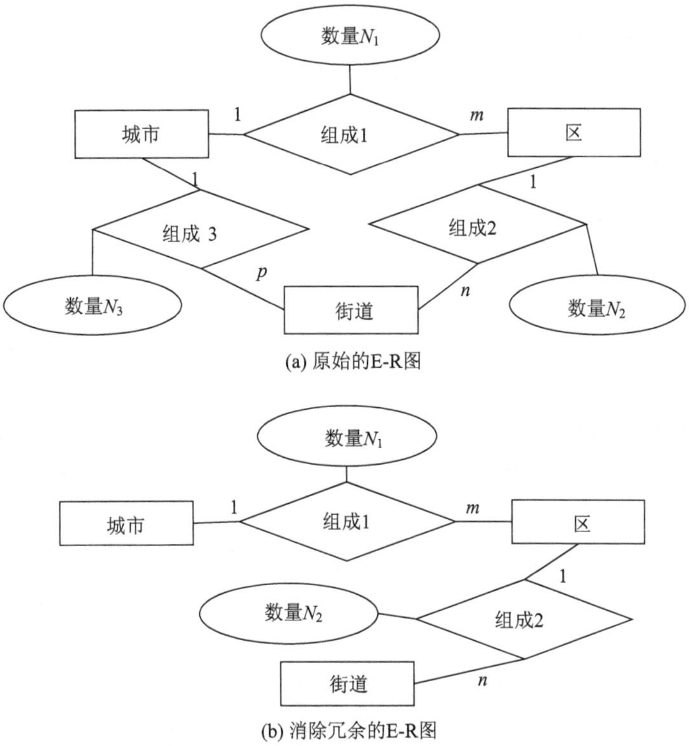

图 10-9　消除冗余的联系和属性

（5）对关系模式进行必要的分解，提高数据操作的效率和存储空间的利用率。常用的两种分解方法是水平分解和垂直分解。水平分解是把(基本)关系 R 的元组分为若干个子集合，定义每个子集合为一个子关系。垂直分解是把关系模式 R 的属性分解为若干子集合，形成若干子关系模式。在实施垂直分解的时候，经常在一起使用的属性，需要放到同一个子关系模式中，从而确保无损和保持依赖。

3. 对关系数据库模式进行评价

关系数据库模式直接影响数据库中数据的完整性、准确性和一致性。对关系数据库模型进行评价，可以从冗余程度，插入、删除、修改难度等几个方面展开。

关系数据库的数据冗余包括表冗余、字段冗余、元组冗余、属性值冗余。数据冗余浪费了宝贵的资源，应尽量减少冗余。然而，并不是所有的冗余都必须消除。有些数据冗余用于数据间建立联系、数据安全或为了数据使用的便利，是需要保留的数据冗余，而其余的数据冗余为非必需的数据冗余应尽量予以消除。

插入异常是指当要往数据库中插入新的数据时，插入不成功导致异常；删除异常是指当要删除数据库中数据的时候不能删除，删除不成功；修改异常是指当要修改数据库中数据的时候，修改不成功。数据库中的插入异常、删除异常、修改异常是数据库模式中存在依赖关系导致的。正是数据彼此之间存在一些依赖关系，导致上述操作发生异常。

4. 对关系数据库模式进行修正

关系规范化理论可以用来改造关系模式，通过分解关系模式来消除不合适的数据依赖，以解决数据冗余、插入异常、删除异常、更新异常等问题。

5. 设计关系子模式

将概念模型转换为逻辑模型(数据库模式)后，还应根据局部应用的需求，结合具体 DBMS 的特点，设计用户的外(子)模式。通常情况下，可以利用关系数据库管理系统提供的视图功能设计子模式。定义用户外模式时注重考虑用户的习惯和方便。

（1）使用更符合用户习惯的别名。合并各分 E-R 图曾做了消除命名冲突的工作，以使数据库系统中同一关系和属性具有唯一的名字。这在设计数据库整体结构时是非常必要的。但对于某些局部应用，由于改用了不符合用户习惯的属性名，可能会使他们感到不方便。因此，在设计用户的子模式时可以重新定义某些属性名，使其与用户习惯一致。

例如，北方一些地方将通向居民区内部的小街道称为胡同，南方一些地方将通向居民区内部的小街道称为巷弄。因此，可以定义用户的视图，在视图中街道重定义为胡同或者巷弄。

（2）针对不同级别的用户定义不同的外模式，以满足系统对安全性的要求。例如，旅游风景区关系模式中包括标识符、名称、等级、员工数量、收入等属性。在旅游风景区_游客应用中，只能查询旅游风景区的标识符、名称、等级数据；在旅游风景区管理应用中，则可以查询旅游风景区的全部数据。

因此，需要定义一个外模式：旅游风景区_游客视图（标识符，名称，等级）。授权游客只能访问旅游风景区_游客视图。这样就可以防止用户非法访问本来不允许他们查询的数据，保证了系统的安全性。

（3）简化用户对系统的使用。如果某些局部应用中经常要使用某些很复杂的查询，为了方便用户，可以将这些复杂查询定义为视图。例如，定义视图：（学生姓名，课程名，成绩），从而取代对学生、课程、选课三个基本表的复杂查询。

10.5　物理结构设计

10.5.1　物理结构设计目标

物理结构设计阶段实现的是数据库系统的内模式，它的质量直接决定了整个系统的性能。数据库的物理结构是指数据库在物理设备上的存储结构和存取方法。数据库的物理结构设计是为一个给定的逻辑数据模型选取一个最适合应用要求的物理结构的过程。

数据库物理结构设计步骤（图 10-10）如下。

（1）确定数据库的物理结构，在关系数据库中主要指存取方法和存储结构。

（2）对物理结构进行评价，评价的重点是时间和空间效率。

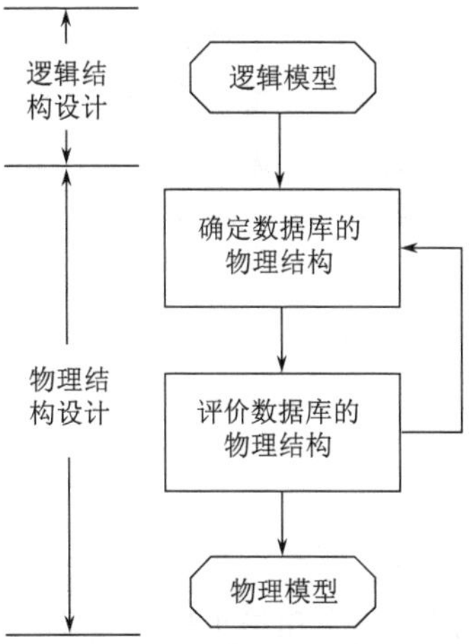

图 10-10　数据库物理结构设计步骤

10.5.2　物理结构设计的内容和方法

数据库的物理结构依赖于给定的计算机软件及硬件环境，以及所选用的数据库管理系统。因此，设计数据库的物理结构应充分考虑数据库的物理环境。不同的数据库产品所提供的物理环境、存取方法和存储结构有很大差别，能供设计人员使用的设计变量、参数范围也很不相同。因此，没有通用的物理设计方法，只给出一般的设计内容和设计原则。

在物理结构设计前，需要做一些准备工作。

（1）要充分了解应用环境，详细分析要运行的事务，以获得选择物理数据库设计所需要的参数。分析数据库查询事务需要的信息，包括了解查询的关系、查询条件所涉及的属性、连接条件所涉及的属性。分析数据更新事务需要的信息，包括了解被更新的关系、每个关系上的更新操作条件所涉及的属性、修改操作要改变的属性值。了解每个事务在各关系上运行的频率和性能要求等。

（2）要充分了解所用的数据库管理系统的内部特征，特别是系统提供的存取方法和存储结构。

关系数据库物理设计的内容主要包含以下两个方面：

（1）为关系模式选择存取方法，即要确定选择哪些存取方法，建立哪些存取路径。

（2）设计关系（表）、聚簇、索引、日志、备份等数据的物理存储结构。

10.5.3　确定数据的存取方法

存取方法是快速存取数据库中的数据的技术，数据库管理系统一般都提供多种存取方法，具体采取哪种存取方法由系统根据数据的存储方式来决定，用户一般不能干预。数据库管理系统通常提供多种存取方法，常用的存取方法包括：索引方法、聚簇方法和哈希方法。

1. 索引方法

用户通常可以利用建立索引的方法来加快数据的查询效率。如果建立了索引，系统就可以使用索引查找方法。索引方法实际上就是根据应用要求确定在关系的哪些属性列建立索引、对哪些属性列建立组合索引、哪些索引要设计为唯一索引。需要注意的是，索引一般可以提高查询性能，但会降低数据修改性能。因为在修改数据时，系统要同时对索引进行维护，使索引与数据保持一致。维护索引要占用相当多的时间，而且存放索引信息也会占用空间资源。因此，在决定是否建立索引时，要权衡数据库的操作，如果查询多，而且对查询的性能要求比较高，则可以考虑多建一些索引。如果数据更改多，并且对更改的效率要求比较高，则应考虑少建些索引。满足以下条件之一的，可以在有关属性上建立索引。

（1）主键和外键上通常建立索引。

（2）如果一个属性经常在查询条件中出现，则考虑在这个属性上建立索引。

（3）如果一个属性经常作为最大值和最小值等聚集函数的参数，则考虑在这个属性上建立索引。

（4）如果一个属性经常在连接操作的连接条件中出现，则考虑在这个属性上建立索引。

（5）对于以读为主或者只读的关系表，只要需要且存储空间允许，可以多建索引。

在有些情况下，也不宜建立索引。满足以下条件之一的，不宜建立索引。

（1）不出现或者很少出现在查询条件中的属性。

（2）属性值是可能取值的个数很少的属性。

（3）属性值分布严重不均的属性。

（4）经常更新的属性和表。因为在更新属性值时，必须对相应的索引作出修改，这就使系统为维护索引付出较大的代价。

（5）属性值过长，在过长的属性上建立索引，索引所占的存储空间比较大，而且索引的级数随之增加，将会带来许多不便。

（6）太小的表不值得使用索引。

2. 聚簇方法

为了提高某个属性（或属性组）的查询速度，把这个或这些属性（称为聚簇码）上具有相同值的元组集中存放在连续的物理块上，称为聚簇。选择聚簇存取方法，即确定需要建立多少个聚簇，每个聚簇中包括哪些关系。建立候选聚簇的原则如下。

（1）对经常在一起进行连接操作的关系可以建立组合聚簇。

（2）如果一个关系的一组属性经常出现在相等比较条件中，则该单个关系可建立聚簇。

（3）如果一个关系的一个(或一组)属性上的值重复率很高，则此单个关系可建立聚簇，即对应每个聚簇码值的平均元组数不是太少。如果元组数太少，聚簇的效果不明显。然后，检查候选聚簇中的关系，取消其中不必要的关系。

例如，假设用户经常要按城市查询空气质量情况，这一查询涉及城市关系和环境关系的连接操作，即需要按城市号连接这两个关系。为提高连接操作的效率，可以把具有相同城市号的城市元组和环境元组在物理上聚簇在一起。这就相当于把多个关系按“预连接”的形式存放，从而大大提高了连接操作的效率。

对候选聚簇进行分析，取消不必要的关系。

（1）从聚簇中删除经常进行全表扫描的关系。

（2）从聚簇中删除更新操作远多于连接操作的关系。

（3）从聚簇中删除重复出现的关系。因为某个关系仅能加入一个聚簇中，所以应该对多种聚簇方案进行评估，选择一个较优的方案，即在这个聚簇上运行各种事务的总代价最小。

虽然聚簇能够提高一些应用的性能，但是建立与维护聚簇的开销是相当大的。如果对已有关系建立聚簇，将导致关系中元组移动其物理存储位置并使此关系上原有的索引无效，因此，必须重建索引。当一个元组的聚簇码值改变时，该元组的存储位置也要做相应移动。聚簇码值要相对稳定，以减少修改聚簇码值所引起的维护开销。

3. 哈希方法

哈希存取方法是根据结点的关键字直接计算出该结点的存储地址。哈希存取方法可能是访问数据库中数据的最快方法，因为哈希算法的时间复杂度几乎可以认为是O(1)的。但是，哈希索引本身由于其特殊性也带来了很多限制和弊端。

（1）哈希地址可能出现冲突，通常可以采用开放定址法、链表法、再哈希法、建立公共溢出区等解决。如果冲突多了，无疑会降低哈希索引的速度。

（2）哈希函数计算出地址后，因为冲突的原因，还需要进行实际数据的对比。

（3）哈希算法只能定位单个对象，无法进行范围查询。

10.5.4　确定数据的存储结构

影响数据库物理结构的主要因素包括：应用处理需求、数据特征、运行环境等。在进行数据库物理结构设计之前，应先弄清应用的处理需求，如吞吐量、平均响应时间、系统负荷、事务类型及发生频率等，这些需求直接影响着设计方案的选择，而且它们还会随应用环境的变化而变化。数据本身的特性对数据库物理设计也会有较大的影响，如关系中每个属性值的分布、记录的长度与个数等，这些特性都影响数据库的物理结构设计。数据库物理设计与运行环境有关，因此，在设计时还要充分考虑数据库管理系统、操作系统、计算机硬件等运行环境的特征和限制。

关系数据库中要存储的数据主要包括：关系表、索引、聚簇、日志、备份等。数据库管理系统对不同数据的物理组织方式通常是不一样的。

确定数据的存放位置和存储结构要综合考虑数据的存取时间、存储空间利用率及维护代价等几个方面的影响。这三个方面常常是相互矛盾的。例如，消除一切冗余数据虽能够节约存储空间和减少维护代价，但往往会导致检索代价的增加。因此，必须进行权衡，选择一个折中方案。

确定数据的存放位置时，为了提高系统的性能，应根据应用情况将数据的易变部分和稳定部分、经常存取部分和不经常存取部分分开存放，放在不同的关系表中或者放在不同的外存空间。通常，对于常用的数据应保存在高性能的外存上，不常用的数据可保存在低性能的外存上。例如，通常可以将日志文件与数据库对象（表、索引等）放在不同的磁盘以改进系统的性能。另外，可以将比较大的表分别放在两个磁盘上，以加快存取速度，这在多用户环境下特别有效。再者，数据库数据备份、日志文件备份等由于只在故障恢复时才使用，而且数据量很大，可以考虑存放在其他存储介质上。

在确定了数据的存放位置后，还要确定系统的配置参数。通常，DBMS 产品一般都提供了一些存储分配参数：同时使用数据库的用户数、同时打开的数据库对象数、使用的缓冲区长度和个数、时间片大小、数据库的大小、锁的数目等。系统为这些变量都赋予了合理的缺省值。但是，这些值不一定适合每一种应用环境。在进行物理设计时，需要根据应用环境确定这些参数值，以使系统性能最优。

设计完数据库的物理结构之后，还需要对数据库的物理结构进行评价。数据库设计人员需要对数据库物理设计过程中产生的多种方案进行细致的评价，定量估算各种方案的存储空间、存取时间、维护代价，并对估算结果进行权衡、比较，从中选择一个较优的合理的方案作为数据库的物理结构。虽然数据库物理设计是从众多可供选择的方案中选择一个合适的设计方法，但是随着时间的变化，数据库的状态和特性也会发生变化，因此，可能导致以前的物理设计不能满足目前的应用需求，则需要调整或者重新设计数据库物理结构。

10.6　数据库的实施

数据库实施是运用数据库管理系统提供的数据语言（如 SQL）及其宿主语言（如 Java），根据逻辑设计和物理设计的结果建立数据库，编制与调试应用程序，组织数据入库，并进行试运行。

1. 数据库实施阶段主要工作

数据库实施阶段主要工作如图 10-11 所示。

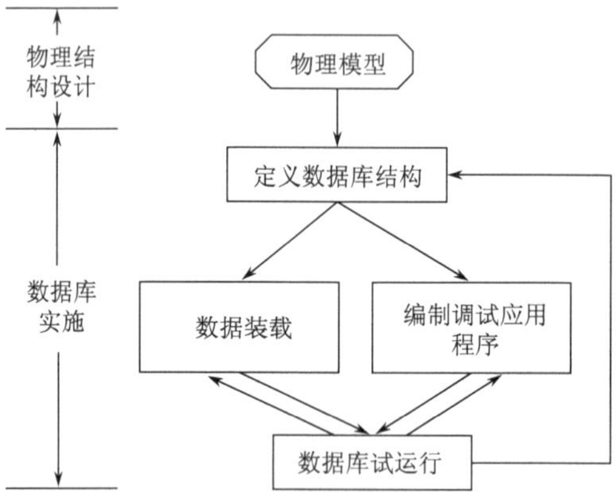

图 10-11　数据库实施

（1）建立实际的数据库结构。使用数据定义语言定义数据库，包括定义基本表、索引、约束、视图等。

（2）装入数据，组织数据入库(又称数据库加载)是数据库实施阶段最主要的工作。数据装载方法包括人工方法、计算机辅助方法。

人工方法适于小型系统。因为需要装入数据库中的数据通常分散在各个部门的数据文件或者原始凭证中，所以首先必须把需要入库的数据筛选出来。然而，筛选出来的需要入库的数据往往不符合数据库要求，还需要对数据格式进行转换。然后，将转换好的数据输入计算机中。最后，对数据进行校验，检查输入的数据是否有误。

计算机辅助数据入库适用于中大型系统。为了保证数据能够及时入库，应在数据库物理设计的同时编制数据输入子系统。在筛选数据的基础上，数据输入子系统提供录入界面，由录入人员将原始数据直接输入计算机中。数据输入子系统采用多种校验技术检查输入数据的正确性。数据输入子系统根据数据库系统的要求，从录入的数据中抽取相关数据，对其进行分类，然后转换数据格式。数据输入子系统对转换好的数据根据系统的要求进行综合生成最终的数据。

数据库入库是十分费时、费力的事情。如果试运行后需要修改数据库的设计，还需要重新组织数据入库。因此，可以采取分批组织数据入库的模式，即先输入小批量数据做调试用，待试运行基本合格后再大批量输入数据，逐步增加数据量。

（3）编制和调试数据库应用程序。数据库应用程序的设计应该与数据库设计并行进行。数据库结构建立好后，就可以开始编制与调试数据库的应用程序。

2. 数据库试运行

应用程序调试完成，并且已有一小部分数据入库后，就可以开始数据库的试运行。数据库试运行也称为联合调试，其主要工作包括以下几个方面。

（1）功能测试，测试应用程序的功能。实际运行数据库应用程序，执行对数据库的各种操作，测试应用程序的各种功能是否满足设计要求。数据库功能测试的内容包括数据定义、数据操纵、数据库安全性、并发处理等。数据定义功能测试的主要任务是测试数据库系统动态创建、修改和删除基本表、视图、索引、角色等是否符合用户需求。数据操纵功能测试是指对数据库数据插入、修改、删除、查询、统计和排序等进行测试。数据库安全性测试就是测试数据库的安全措施是否发挥作用并达到预期效果。数据库系统一般能同时处理多个事务，为了找出数据库系统并发处理机制的可能缺陷，就必须进行并发处理测试。

（2）性能测试，测试数据库应用系统的性能指标，分析是否符合设计目标。数据库性能测试包括数据库容量、吞吐量、精度、响应时间、存储方式、可靠性、可扩展性、可维护性等。数据库容量是数据库能够存储的数据量。数据库吞吐量是单位时间能够处理的数据量。精度是指观测值与真值或可看作是真值的逼近程度。数据库响应时间指数据插入、修改、删除、查询、统计和排序的响应时间，也包括数据库备份、恢复等数据维护的响应时间。数据库响应时间是数据库管理系统、数据库系统硬件选择和设计的重要依据。显然，响应时间越少，处理速度越快。不同的应用系统对响应时间的需求是不同的。在系统刚刚建立初期，用户的数据规模并不大，存储需求也很简单，只要把相关数据存放在存储设备上即可，但是当数据量非常大时，数据的存储方式对数据库性能影响较大，过于频繁的输入/输出操作将严重降低系统响应时间。因为跨越物理存储设备来控制数据库、表和索引的存放，可以做到负载均衡，所以可提高数据库性能。数据库可靠性是指系统能够在一定时间内不间断地、低故障率地为各种应用提供数据服务。为了保证数据库系统的可靠性，应在一开始就确定可靠性和其他质量指标，并考虑采取相应措施。数据库可扩展性反映了系统适应变化的能力。在数据库系统开发过程中，需求、设计的变化、算法的改进等变化经常出现，所以要考虑数据库的可扩展性。可维护性是反映数据库是否易于维护的性能指标。数据库可维护性分析就是分析数据库有哪些维护需求，以便在数据库设计时引起足够的重视。

如果数据库设计结果不符合设计目标，则需要返回物理设计阶段，调整物理结构，修改参数，甚至需要返回逻辑设计阶段，调整逻辑结构。

在数据库试运行阶段，系统还不稳定，硬、软件故障随时都可能发生，系统的操作人员对新系统还不熟悉，误操作也不可避免，因此必须做好数据库的转储和恢复工作，尽量减少对数据库的破坏。

10.7　数据库的运行和维护

数据库应用系统经过试运行后即可投入正式运行。数据库投入运行标志着开发任务的基本完成和维护工作的开始。在数据库系统运行过程中必须不断地对其进行评价、调整与修改。数据库的运行和维护是数据库管理人员的职责之一。由于应用环境在不断变化、数据库运行过程中物理存储也会不断变化，对数据库设计进行评价、调整、修改等维护工作是一项长期的任务，也是数据库设计的继续和提高。运行和维护阶段的主要工作如下。

（1）数据库的转储和恢复。转储和恢复是系统正式运行后重要的维护工作之一。数据库管理人员需要针对不同的应用要求制定不同的转储计划，定期对数据库和日志文件进行备份。一旦发生介质故障，即利用数据库备份及日志文件备份，尽快将数据库恢复到某种一致性状态。

（2）维护数据库的安全性和完整性。数据库管理人员需要根据用户的实际需要授予不同的操作权限。在数据库运行过程中，由于应用环境的变化，对安全性的要求也会发生变化，数据库管理人员需要根据实际情况修改原有的安全性控制。由于应用环境的变化，数据库的完整性约束也会发生变化，也需要数据库管理人员进行修正，以满足用户要求。

（3）监视和改善数据库系统运行性能，分析评价时空效率和应用类型，及时重组甚至重构数据库。在数据库运行过程中，数据库管理人员必须监督系统运行，获取系统运行过程中一系列性能参数的值，通过仔细分析这些数据，判断当前系统是否处于最佳运行状态。如果不是最佳运行状态，则需要调整参数以进一步改进数据库性能。

（4）系统的重组织和重构造。数据库运行一段时间后，由于记录的不断增加、修改和删除，会使数据库的物理存储变坏，从而降低数据库存储空间的利用率和数据的存取效率，使数据库的性能下降，这就需要对数据库进行重组织。数据库应用环境发生变化之后，可能会导致实体及实体间的联系也发生相应的变化，使原有的数据库设计不能很好地满足新的需求，这就需要增加新的应用、取消某些已有的应用、改变某些已有的应用，从而对数据库进行重构造。

（5）及时改正运行中发现的系统错误。数据库运行的过程中，很有可能出现各种错误，需要及时改正运行中发现的系统错误，从而确保数据库系统正确运行。

第 11 章　空间数据库发展趋势

目前，空间数据库已经成为空间数据管理的主流技术。随着人工智能、大数据、云计算等技术的发展，智能数据库、时空数据库、实时数据库、开源数据库、非关系型数据库等得到了越来越广泛的关注，也是空间数据库发展的重要趋势。

11.1　智能数据库

随着空间信息技术、通信技术及计算机技术的高速发展，地理信息科学领域步入了时空大数据时代。大数据具有 5V 特征：体量大（volume）、速度快（velocity）、模态多样（variety）、真伪难辨（veracity）、价值（value）。一方面，大数据使得人们以前所未有的维度量化和理解世界，蕴含了巨大的价值；另一方面，大数据的体量巨大、来源和类型多样，尤其是数据质量问题，对系统的实时响应要求等，使得大数据的应用面临巨大的挑战。

如何能够从这些海量数据中获取更多的信息，以便分析决策将数据转化为商业价值，就成为目前数据库厂商关注的焦点。各数据库厂商在新推出的产品中，纷纷表示自己的产品在商业智能方面有很大提高。例如，微软最新版 SQL Server 就集成了完整的商业智能套件，包括数据仓库、数据分析、ETL（extract-transform-load，抽取-转换-加载）工具、报表及数据挖掘等，并有针对性地做了一些优化。如何更好地支持商业智能将是未来数据库产品发展的主要趋势之一。

11.1.1　主动数据库

主动数据库是相对于传统数据库的被动性而言的。许多实际的应用领域，如实时监控、办公自动化中常常希望数据库系统在紧急情况下能根据数据库的当前状态，主动适时地做出反应，执行某些操作，向用户提供有关信息。传统数据库系统是被动的系统，它只能被动地按照用户给出的明确请求执行相应的数据库操作，很难充分适应这些应用的主动要求。

因此，在传统数据库基础上数据库技术和人工智能技术相结合产生了主动数据库。主动数据库是指支持主动规则，在没有用户干预的情况下，针对数据库系统内部和外部的事件，能够做出满足主动规则的反应的数据库系统。主动数据库的主要目标是提高对紧急情况及时反应的能力，同时提高数据库管理系统的模块化程度。主动数据库通常采用的方法是在传统数据库系统中嵌入 ECA（event-condition-action，即事件-条件-动作）规则，在某一事件发生时引发数据库管理系统去检测数据库当前状态，看是否满足设定的条件，若条件满足，便触发规定动作的执行。ECA 规则的最基本形式包括三个部分：事件、条件、动作。

（1）事件是使规则被触发的内部或外部原因，事件包括原子事件和复合事件。原子事件是来自数据库内部和外部的基本触发事件。复合事件是由原子事件通过事件运算符定义而成的。事件检测是实现主动规则系统的基础，主动式数据库管理系统必须自动探测原子事件的发生，并基于发生的原子事件检测相关复杂事件的发生。为提高主动数据库的速度和效率，复合事件的检测方法应具有并行和增量性质。

（2）条件是执行规则动作应满足的条件，在规则触发后检测。主动规则中的条件部分用以进一步表达规则触发后，执行相应动作的附加条件。条件用限定条件（布尔）表达式表示，有意义的条件包括数据库谓词、限定性谓词、数据库查询等。大多数主动数据库系统允许缺省条件，此时隐含条件恒真。描述能力强的规则语言，允许条件表达式中的值被传递到规则的动作部分。条件评估是影响主动数据库效率的因素之一。

（3）动作是触发且条件满足时所执行的动作。规则动作可以是任何与数据库操作有关或无关的语句序列。

为了支持 ECA 规则，主动数据库主要包含数据模型、执行模型、条件检测、事务调度四个功能模块。

（1）数据模型主要是指知识模型。知识模型是指在主动数据库管理系统中描述、存储和管理 ECA 规则的方法，它还支持有关时间的约束条件。

（2）执行模型是处理和执行主动规则的方式。执行模型分为五个阶段：信号通知阶段、规则触发阶段、评估阶段、规则调度阶段、执行阶段。信号通知阶段是事件源引起事件发生的现象；规则触发阶段是产生事件并触发相应的规则；评估阶段是对触发规则的条件进行评估；规则调度阶段是选择要执行的规则；执行阶段是执行所选出的规则实例的动作。

（3）条件检测指的是如何检测规则的条件。

（4）事务调度指的是控制事务执行的次序，使数据库状态满足完整性和一致性等约束条件。主动数据库还需要满足事务时间方面的要求。

目前，主动数据库的实现主要可以通过以下三种模式。

（1）对原有数据库管理系统进行扩充。此种方式主要是基于现有的数据库管理系统，需要在现有的数据库管理系统之上扩充事件监视器，并在程序运行的过程中，监视事件的发生，根据事件执行相应的动作或者动作序列。

（2）在程序设计语言基础上扩充。此种方式是将数据库操作嵌入程序设计语言中，并执行相关的主动式服务。

（3）底层开发的模式。此种方式是从底层设计主动程序设计语言，并将数据定义、数据操纵与应用程序融合。

在上述的主动数据库实现模式中，第一种途径最简单；第三种效率高，但实现起来非常复杂；第二种是一个折中的方案，改造工作量适中。因此，可以根据实际情况，选择合适的实现模式。

11.1.2　空间数据仓库

随着信息技术的飞速发展和企业界新需求的不断提出，以面向事务处理为主的数据库系统已不能满足需要，信息系统开始从管理转向决策处理，数据仓库的概念应运而生。

数据仓库就是从不同的源数据中抽取数据，将其整理转换成新的存储格式，为决策目的将数据聚合在一种特殊的格式中，这种支持管理决策过程的、面向主题的、集成的、稳定的、不同时间的数据聚合称为数据仓库。数据仓库中数据的组织方式有虚拟存储、基于关系表的存储和多维数据库存储三种。整个仓库系统可分为数据源、数据存储与管理、分析处理三个功能部分。由于数据仓库是集成信息的存储中心，由数据存储管理器收集整理源信息的数据成为仓库系统使用的数据格式和数据模型，并自动监测数据源中数据的变化，反映到存储中心，对数据仓库进行更新维护。而联机分析处理是数据仓库的最重要应用，是决策分析的关键。数据仓库是为了有效地支持决策分析，而从操作数据库中提取并经过加工后所得到的数据集合，是一个特殊的数据库。数据仓库也需要由一个数据库管理系统支持，它有关系型和多维型两类数据库管理系统。

空间数据仓库建立在传统的数据库基础上，依靠数据库实现对数据的高效存储。其中，空间数据库作为源数据库负责数据的日常处理及一般的空间分析功能；空间数据仓库根据用户的要求对空间数据库中分散的、多源的空间数据进行集成和分析，截取不同时段上的信息，将数据的时间属性和空间属性紧密地结合起来，通过模型构建分析和比较，进行数据挖掘发现隐藏在数据中的信息，从而为用户提供决策服务。因此，空间数据仓库具有以下特征。

（1）空间数据仓库是面向主题的，它以主题为基础，对空间数据进行分类、加工、变换，从更高层次上进行综合利用。

（2）空间数据仓库建立在空间数据库的基础上，通过元数据，将空间数据库中的地理空间数据进行集成，从而得到各种有用的信息，实现决策支持。

（3）空间数据仓库的数据是随时间的变化不断变化的，它会不断增加新的数据内容、不断删去旧的数据内容。数据仓库中的数据包含了数据的时间属性，因而空间数据仓库能够管理不同时间的数据，满足用户数据版本管理的要求。

（4）任何事物都有自己的空间位置，彼此之间有相互的空间联系。进入空间数据仓库的空间数据必须具有统一的坐标系和相同的比例尺，以反映空间对象的方位。

空间数据仓库是在空间数据库的基础上，利用数据库技术、元数据技术、网络技术对海量地理空间数据进行集成、管理、查询分析、分发及应用。图 11-1 为空间数据仓库体系结构。空间数据库位于空间数据仓库的最底层，这些数据可能来自不同单位，表示不同时期，由不同软件系统管理，它们相互独立，形成各式各样的异构数据，成为空间数据仓库的数据源。应用系统位于最顶层，它通过统一标准的数据接口提取地理空间数据为多种应用系统服务。空间数据仓库系统位于中间层，它提取地理空间数据库中的数据，经过空间数据仓库进行数据集成转换，为应用系统提供数据。由此可见，空间数据仓库提供了一个多源数据共享和处理机制，在网络技术、数据仓库技术日益成熟的今天，根据用户的不同需求，以空间数据仓库系统为平台，访问多个地理空间数据库，进行数据挖掘和 GIS 多维空间分析，为多种应用系统提供全面、科学、实用的决策支持。

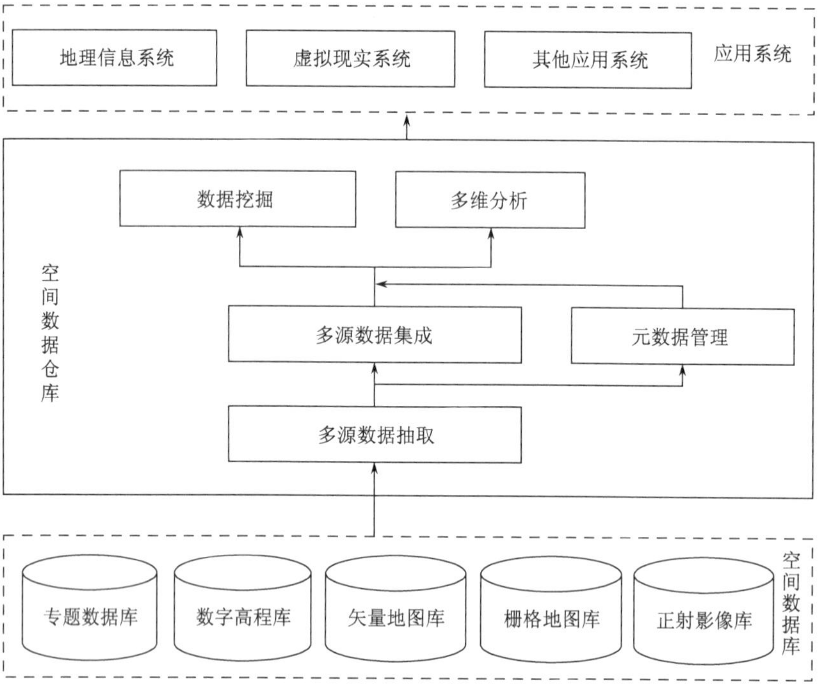

图 11-1　空间数据仓库体系结构

空间数据仓库按照功能划分为五个部分：元数据、源数据、数据变换工具、空间数据仓库、空间数据仓库分析工具。

（1）元数据。空间数据仓库的元数据是指描述空间数据的数据，它是空间数据交换的基础，是空间数据标准化与质量的保证。在空间数据仓库中，元数据可以分为两类：一类是管理元数据，它是对源数据及其内容、数据仓库主题、数据转换及各种操作信息的描述；另一类是用户元数据，它帮助用户查询信息、理解结果、了解数据仓库中数据的组织方式等。在数据传输、信息共享、大力发展互操作的今天，元数据是必不可少的。

（2）源数据。空间数据仓库为了支持高层次的决策分析需要大量的数据，这些数据可能存储在不同的平台和数据库中。空间数据仓库的数据具有来源丰富、类型多样的特点。

（3）数据变换工具。空间数据仓库的数据来源多样，由于数据冗余及其标准和格式存在差异等，不能把数据原封不动地存入数据仓库，源数据必须经过变换以最适宜的方式进入空间数据仓库。数据变换主要包括提炼、转换、空间变换。数据提炼主要指数据的抽取，如数据项的重构、删除不需要的运行信息、字段值的解码和翻译、补充缺漏的信息、检查数据的完整性和相容性等；数据转换主要指统一数据编码和数据结构、给数据加上时间标志、根据需要对数据集进行各种运算以及语义转换等；空间变换主要指空间坐标和比例尺的统一、赋予一般数据空间属性。数据变换工具为数据库和空间数据仓库之间架起了一座桥梁，使源数据得到了增值和统一，最大限度地满足了空间数据仓库高层次决策分析的需要。

（4）空间数据仓库。源数据经过变换进入空间数据仓库。空间数据仓库用多维数据库来实现，即以多维方式来组织和显示数据。空间维和时间维是空间数据仓库反映现实世界动态变化的基础，它们的数据组织方式是整个空间数据仓库技术的关键。在实际分析过程中，可以按照需要把任意一维和其他维进行组合，以多维的方式显示数据，让人们从不同的角度来认识世界。

（5）空间数据仓库分析工具。空间数据仓库系统的目标是提供决策支持，它不仅需要一般的空间信息查询和分析工具，更需要功能强大的分析和挖掘工具。空间数据仓库分析工具是空间数据仓库系统的重要组成部分，主要由报表查询工具、联机分析处理工具、数据挖掘工具和分析过程与结果可视化工具四部分组成。

总体来说，空间数据仓库可以解决传统数据库无法解决的问题，有效地实现空间数据的深层次分析和挖掘，提供更为实用的决策服务。当前随着经济的发展，空间数据仓库被引用到城市规划、国土资源、生态环境等领域，它的发展可以有力地支持智慧城市、智慧地球的建设，其发展前景广阔。随着空间数据的不断积累、空间数据应用需求的不断提高，空间数据仓库必将成为空间数据库未来发展的一个重要趋势。

11.2　时空数据库

空间和时间是现实世界最基本、最重要的属性。许多空间应用系统，尤其是 GIS 都需要表达地学对象的时空属性。例如，在地籍变更、环境监测、城市演化等领域都需要管理历史变化数据，以便重建历史、跟踪变化、预测未来。20 世纪 90 年代以前，空间数据库和时态数据库是两个相互独立、毫不相关的研究领域。自 20 世纪 90 年代开始，空间数据库和时态数据库的研究者逐渐认识到各自研究领域研究中存在的一些问题以及两者之间存在的联系，并开始探索将空间数据库和时态数据库相结合的相关技术，由此产生了一个新的研究领域——时空数据库。

时空数据库是时态数据库与空间数据库的统一体，即包括时间与空间要素，主要用于存储与管理位置或形状随时间而变化的各类空间对象。时空数据库主要用于管理动态数据对象，其在现在出现的大量处理动态对象的应用程序中越来越重要。因此，对时空数据的管理能力是时空数据库与时态数据库、空间数据库的主要区别。

时空数据库主要是对对象的时空信息进行分析处理。它的研究内容相当丰富，主要涉及时空数据模型、时空数据索引、时空数据查询等。

11.2.1　时空数据模型

传统的 GIS 数据模型强调地学对象的静态描述，通常采用矢量或栅格的方式来描述空间数据。静态描述机制限制了如位移、变迁等动态信息的表达。动态记录、追溯与模拟时空变化是时空数据建模的主要目标。

时空数据模型是一种有效组织和管理时态地学数据、空间、专题、时间语义完整的地学数据模型，它不仅强调地学对象的空间和专题特征，还强调这些特征随时间的变化，即时态特征。因此，时空数据模型的核心问题是研究如何有效地表达、记录和管理现实世界的实体及其相互关系随时间不断发生的变化。这种时空变化表现为三种可能的形式：

一是属性变化，其空间坐标或位置不变；二是空间坐标或位置变化，而属性不变，这里的空间坐标或位置变化既可以是单一实体的位置、方向、尺寸、形状等发生变化，也可以是两个以上的空间实体之间的关系发生变化；三是空间实体或现象的坐标和属性都发生变化。

时空数据模型的研究历程可概括为 20 世纪 70 年代的酝酿起始阶段、80 年代的开拓阶段和 90 年代后的大发展阶段。前两个阶段研究重点主要表现为以空间为主的空间分析功能研究和以时态信息处理为主的时态数据库研究，时空结合方面涉及得很少。20 世纪 90 年代初期，出现了大量专门用于处理时空数据的模型和原型系统。目前，主要时空数据模型设计方法有以下几种：一是在栅格、矢量空间模型基础上扩展时间维；二是在时间模型基础上扩展空间维；三是面向对象方法。目前，比较有影响的时空数据模型有以下几种：时空复合模型、连续快照模型、基态修正模型、时空立方体模型、面向对象的时空数据模型。

1. 时空复合模型

时空复合模型将每一次独立的叠加操作转换为一次性的合成叠加，变化的累积形成最小变化单元，由这些最小变化单元构成的图形文件和记录变化历史的属性文件联系在一起表达数据的时空特征。其中，最小变化单元即是一定时空范围内的最大同质单元。图 11-2 为时空复合模型示意图，描述了从 T_1 时刻到 T_4 时刻乡村变成城市的过程。

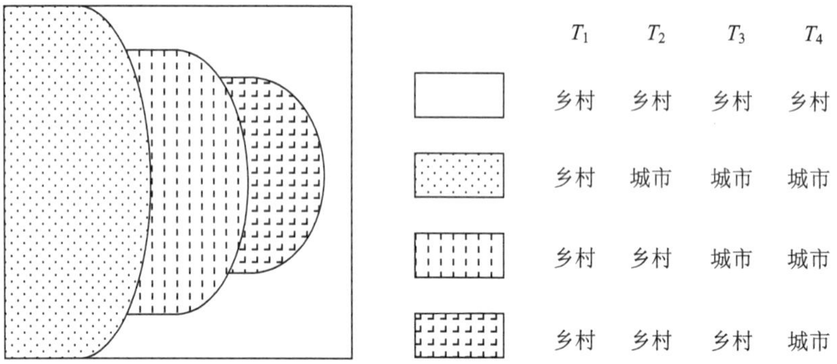

图 11-2 时空复合模型示意图

时空复合模型缺点在于多边形碎化和对关系数据库的过分依赖，随着变化的频繁会形成很多的碎片。

2. 连续快照模型

连续时间快照模型就像拍照一样，对一个运动目标进行连续快照。连续的时间快照模型是将一系列时间片段快照保存起来，以反映整个空间特征的状态。图 11-3 为连续时间快照模型示意图，记录了每个时刻的快照，描述了从 T_1 时刻到 T_3 时刻土地利用类型的变化情况。

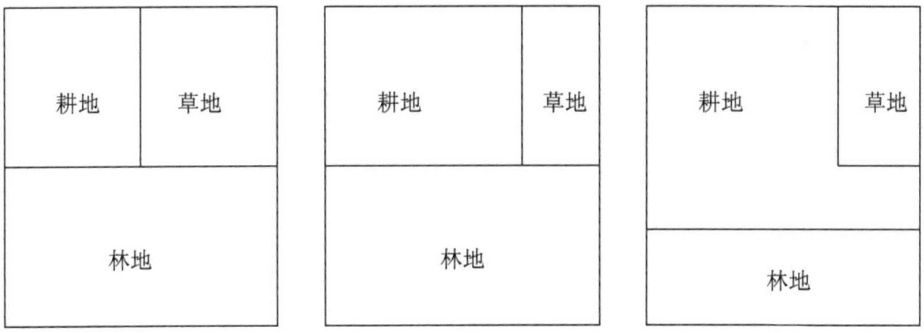

(a) T_1时刻土地利用类型　(b) T_2时刻土地利用类型　(c) T_3时刻土地利用类型

图 11-3　连续时间快照模型示意图

由于快照将对未发生变化的所有特征重复进行存储，会产生大量的数据冗余，当事件变化频繁，且数据量较大时，系统效率急剧下降。此外，连续快照模型不表达单一的时空对象，较难处理时空对象间的时态关系。

3. 基态修正模型

为避免连续快照模型将未发生变化部分的特征重复记录，基态修正模型只存储某个时间点的数据状态（基态）和相对于基态的变化量。对于基态修正模型，只有在事件发生或对象发生变化时才将变化的数据存入系统中，时态分辨率刻度值与事件或对象发生变化的时刻完全对应。基态修正模型对每个对象只存储一次，每变化一次，仅有很少量的数据需要记录。基态修正模型也称为更新模型，有矢量更新模型和栅格更新模型。图 11-4 为基态修正模型示意图，记录了 T_2、T_3 和 T_4 时刻相对于基态（T_1 时刻）的变化量，描述了从 T_1 时刻到 T_4 时刻乡村变成城市的过程。

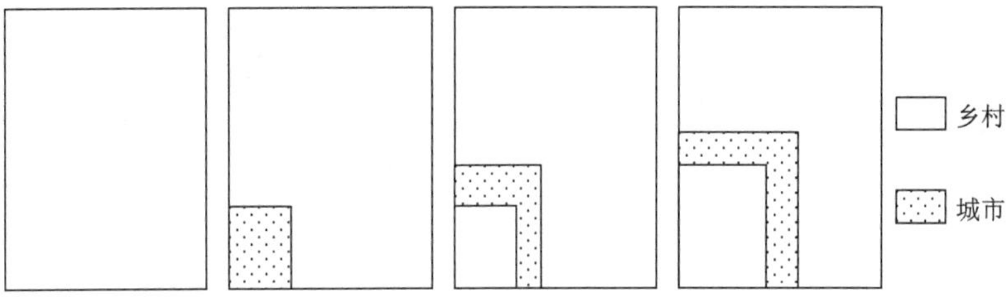

(a) T_1时刻　(b) T_2时刻变化　(c) T_3时刻变化　(d) T_4时刻变化

图 11-4　基态修正模型示意图

基态修正模型的缺点是较难处理给定时刻时空对象间的空间关系，且对很远的过去状态进行检索时，几乎对整个历史状况进行阅读操作，效率很低。

4. 时空立方体模型

时空立方体模型用几何立体图形表示二维图形沿时间维发展变化的过程，表达了现实世界平面位置随时间的演变，将时间标记在空间坐标点上。对于给定的一个时间位置值，就可以从三维立方体中获得相应截面的状态，也可扩展表达三维空间沿时间变化的过程。图 11-5 为时空立方体模型示意图，描述了从 T_1 时刻到 T_3 时刻对象的变化。

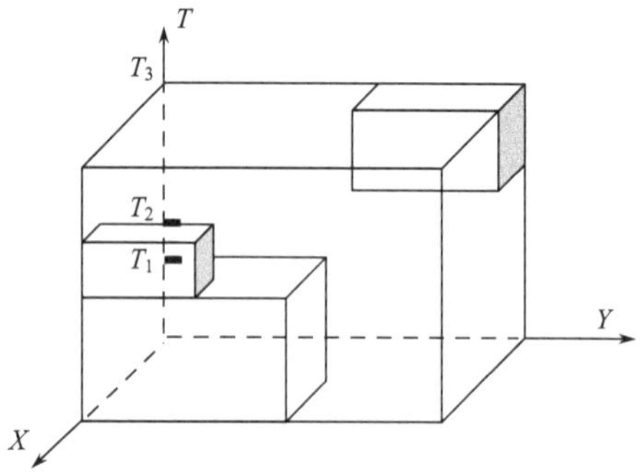

图 11-5　时空立方体模型示意图

时空立方体模型的缺点是随着数据量的增大，对立方体的操作会变得越来越复杂，以至于最终变得无法处理。

5. 面向对象的时空数据模型

地理空间是由一系列地理对象组成的，各地理对象在不同时刻状态也不同，一系列时刻构成了地理信息的时空演化过程。图 11-6 为面向对象的时空数据模型示意图，描述了从 T_1 时刻到 T_3 时刻空间对象的变化过程。在 T_1 时刻，地理空间中包含了编号为 1、2、3、4、5、6、7 和 8 的空间对象。在 T_2 时刻，空间对象 5 和 7 进行合并，形成了空间对象 9。在 T_3 时刻，空间对象 4 拆分形成了空间对象 10 和 11。

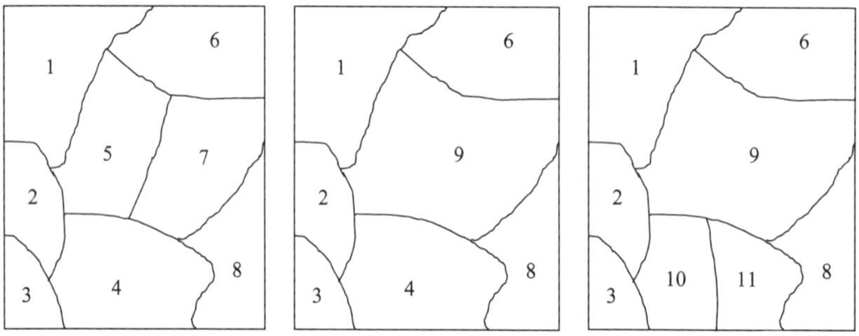

(a) T_1时刻　　(b) T_2时刻　　(c) T_3时刻

图 11-6　面向对象的时空数据模型示意图

面向对象时空数据模型的缺点是，没有考虑地理现象的内在联系，缺少对地理实体或现象的基础关系描述。

尽管时空数据模型的研究已经取得了比较丰硕的成果，但目前所能看到的各种方法中，理论层面和概念模型的研究居多，且其成果仍然局限于概念模型和原型系统阶段，与实际应用相差较远。时空数据模型的研究仍然存在很多问题，具体表现在以下几个方面。

（1）现有的模型大多是独立地模拟地学现象的空间和时态特征，二者没有紧密地结合。空间模型强调对象的几何特征，而时态模型侧重于对象特征的改变。然而在很多情况下，对象的空间属性和时态属性是密切相关的，如资源管理、环境监测等系统。

（2）无法表达地学现象，如降水、洪水等的连续变化。现有模型一般对离散变化处理得比较好，有的模型采用微小时段间隔的方法来模拟连续的变化。另外，计算机系统本身也是用离散的方式来表达数据的。因此，如何在离散和连续中间进行取舍是值得考虑的一个问题。

（3）在地学对象认识和表达过程中，领域专家、数据收集者和空间数据库技术人员存在着重要的概念差异，导致在对象抽象方式、模型定义、数据结构和组织方式上存在着争议。经验表明，仅仅依靠简单的时间或空间的扩展方式是无法灵活、高效地表达时空现象及其关系的，也不能满足空间数据库的需求。

（4）时空数据模型通用性低。目前的时空数据模型主要有以下三种实现方式：基于商业空间信息系统的时态扩展、用于科学研究的原型系统、针对特殊应用的时空查询工具。然而，这些系统大多是针对特定的应用而设计的，只能使用特定的数据结构，通用性非常弱。

（5）没有充分考虑数据移植问题。目前，无论是科学研究还是实际生产应用中都积累了丰富的时空数据。如何让这些数据适应新的模型，并且将其移植到新的空间信息系统中是必须面对的一个难题。一种可能的解决方案是建立数据接口，将原有数据进行格式转换。然而，这种数据移植风险是值得关注的。在构建新的时空数据模型时应充分考虑新模型与现有的主流空间信息软件的集成与兼容问题。

11.2.2 时空数据索引

为了快速访问时空数据库中的数据，必须建立有效的时空索引以提高各类时空查询的效率。根据查询的时间范围，可以将时空数据索引分为四类：过去信息索引、当前信息索引、将来信息索引和全时态信息索引。

1. 过去信息索引

过去信息索引是对时空对象过去历史的数据信息进行存储管理，预先知道时空对象的运动轨迹。

2. 当前信息索引

在现实应用中许多要求能够有效地对移动对象当前位置进行管理和查询。相对于过去信息，检索移动对象当前位置更具有挑战性，有效支持时空对象当前位置信息管理的关键在于提高频繁更新的动态性能。

3. 将来信息索引

将来信息索引通常用预测方法实现时空对象将来位置的查询。根据移动对象当前的运动特性对未来轨迹进行预测，目前通常使用线性方程来描述移动对象的运动特性。因此，通常需要存储移动对象当前速度、方向等信息，来对移动对象的未来轨迹进行预测。

4. 全时态信息索引

为了能够实现对时空对象过去、当前和未来信息的存储与检索，产生了一类新的全时态信息索引。

11.2.3 时空数据查询

时空数据查询是从时空数据库中获取信息的重要手段。常用的时空数据查询方法包括正向查询、反向查询、运动对象最近邻查询等。

正向查询是查找在 t 时刻或时间区间 $[t_s, t_e]$ 内空间对象的位置、形状或者属性值。例如，查询某一个时刻货物的位置。

反向查询是在时间序列中查找等于特定值或值域范围的时间点，也称值查询。例如，查找在台风过境某地的时间段，即许多反向查询仅涉及一段时间区间，而不是整个时间区间。

运动对象最近邻查询可以定义为：给定查询对象 q 及它的运动状态（运动速度和运动方向）和初始位置，求对象 q 从起始位置 s 运动到终止位置 e 的过程中距离对象 q 大小为 r 的一系列最近邻居的对象集合 $P=\{p_1, p_2, \cdots, p_i, \cdots, p_m\}$ $(m\geqslant 1)$。基于时空数据库，可以支持运动对象最近邻查询。

11.3　实时数据库

传统的数据库系统旨在处理永久、稳定的数据，强调维护数据的完整性、一致性，其性能目标是高的系统吞吐量和低的代价，并不考虑有关数据及其处理的定时限制，所以，传统的数据库管理系统通常不能满足实时性应用的需要。传统的实时系统能够支持任务的定时限制，但它针对的是结构与关系很简单、稳定不变和可预报的数据，不涉及维护大量共享数据及它们的完整性和一致性，尤其是时间一致性。很多应用对数据库和实时处理两者的功能及特性均有需求，既需要数据库来支持大量数据的共享，维护其数据的完整性和一致性，又需要实时处理来支持其事务与数据的定时限制。因此，实现数据库和实时系统的“无缝集成”，才能同时支持定时和一致性的诸多应用。

实时数据库是实时系统和数据库技术相结合的产物，它利用数据库技术解决实时系统中的数据库管理问题，利用实时技术为数据库提供时间驱动调度和资源分配算法。实时数据库并非实时系统和数据库技术简单集成。实时数据库是其数据和事务都有显式定时限制的数据库，系统的正确性不仅依赖于事务的逻辑结果，而且依赖于该逻辑结果所产生的时间。

虽然时态数据库与实时数据库均涉及时间信息，但是，时态数据库与实时数据库存在区别，主要表现在：时态数据库目的在于处理包含随时间变化的信息，维护数据库中对象经历的历史变化；而实时数据库则更侧重考虑信息的“及时”性，它的查询与事务处理都有与之相联系的定时限制，结果产生的时间与结果本身一样重要。

11.3.1　实时数据库的特征

实时数据库中主要包含数据和事务两个方面。实时数据给外部世界提供了一个真实和及时的表示，随着外部环境的变化，反映外部环境状态的实时数据也产生变化。数据库事务是访问并可能操作各种数据项的一个数据库操作序列，这些操作要么全部执行，要么全部不执行，是一个不可分割的工作单位。实时数据库的特征主要表现在数据和事务的定时限制上。

1. 数据特征

在实时数据库中，数据随外部环境状态的变化而快速变化，其值只在一定的时间内是有效的，过时则无效了，故系统除了维护数据库内部状态（数据值）的正确性、相容性外，还必须同时维护内部状态与外部环境实际状态的一致性，以及数据用来决策或推导新数据时在时间上的相互一致性。

在实时数据库中，一个数据对象由三个分量（dv，dtp，devi）组成，它们分别为数据对象的当前值、采样时间、外部有效期，有效期即自 dtp 算起 dv 有效的时间长度。实时数据库中的每一数据对象，有内部一致性、外部一致性和相互一致性特征。

数据对象的 dv 满足预先定义的数据库内部状态的完整性和一致性限制，这就是传统意义下的数据正确性。数据库的变更都是以事务的形式进行的，因而事务操作的完整性校验和可串行化能提供内部一致性保证。

外部一致性是指实时数据库中的数据应与外部数据相一致，即要求数据库中的数据能及时地反映外部环境的状态。设 tc 为当前或检测时间，当且仅当(tc－dtp)≤devi 时，数据对象是外部一致的，即 dv 和对应的外部现实对象的状态是一样的。

相互一致性是指在实时数据库中，一组用于决策或导出新数据的相关数据在时间上的一致性。用来决策或导出新数据的一组相关数据称为一个相互一致集，其中的数据必须尽可能地在一个允许的公共时间期内被采取（或导出），这个公共时间期就称为 R 的相互有效期，记为 Rmvi。对于 R 中的任两个数据对象 d 和 d'，如果它们的采样时间分别是 dtp 和 dtp′，有|dtp－dtp′|≤Rmvi，则说 R 中的数据是相互一致的。

外部一致性和相互一致性都是关于时间的，故统称时间一致性。内部一致性又称为状态正确性。既满足内部一致，又满足时间一致的数据才是正确的数据。

2. 事务特征

实时事务主要包含定时性和相关性两方面的特征。

实时事务具有定时限制的特征，定时可以是绝对、相对或周期时间。在实际应用中，事务的定时性来源于两个方面。

一是外部环境显式地给出反应时间要求，这时它取施加于非周期事务的截止时间限制的形式。例如，若室内气温达到 35℃，则在 1 分钟之内开启制冷系统。

二是由于系统中的数据随时间变化而变化，此时事务往往取周期或定期性限制的形式，如 15 天抽样一次、每月 1 日提交报告等。

实时事务的定时限制有多种，包含截止时间、到达时间、期望执行时间等。

截止时间是实时事务完成的最后期限，有硬、软、固之分。具有硬截止时间的事务，称为硬实时事务，必须在其截止时间以前完成，否则将带来灾难性的后果，故到达其截止时间还不能完成的硬实时事务必须中止。具有软截止时间的事务，称为软实时事务，应该在其截止期完成，但超过其截止时间也还有一定意义（尽管意义不断下降），故软实时事务到达其截止时间后不必立即中止它。对于固实时事务，一旦事务到达截止期，则对系统失去意义，其价值为零。因此，固实时事务是软实时事务的一种特例。

到达时间是事务在系统中生成的时间。它可以是可预报的，也可以是不可预报的。可预报的到达时间可显式地给出或者作为一个导出函数，如周期事务的到达时间是可预报的。不可预报的到达时间是指当相应事务到达系统时才能知道，非周期事务的到达时间就是不可预报的。

期望执行时间是估算的最坏情况执行时间。由于各种不可预报性因素，往往很难做到准确，估算的最坏情况执行时间可能与实际情况相差很大。然而，为了合理地得到事务的截止时间及适当的调度以使其满足，又必须事先较准确地估算其执行时间。

在实时数据库中，定时性包含两方面的含义：定时限制即事务的执行有显式的时限，如指定的截止时间、到达时间、期望执行时间等，它要求实时数据库必须有时间处理机制；定时正确性即事务能按指定的时间要求正确执行，它要求权衡定时限制与数据一致性要求等多方面因素，提供合适的调度与并发控制算法。

事务按时间分类，可以分为周期事务、非周期事务和离散事务。周期事务是以一定周期循环到达并被执行的事务。非周期事务是由内外部事件动态驱动的事务，没有明显的周期性。离散事务是非预先安排、离散的、一次性执行的事务。

实时数据库事务之间存在着各种关系，包括结构关系、数据关系、行为关系、时间关系等，这些关系带来了事务间的各种相关性。

结构相关来自于复杂事务模型的结构特征，用来建模复杂事务内部并发事务行为的一种约束。不同的复杂事务模型有不同的结构相关性，但它们可以通过事务间的“执行依赖性”来定义。实时嵌套事务中基本的事务依赖有：

子事务对父事务的开始依赖，即子事务开始前父事务已经开始。

父事务对子事务的提交依赖，即父事务提交前子事务已经结束(提交或中止)。

子事务对父事务的中止依赖，即父事务中止则子事务一定中止。

数据相关就是不同事务间的共享数据联系，但此“共享”概念比传统的共享具有更广的意义。实时嵌套事务中的子事务共享父事务数据，子事务提交时对数据库的更改委托给父事务，只有父事务提交时才能真正地写入数据库。

事务间的行为相关性是由事务的数据相关性及在共享数据对象上的交互作用而引起的，它是由在同一个对象上不同事务操作间的同步所建立的一种间接相关性，而不像结构相关是直接的。

事务间的时间相关性是实时数据库事务所特有的，它表明事务的执行顺序或者紧迫感。一般而言，时间相关性分为两类：时序相关和带时限的时序相关。时序相关表示有关事务中相应事务事件发生的时间顺序，带时限的时序相关表示事务间带时限的时序相关。

11.3.2　实时事务调度

实时事务调度是多用户并发存取实时数据库的有效支持机制。实时事务调度主要包含实时事务优先级分配、实时事务并发控制。

1. 实时事务优先级分配

实时事务的调度都是基于事务的优先级进行的，因此，如何分配事务的优先级是一个重要的问题。事务优先级分配方法主要包含以下几种。

（1）最早放行最优先：该策略将最高优先级指派给具有最早“放行”时间的事务，放行时间通常指的是事务可以开始执行的最早时间。

（2）截止期最早最优先：该策略是将具有最早截止期的事务优先级设置为最高。

（3）可达截止期最早最优先：该策略是将具有最早的可达截止期者的事务优先级设

置为最高。一个事务 t 的截止期是当前时间“可达到”的，指 $\tau+(E-P)\leqslant d$。其中，τ 为当前时间；E 为事务 T 的执行时间估算；P 为事务 T 的已执行时间；d 为其截止期。

（4）空余时间最短最优先：该策略是将空余时间最短的事务优先级设置为最高。事务 t 的空余时间 $S=d-(\tau+E-P)$，即推迟事务 t 的执行而仍然满足其截止期的可推迟时间量估算。

（5）价值最高最优先：该策略是将价值最高的事务优先级设置为最高。每个事务都有价值函数，其值最大者最优先。该策略的关键是如何合理地构造价值函数。

（6）价值密度最大最优先：该策略是将价值密度最大的事务优先级设置为最高，即事务完成时的期望价值与实现该价值所需计算量的比最大者优先级最高。显然，对于期望价值一样的事务，该策略偏向较短者，因为它每单位消耗时间所获得的价值更大。

2. 实时事务并发控制

在并发控制中，可串行化是并发控制的重要标准。但是，在实时数据库中，有时需要牺牲可串行化以改进性能。在实时应用中，数据和事务都具有时间限制。

针对具体的并发控制方法，采用有效的优先级分配策略，事务分配了优先级之后，系统按照优先级进行调度。在多个程序运行环境中，由于事务对资源的竞争，不可避免地出现冲突问题，主要有两种：优先级颠倒问题和死锁问题。

优先级颠倒，即优先级高的事务等待优先级低的事务。设有一个锁请求事务 T_r 和一个锁持有事务 T_h，如果 T_r 的优先级比 T_h 的优先级高，它必须等到低优先级的 T_h 完成后才能被调度执行，这种现象就称为优先级倒置。对于优先级颠倒的现象，可以通过优先级继承、高优先级中止两种方法解决。

（1）优先级继承策略的基本思想是：当发生优先级颠倒时，将占有者 T_h 的优先级提高到与 T_r 一样的优先级，T_h 继续执行直到结束。在 T_h 因某种原因而重新启动时，它恢复到原来的优先级。让 T_h 继承 T_r 优先级是为了让它尽快完成，因为 T_h 的进展也意味着 T_r 的进展。

（2）高优先级中止策略的思想是：当发生优先级颠倒时，中止低优先级的 T_h，而让高优先级的 T_r 执行。高优先级中止策略可以消除死锁，但是，高优先级中止策略会太随意地撤销事务，这会浪费系统资源并降低系统吞吐率。

每个使用数据库的程序都可能遇到数据死锁的情况。多数情况下，可以认为如果一个资源被锁定，它总会在以后某个时间被释放。而死锁发生在当多个进程访问同一数据库时，其中每个进程拥有的锁都是其他进程所需要的，由此造成每个进程都无法继续下去。简单地说，进程 A 等待进程 B 释放它的资源，B 又等待 A 释放它的资源，这样互相等待就形成死锁。

当发生死锁时，需要选择一个事务撤销。在撤销事务的时候，需要仔细选择被撤销的事务，以使尽量多的事务能够满足时间限制要求。通常情况下，可以选择撤销一个已经超过时间限制的事务。

11.3.3　实时数据库系统的主要技术

一个实时数据库系统也是一个数据库系统。实现一个实时数据库系统，除了一般数据库的问题外，还要研究一系列关键理论与技术问题。

1. 实时数据模型

实时数据模型是实时数据库领域要研究解决的主要问题之一。一般的实时数据库都使用传统的数据模型，还没有引入时间维，而即使是引入了时间维的时态数据模型也没有提供事务定时限制的说明机制。

2. 实时事务模型

实时数据库与一般数据库的根本区别在于数据和事务的定时限制，而数据的定时限制最终也要转换为事务的定时限制。因此，实时事务模型是实时数据库需要解决的关键问题。实时数据库需要处理复杂的事务。与传统的事务是原子的、平淡的数据操作序列的概念相反，复杂事务为可以形成各种“内部结构”的数据操作集合，它可以具有嵌套或层次的内部结构、分裂或合并结构、交互合作或通信结构等。

3. 实时事务的处理

实时数据库中的事务有多种定时限制，其中最典型的是事务截止期，系统必须能让截止期更早或更紧急的事务较早地执行。换句话说，就是能控制事务的执行顺序。所以，又需要基于截止期和紧迫度来标明事务的优先级，然后按优先级进行事务调度。

4. 数据存储与缓冲区管理

数据库操作基本上是 I/O 受限的，对于实时事务而言，传统数据库的磁盘存取延迟带来的影响是不能忍受的。实时数据库系统必须考虑如何消除数据库操作中的磁盘存取延迟以满足实时事务的定时限制。因此，需要考虑给事务及时分配所需缓冲区，必要时，让高优先级事务抢占低优先级事务的缓冲区。

5. 数据恢复

恢复过程会影响正在进行的事务，使其超过截止期，这对硬实时事务是不可接受的。实时数据库必须开发新的恢复技术与机制，并考虑时间与资源两者的可用性，以确定最佳恢复时机与策略，而不致太影响事务的实时性。

11.4　开源数据库

开放源代码的数据库系统正走向应用的主流。目前，主要的开源数据库产品包括 MySQL、PostgreSQL 等。除了开源数据库厂商成为市场焦点外，甲骨文、Sun 和微软等厂商也纷纷拥抱开源。开源数据库软件正在以其低成本得到越来越多用户的认可，并迫使主流厂商推出免费版应对。费用低且性能佳的开源数据库使得中小型企业使用数据库成为可能，使中小型企业能以较低的成本来构建强大的各种数据库应用。在引入数据库后，又会在使用过程中不断地发展新应用，从而推动企业的信息化，形成一个良性的发展过程。在这个过程中，开源数据库恰好扮演了一个引入者和助力者的角色。未来，在中小企业用户市场的拉动下，开源数据库有望走向应用主流。

11.4.1　MySQL 简介

MySQL 是瑞典 MySQL AB 公司开发的，目前属于 Oracle 公司的一个数据库项目。MySQL 是一种开源的关系型数据库管理系统，它的安全性和稳定性可以满足很多应用程序的需求，有着非常高的性价比。与其他大型数据库管理系统，如 Oracle、SQL Server 等相比，虽然 MySQL 规模小、功能有限，但是它体积小、速度快、成本低，在世界范围内得到了广泛的使用。MySQL 具有以下特性。

（1）成本低。由于 MySQL 是开放源代码的数据库，任何人都可以获得该数据库的源代码，可以免费使用和修改源代码。

（2）性能高。MySQL 性能很好，处理数据的速度很快。

（3）使用简单。MySQL 很容易安装和使用，对新手友好，并且功能强大且使用方便，社区生态繁荣，有诸多学习资料。

（4）支持 SQL。MySQL 使用最常用的 SQL 语言进行数据库管理，具有通用性。

（5）使用自由。MySQL 数据库是一款自由软件，大部分应用场景下都是免费使用。因此，MySQL 的应用极其广泛，很多应用都使用 MySQL 作为其数据库系统。

（6）支持大型的数据库。MySQL 数据库的最大有效表尺寸通常是由操作系统对文件大小的限制决定的，而不是由 MySQL 内部限制决定的。因此，MySQL 可以处理拥有上千万条记录的大型数据库。

（7）支持跨平台。MySQL 支持 Windows、Linux、Mac 等。这使得在任何平台下编写的程序都可以进行移植，而不需要对程序做任何的修改。

（8）支持各种开发语言。MySQL 为各种流行的程序设计语言提供支持，包括 PHP、ASP.Net、Java、Eiffel、Python、Ruby、Tcl、C、C++、Perl 语言等。

MySQL 由以下 9 个部分组成（图 11-7）：交互接口（Connectors）、管理服务和工具组件(Management Service & Utilities)、连接池组件(Connection Pool)、SQL 接口组件（SQL Interface）、查询分析器组件（Parser）、优化器组件（Optimizer）、缓存和缓冲组件（Cache & Buffer）、插件式存储引擎（Pluggable Storage Engines）、物理文件（File System & Logs）。

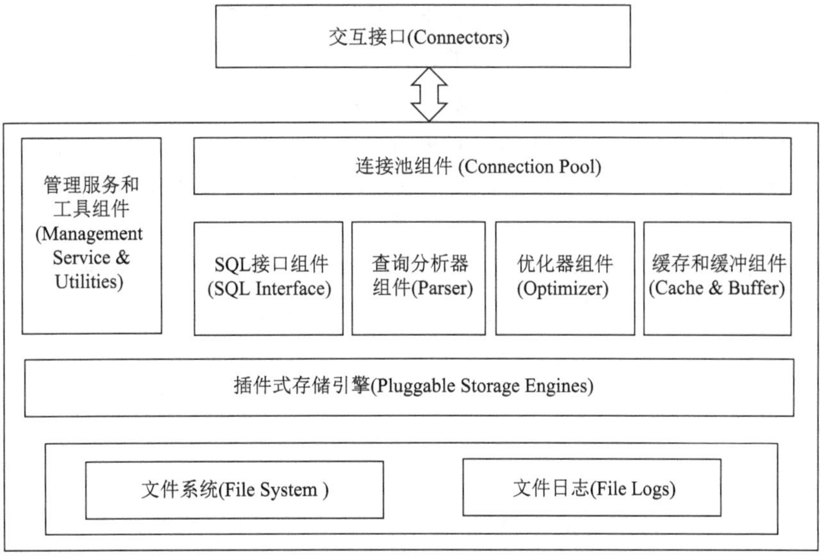

图 11-7　MySQL 体系架构

（1）交互接口：交互接口组件是 MySQL 向外提供的交互组件，如 Java、.Net、PHP 等语言可以通过该组件来操作 SQL 语句，实现与 SQL 的交互。

（2）管理服务和工具组件：管理服务和工具组件提供对 MySQL 的集成管理，如备份、恢复、安全管理等。

（3）连接池组件：连接池组件负责监听对客户端向 MySQL 服务端的各种请求，接收请求，转发请求到目标模块。每个成功连接 MySQL 服务端的客户请求都会被创建或分配一个线程，该线程负责客户端与 MySQL 服务端的通信，接收客户端发送的命令，传递服务端的结果信息等。

（4）SQL 接口组件：SQL 接口组件负责接收用户 SQL 命令，如数据定义语言、数据操纵语言和存储过程等，并将最终结果返回给用户。

（5）查询分析器组件：查询分析器组件首先分析 SQL 命令语法的合法性，并尝试将 SQL 命令分解成数据结构，若分解失败，则提示 SQL 语句不合理。

（6）优化器组件：优化器组件负责对 SQL 命令按照标准流程进行优化分析。

（7）缓存和缓冲组件：缓存和缓冲组件用于缓存数据，如果查询缓存有符合条件的查询结果，查询语句就可以直接去查询缓存中提取数据。

（8）插件式存储引擎：MySQL 的存储引擎是插件式的，是 MySQL 中具体的与文件打交道的子系统。它根据抽象接口来定制一种文件访问机制。最常用存储引擎包括 MyISAM 存储引擎、InnoDB 存储引擎、Archive 存储引擎、Memory 存储引擎、BDB 存储引擎等。

（9）物理文件：物理文件实际存储 MySQL 数据库文件和一些日志文件等，如 Linux、Unix、Windows 等。

11.4.2 PostgreSQL 简介

PostgreSQL 的起源可以追溯到 1986 年，是加利福尼亚大学伯克利分校 Postgres 项目的一部分。PostgreSQL 是一个跨平台的功能强大的开源对象关系数据库管理系统，是一种以关系数据库和 SQL 为基础，用于安全地存储数据，并允许在处理请求时检索它们。它扩展了抽象数据类型，从而具备面向对象特性的数据库。PostgreSQL 的特点如下。

（1）PostgreSQL 几乎可在所有主要操作系统，如 Linux、FreeBSD、Solaris 和 Windows 等上运行。

（2）PostgreSQL 支持文本、图像、声音和视频，并包括用于 C/C++、Java、Perl、Python、Ruby、Tcl 和开放数据库连接(open database connectivity，ODBC)的编程接口。

（3）PostgreSQL 支持 SQL 的许多功能，如复杂 SQL 查询、SQL 子选择、外键、触发器、视图、事务、多进程并发控制、流式复制等。

（4）在 PostgreSQL 中，表可以设置为从“父”表继承其特征，可以安装多个扩展，以向 PostgreSQL 添加附加功能。

（5）PostgreSQL 支持数值数据类型、字符串数据类型和日期/时间数据类型等丰富的数据类型，支持自定义类型、自定义操作符、方法重载、面向对象特性，支持分区表、物化视图、触发器、函数。

（6）PostgreSQL 性能高、速度快。在高并发读写、负载逼近极限下，PostgreSQL 的性能指标仍然比较优秀。

（7）由于 PostgreSQL 具有丰富的几何类型，PostgreSQL 在空间信息领域处于优势地位。

PostgreSQL 使用客户机/服务器的模式提供服务，一个 PostgreSQL 会话由下列相关的进程（程序）组成。

（1）一个服务器端进程。服务器端进程管理数据库文件，接受客户端与数据库的连接，且代表客户端对数据库进行操作，该进程的程序名称为 Postgres。

（2）前端应用，即需要进行数据库操作的客户端应用。客户端应用具有多样性。客户端应用可以是一个字符界面的工具，也可以是一个图形界面的应用，或者是一个通过访问数据库来显示网页的网络服务器，或者是一个特殊的数据库管理工具。一些客户端应用是和 PostgreSQL 发布一起提供的，也可以是用户开发的。

PostgreSQL 服务器可以处理来自客户端的多个并发请求。为了能这样处理，PostgreSQL 服务器会为每个请求启动一个新的进程，然后，客户端和新服务器端进程就不再经过最初的 Postgres 进程而直接通信。因此，服务器端的主进程一直运行，等待着来自客户端的连接；而客户端和相关联的服务器端进程则在需要的时候才会运行。

PostgreSQL 数据库由连接管理系统（系统控制器）、编译执行系统、存储管理系统、事务系统、系统表五大部分组成，其组成结构和关系如图 11-8 所示。

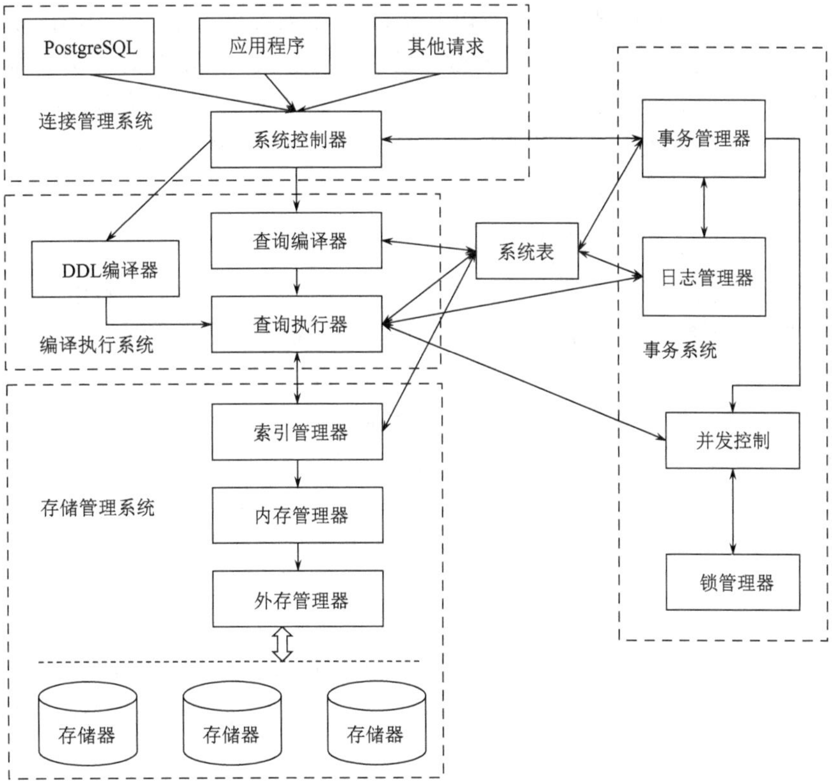

图 11-8　PostgreSQL 数据库组成结构和关系图

连接管理系统接受外部操作对系统的请求，对操作请求进行预处理和分发，起系统逻辑控制作用。

编译执行系统由查询编译器、查询执行器组成，完成操作请求在数据库中的分析处理和转化工作，最终实现物理存储介质中数据的操作。

存储管理系统由索引管理器、内存管理器、外存管理器组成，负责存储和管理物理数据，提供对编译查询系统的支持。

事务系统由事务管理器、日志管理器、并发控制、锁管理器组成，日志管理器和事务管理器完成对操作请求处理的事务一致性支持，锁管理器和并发控制提供对并发访问数据的一致性支持。

系统表是 PostgreSQL 数据库的元信息管理中心，包括数据库对象信息和数据库管理控制信息。系统表管理元数据信息，将 PostgreSQL 数据库的各个模块有机地连接在一起，形成一个高效的数据管理系统。

11.5　非关系型数据库

关系型数据库设计人员必须按照一定的范式要求对数据库进行设计，但从另一个角度来说，它也是造成关系数据库瓶颈的一个因素。1998 年 Carlo Strozzi 提出了 NoSQL 的概念，最初的想法是开发一个没有 SQL 功能的关系型数据库，但 NoSQL 的发展慢慢偏离了初衷，即离关系型数据库越来越远，慢慢发展成了非关系型数据库。非关系型数据库提出另一种理念，它最开始的形态以 key-value 形式存储，并且结构不固定，每个元组可以有不同的字段，每个元组可以根据自己的需要增加一些键值对，避免局限于固定的结构，以减少时间和空间的开销。后来，非关系型数据库分成许多分支，目前主流的非关系型数据库大体上可以分为以下几类：基于键值对存储的数据库、基于列存储的数据库、文档型数据库、图形数据库。

11.5.1　基于键值对存储的数据库

基于键值对存储的数据库是最早的非关系型数据库，这些键值对常用 Hash Table 进行实现，常见的基于键值对存储的数据库有 Tokyo Cabinet、Redis、Voldemort、Cassandra 等。基于键值对存储的数据库主要用于内容缓存，可以用于处理大量数据的高访问负载，也常用于日志系统。目前最为常用的键值对存储的数据库为 Redis，它是一个开源的使用 ANSI C 语言编写、支持网络、可基于内存也可持久化的日志型、Key-Value 数据库，并提供多种语言的 API。它支持多种类型，如 String、List、Set、Hash 等，这些数据类型都支持 Push/Pop，Add/Remove，取交集、并集和差集及更丰富的操作，而且这些操作都是原子性的。

在时空大数据时代，大规模的矢量数据，如轨迹数据，往往是变长的数据，而基于键值对存储的数据库能够更好地存储这些大规模的矢量数据。基于键值对存储的数据库，与变长记录的矢量数据有更好的适应性。同时，在传统关系型空间数据库的空间查询中，数据往往存储在磁盘上，频繁的磁盘 I/O 及内外存交换对查询性能有较大影响，而 Redis 使用内存。因此，使用 Redis 存储大规模空间数据，能够更好地实现海量空间数据的高速读写和管理。

11.5.2　基于列存储的数据库

列存储数据库是应对大数据时代所面临挑战的有效方法之一，与列存储数据库相对应的是传统的行存储的数据库，即一行为一个记录。列存储数据库以列簇式存储，即将同一列数据存储在一起。相较于传统的行存储数据库，列存储数据库在大数据时代表现出了许多优势，如采用了压缩算法对数据进行压缩，有助于提升大数据的存储性能，并且可以对压缩状态的数据进行直接访问，能够提升大数据的存储性能。最重要的是，在查询的过程中，列存储数据库可以只查询其中的数据列，能够极大提升大数据的查询性能。除此之外，在大数据时代，数据的格式不再局限于结构化数据，基于列存储的数据库在存储非结构化数据方面也表现出了优异性。最重要的一点是，列存储数据库很容易进行分布式扩展。但是，列存储数据库也有一定的局限性，即当数据量不是很大时，其性能较为低下，甚至还不如传统的关系型数据库。

在大数据时代，分布式系统正逐渐变得流行，从技术上看，大数据与云计算的关系就像一枚硬币的正反面一样密不可分。大数据很难用单台的计算机进行处理，必须采用分布式架构。它的特色在于对海量数据进行分布式数据挖掘。但它必须依托云计算的分布式处理、分布式数据库和云存储、虚拟化技术。Hadoop 是一个由 Apache 软件基金会开发的分布式系统基础架构，它能够很好地开发分布式程序，充分利用计算机集群进行高速存储和运算。Hadoop 的核心部分是分布式文件系统（Hadoop distributed file system，HDFS）和分布式计算框架 MapReduce。同时，Hadoop 生态圈还包含了分布式资源调度组件 Yarn、分布式数据仓库 Hive、分布式列存储数据库 Hbase 等。而 Hbase 结合 Hadoop 的其他部分使用能起到事半功倍的效果，如 Hive 为 Hbase 提供了高层语言支持，使得在 Hbase 上进行大数据的分析十分方便，而 Sqoop 则为 Hbase 提供了数据导入的部分，即能够把 Oracle、SQL Server 等传统关系型数据库中的结构化数据导入列式数据库 Hbase 中。Hbase 不仅是列式数据库，还是一个分布式数据库，这两个特点使得它成为大数据时代最为常用的处理和存储海量数据的数据库。

在 GIS 中，矢量数据具有变长字段，区别于传统的结构化数据，而栅格数据这种由行列号组成的数据，更是明显的非结构化数据，并且在地学中空间数据量也呈指数型增加。利用基于列存储的数据库能够比传统关系型数据库更高效地存储、管理这些数据。

11.5.3　文档型数据库

从 1989 年起，Lotus 提出了数据库技术的全新概念，即文档数据库。文档数据库区别于传统的其他数据库，是用来管理文档的。在传统的数据库中，信息被分割成离散的数据段，而在文档数据库中，文档是处理信息的基本单位。一个文档可以很长、很复杂，可以无结构，与字处理文档类似。一个文档相当于关系数据库中的一条记录。文档型数据库其实是键值对数据库的一个子类，它们的差别在于处理数据的方式：在键值数据库中，数据是对数据库不透明的；而面向文档的数据库系统依赖于文件的内部结构，它获取元数据以用于数据库引擎进行更深层次的优化。虽然这一差别由于系统工具而不甚明显，但在设计概念上，这种文档存储方式利用了现代程序技术来提供更丰富的体验。文档型数据库也通过 key-value 对数据进行存储，而 value 为结构化数据。文档型数据库的优点在于数据结构要求不严格，表的结构可变，不需要像传统关系型数据库那样预先定义表的结构。目前，最为常用的文档型数据库为 MongoDB。MongoDB 将数据存储为一个文档，而文档内部由 key-value 组成，类似于 JSON（JavaScript object notation，JavaScript 对象表示法）对象，它被称为 BSON。

MongoDB 的特点是它支持的查询语言非常强大，其语法有点类似于面向对象的查询语言；支持分布式存储；包含 MapReduce 对数据进行高效批处理和聚合操作。从 2018 年 MongoDB 4.0 版本发布以来，MongoDB 数据库还支持了分布式事务，支持 ACID 特性，这为 MongoDB 大规模的应用奠定了基础。

在 GIS 中，矢量数据格式有许多种，包括 Shapefile、KML/KMZ、GeoJSON 等，而目前 OGC 比较推崇的矢量数据格式为 GeoJSON，即使用一个 JSON 对象来存储矢量数据。这就使得 GeoJSON 格式的数据与 MongoDB 存储的 JSON 数据格式十分吻合。所以，MongoDB 的开发人员也单独开发了用于空间数据的模块内置在 MongoDB 中。因此，MongoDB 具有一些空间查询和空间运算函数。

空间数据在非关系型数据库中应用比较广泛的就是 MongoDB，这与 GeoJSON 同 MongoDB 所存储的结构无缝结合以及 MongoDB 所开发的空间处理模块是分不开的。而它的缺陷是对于空间数据，仅支持 GeoJSON 格式，对于其他的矢量格式需要进行转换才能在 MongoDB 中存储。

11.5.4　图形数据库

图形数据库，即应用图的理论存储实体之间的关系信息，以图这种数据结构存储和查询数据。在一个图形数据库中，最主要的组成有两种：结点集和连接结点的关系。结点集就是图中一系列结点的集合，比较接近于关系数据库中所最常使用的表，而关系则是图形数据库所特有的组成。相较于传统关系型数据库，图形数据库的优势是当需要表示多对多关系时，关系型数据库需要额外建立表，而这些表常常不被用来记录信息。如果两个实体之间拥有多种关系，那么，就需要在它们之间创建多个关联表。而在一个图形数据库中，我们只需要标明两者之间存在着不同的关系。如果希望在两个结点集间建立双向关系，就需要为每个方向定义一个关系。也就是说，相对于关系数据库中的各种关联表，图形数据库中的关系可以通过关系能够包含属性这一功能来提供更为丰富的关系展现方式。图形数据库的这种特点使得图形数据库的应用十分广泛，如社交网络、知识图谱、推荐系统等。并且，对于图特征的计算，图形数据库要比关系型数据库快很多。例如，关系型数据库用结点搜索边需要用到 B 树或 B+树索引，而图形数据库则是链表直连。但是，图形数据库也存在一些局限。例如，很多时候需要对整个图进行计算才能得到所需的信息，并且图数据库不太容易搭建分布式数据库。

常见的图形数据库有 Neo4J、AllegroGrap、GraphDB 等，而使用最为广泛的是 Neo4J。Neo4J 是一个高性能的、NoSQL、开源的图形数据库，它将结构化数据存储在网络上，也可以被看作是一个高性能的图引擎，该引擎具有成熟数据库的所有特性。Neo4J 支持完整的 ACID 规则，使用 CQL（cypher query language），其可读性十分人性化，简单易学。

在 Neo4J 中，空间数据被存储为结点和关系。每个结点可以包含地理坐标或其他与空间相关的属性，而关系则用来表示空间实体之间的连接（如相邻、包含等）。通过 Neo4J Spatial 插件，可以方便地将空间数据导入 Neo4J 数据库中。Neo4J 提供了强大的 Cypher 查询语言，用于在图中执行复杂的查询操作。对于空间数据，Neo4J Spatial 插件提供了额外的空间查询函数，如覆盖、被覆盖、包含、相交等，使得用户能够在 Neo4J 中执行高效的空间查询操作。

主要参考文献

毕硕本. 2013. 空间数据库教程[M]. 北京：科学出版社.

毕硕本. 2020. 空间数据库实践教程[M].北京：北京大学出版社.

边馥苓，孟小亮，崔晓辉. 2016. 时空大数据的技术与方法[M]. 北京：测绘出版社.

柴晟, 王云, 王永红. 2013. ADO.NET 数据库访问技术案例式教程 [M]. 2 版.北京: 北京航空航天大学出版社.

程昌秀. 2012. 空间数据库管理系统概论[M]. 北京：科学出版社.

程昌秀. 2023. 空间数据库管理系统概论 [M]. 2 版.北京：科学出版社.

崔铁军. 2016. 地理空间数据库原理[M]. 北京: 科学出版社.

邓敏，李志林，吴静. 2013. 空间关系理论与方法[M]. 北京：科学出版社.

董铁群. 2021. 定性空间方向关系建模与应用[M]. 长春：吉林科学技术出版社.

耿国华. 2020. 数据结构——C 语言描述 [M]. 2 版.西安：西安电子科技大学出版社.

龚健雅，秦昆，唐雪华，等. 2024. 地理信息系统基础 [M]. 3 版.北京：科学出版社.

郭玲. 2022. 地理信息系统原理和应用研究[M]. 长沙：中南大学出版社.

郭庆胜, 杜晓初, 闫卫阳. 2006. 地理空间推理[M]. 北京: 科学出版社.

郭薇，郭菁. 2006. 空间数据库索引技术[M]. 上海：上海交通大学出版社.

何玉洁. 2016. 数据库原理与应用教程 [M]. 4 版.北京：机械工业出版社.

黄杏元, 马劲松. 2008. 地理信息系统概论 [M]. 3 版.北京: 高等教育出版社.

赖均，陶春梅，刘兆宏，等. 2016. 软件工程[M]. 北京：清华大学出版社.

兰小机，刘德儿. 2020. 空间数据库的理论及应用[M]. 北京: 冶金工业出版社.

李岑. 2018. 空间数据库原理与应用实验教程[M]. 武汉：华中科技大学出版社.

李光强. 2024. 空间数据库原理及其开发技术[M]. 长沙：中南大学出版社.

李国斌，汤永利. 2010. 空间数据库技术[M]. 北京：电子工业出版社.

李霖，蔡忠亮，尹章才，等. 2023. 空间数据库原理[M]. 北京：测绘出版社.

刘涛，张黎明. 2018. 空间数据库原理及实验教程[M]. 北京：测绘出版社.

龙军，章成源. 2018. 数据仓库与数据挖掘[M]. 长沙：中南大学出版社.

陆守一. 2004. 地理信息系统[M]. 北京：高等教育出版社.

闾国年，袁林旺，陈旻，等. 2024. 地理信息学科发展的思考[J]. 地球信息科学学报，26(4)：767-778.

马劲松，徐寿成. 2023. 地理信息系统算法实验教程[M]. 北京：科学出版社.

牛新征，张凤荔, 文军. 2014. 空间信息数据库[M]. 北京: 人民邮电出版社.

沈敬伟，周廷刚，温永宁，等. 2013. 基于面向对象数据库的空间数据管理[J]. 西南大学学报（自然科学版），35(4)：132-1375.

史令，王占全. 2018. 数据库技术与应用教程[M]. 北京：清华大学出版社.

汤国安，刘学军，闾国年，等. 2007. 地理信息系统教程[M]. 北京: 高等教育出版社.

王成良，柳玲，徐玲. 2011. 数据库技术及应用[M]. 北京：清华大学出版社.

王珊, 萨师煊. 2006. 数据库系统概论 [M]. 4 版.北京：高等教育出版社.
王珊, 萨师煊. 2014. 数据库系统概论 [M]. 5 版.北京：高等教育出版社.
吴芳，王泽根，蔡忠亮，等. 2017. 空间数据库原理[M]. 武汉：武汉大学出版社.
吴信才. 2009. 空间数据库[M]. 北京：科学出版社.
严蔚敏，吴伟民. 2007. 数据结构（C 语言版）[M]. 北京: 清华大学出版社.
张宏，乔延春，罗政东. 2013. 空间数据库实验教程[M]. 北京：科学出版社.
张林, 汤大权, 张翀. 2010. 时空索引的演变与发展[J]. 计算机科学, 37(4): 15-20，26.
张鹏林，余长慧，李维庆. 2019. 时空数据库原理与技术[M]. 武汉：武汉大学出版社.
张新长，马林兵，张青年. 2010. 地理信息系统数据库 [M]. 2 版.北京：科学出版社.
郑度, 陈述彭. 2001. 地理学研究进展与前沿领域[J]. 地球科学进展, 16(5): 599-606.
钟耳顺，宋关福，汤国安. 2020. 大数据地理信息系统原理、技术与应用[M]. 北京：清华大学出版社.
Allen J. 1983. Maintaining knowledge about temporal intervals[J]. Communications of the ACM, 26(11): 832-843.
Chen J, Li C, Li Z, et al. 2001. A Voronoi-based 9-intersection model for spatial relations[J]. International Journal of Geographical Information Science, 15(3): 201-220.
Egenhofer M, Franzosa R D. 1991. Point-set topological spatial relations[J]. International Journal of Geographical Information Systems, 5(2):161-174.
Randell D, Cui Z, Cohn A. 1992. A spatial logic based on regions and connection[C]. The 3rd International Conference on Principles of Knowledge Representation and Reasoning. San Francisco, USA.
Rigaux P,Scholl M, Voisard A. 2001. Spatial Databases: With Application to GIS[M]. Burlington: Morgan Kaufmann.
Shen J, Shi K, Ma M. 2022. Exploring the construction and application of spatial scene knowledge graphs considering topological relations[J]. Transactions in GIS, 26(3): 1531-1547.
Yeung A, Hall G. 2007. Spatial Database Systems: Design, Implementation and Project Management[M]. Dordrecht: Springer Dordrecht.